总 序

在贯彻落实国家教育部《面向21世纪教育振兴行动计划——“职业教育课程改革和教材建设规划”项目成果——中等职业学校重点建设专业教学指导方案》的过程中，教育部中职教材出版基地——重庆大学出版社组织全国一批国家(省)级重点中职学校的教师和业内资深人士共同编写了这套中等职业教育园林园艺专业系列教材。

本套教材在培养目标与规格上力求与教育部《重点建设专业教学指导方案》保持一致，同时，充分考虑近年来中职学生生源状况的实际和现代园林园艺行业的岗位设置变化与用工需求，强调“理论够用、技能突出、强化实践、贴近生产”，教材编写以行动导向教育教学理念为指导，以任务要求来驱动教学为特色，要求教材既要方便教师组织教学，同时更要让学生对教材感兴趣、容易学、懂生产、会操作。

本套教材的编撰思路是：在充分分析园林园艺行业初中级岗位技能要求的基础上，将其具体生产中应知与应会的知识和技能，综合在若干个与实际工作任务相吻合的学习与训练任务之中，而每一个学习和训练任务又综合包含了完成某项具体工作任务所必需的知识、技能和职业资格要求。让学生的学习过程既要有乐趣又要有收获，重点解决目前园林园艺专业学生学习兴趣不高、职业要求与学习内容脱节的问题。

本套教材的各个分册均为相对独立的教学课程内容，均由若干学习和训练单元及任务构成。每个学习和训练单元及任务均包含任务目标、实训内容、实践应用、扩展知识链接、考证提示。其具体要求如下：

任务目标：包括重点、难点、教学方法。

实训内容：重点进行单元知识的学生实践实训的传授及训练。

实践应用：通过进行相关学习后，让学生能将相关知识运用在实际生产中。

扩展知识链接：借助案例、小资料、小链接、想一想等形式，让需要提高的学生通过知识链接进行相关理论的提升。

考证提示：对本单元所涉及的行业资格证的考试内容进行辅导和训练，帮助学生能比较容易地通过行业资格证的考试。

本套教材作者多系中等职业学校的一线教师和行业人士，将多年的中职教育教学思考和亲身体验所得到的感悟融入了教材的编写之中，教材的体例与传统的教材有所差异，并且本套教材要求加大图片的比例，力求吸引学生的关注和兴趣，希望能使学生的学习兴趣从教材开始，让教材成为学生的行业指导书，这也是编写这套教材的一个初衷吧！

囿于知识、经验、能力与环境等多重因素，本套教材也一定存在诸多值得商榷和有待完善的地方，敬请各位同仁提出宝贵的意见，对此，作者表示诚挚的感谢！

编委会

2010 年 8 月

中等职业教育园林园艺专业系列教材

果树生产技术

主编　陈友法　副主编　赵园园　陶周喜

重庆大学出版社

内容提要

本教材分为13个任务，每个任务分为基础知识要点、实训内容、实践应用、扩展知识链接、考证提示5个板块构建课程体系，以果树生物学的理论知识为依托，以果树优质高效生产为主线，较系统地介绍了果树栽培的基本理论、基本知识、基本技术和最新成果。与此同时，对我国栽培面积较多的柑橘、梨、桃、葡萄、苹果作了较为详细的介绍。全书充分体现出以能力为本，强化认知、实践、创业能力。教材内容既先进又实用，在突出现代实用技术的同时，又保留了传统技术的精华，使教学内容更加适应我国农业转型升级的需要，是一本非常理想的园林园艺类中职教材，还可供广大农业科技工作者参考。

图书在版编目(CIP)数据

果树生产技术/陈友法主编.—重庆：重庆大学出版社，2011.8(2023.8重印)
中等职业教育园林园艺专业系列教材
ISBN 978-7-5624-5790-9

Ⅰ.①果… Ⅱ.①陈… Ⅲ.①果树园艺—专业学校—教材 Ⅳ.①S66

中国版本图书馆CIP数据核字(2010)第224723号

中等职业教育园林园艺专业系列教材
果树生产技术
主 编 陈友法
副主编 赵园园 陶周喜
责任编辑：沈 静 版式设计：沈 静
责任校对：任卓惠 责任印制：张 策
*
重庆大学出版社出版发行
出版人：陈晓阳
社址：重庆市沙坪坝区大学城西路21号
邮编：401331
电话：(023) 88617190 88617185(中小学)
传真：(023) 88617186 88617166
网址：http://www.cqup.com.cn
邮箱：fxk@cqup.com.cn (营销中心)
全国新华书店经销
重庆亘鑫印务有限公司印刷
*
开本：787mm×960mm 1/16 印张：21.5 字数：396千
2011年8月第1版 2023年8月第5次印刷
ISBN 978-7-5624-5790-9 定价：59.00元

前言

中等职业技术教育是我国职业教育的重要组成部分，近年来，中等职业技术教育有很大的发展，为社会主义现代化建设事业培养了大批急需的各类专门人才。当前，中等职业技术教育成为社会关注的热点，面临大好的发展机遇。同时，经济、科技和社会发展也对中等职业技术教育人才培养提出了许多新的、更高的要求。

本套教材以明确的职业导向为编写理念，以社会和经济发展需要为出发点，以职业（岗位）需求为直接依据，以改革现行中等职业技术教育课程、教材的弊端为突破口，积极学习并借鉴国外职业技术教育课程、教材改革的有益经验，以创业就业能力为导向，紧密联系生产实际，突出实践教学环节，开发学生的认知能力和技能传授，培养学生的就业能力，以实现办出职业技术教育特色的根本目的。在充分研究和广泛征求意见的基础上，确立了“能力为本位”的改革指导思想。其目的是为了克服职业技术教育长期存在的重理论轻实践、重知识轻技能的倾向，真正培养出经济和社会发展所需要的中等职业实用型技术人才。注重处理好教材编写中理论与实践、深度与广度、难度与易度、传统与创新、利教与利学、知识传授和技能培养6个方面的关系，特别是注重、加强了有关实训课程内容的编写要求。全套教材大胆精简理论推导，果断摒弃过时、陈旧的内容，及时反映新知识、新技术、新工艺、新方法。教材内容安排均以能够与职业岗位能力培养结合为前提。力求通过全套教材的编写，努力为中职教育教学改革服务，为培养社会急需的优秀初级技术型应用人才服务。同时考虑到应减轻学生学习负担，全书共分90学时，每个学时控制在3 000字左右，内容精练、实用。教材主编以中职学校长期从事一线教学、具有中高级讲师职称的老师为主，并根据专业特点，吸收了一些“双师型”教师参加，以保证教材的实用性和针对性。

在编写教材中，特别强调以下6个方面要求：第一，要求突出现代职业教育的教学特点，打破以教师为中心，将教材围着教师转的传统做法转变为以学生为中心，教师提供具体指导，教材围着学生做而编写。第二，强调职业技术教育改革从贯彻能力本位入手，全面推进综合素质教育，使能力培养和知识传授、情感培养有机结合。第三，做到课程开发在注重对职业岗位群适应性的同时,还兼顾到职业的发展性和迁移性。第四,以文化素质、专业基础、专业主干、实习实训4大模块构建课程体系,做到宽基础、活模块、弹性课时,以适应不同职业教育的需要。第五,教材建设突出课程整合,体系创新,内容出彩,以求充分体现新世纪时代特征、都市型现代农业特色、新型职业技术教育特点,并满足多种类型职业技术教育的广谱需求。第六,对学生实施多证考核制,做到实习实训与岗位等级考证相结合,并以认知能力、专业实践能力、岗位创业能力和社会能力的培养分别渗透进4大教学模块,把以能力为本和素质教育的课程改革精神落到实处。

通过全体编写人员的努力,本套教材的创新特点有:第一,充分体现出以能力为本,强化认知、实践、创业诸能力,使智商与情商教学相融合,以求全面推进素质教育的职业技术教育新理念。第二,该课程体系经过门类归并,课程整合,体系创新,使相关学科以职业能力为纽带,互相渗透融合,课程面目一新,更加符合新型农业职业技术教育的要求。第三,教材内容既先进又实用,在突出现代实用技术的同时,也保留了传统技术的精华,并适当推荐超前技术,使教学内容更加适应我国农业转型升级的需要。

本教材是中等职业学校三年制园艺、种植专业的专业课程之一,以理论够用、注重培养技术应用能力为原则,以提高全面素质为基础,将知识传授和能力培养紧密结合,教材体系采用单元结构,各单元有任务目标、教学重点、难点以及教学方法,编写注重图文并茂,使学生乐学。

本教材由武汉市农业学校陈友法任主编,赵园园、陶周喜任副主编。编写分工是:陈友法编写任务1.2、任务2.1、任务2.2、任务3、任务5、任务6.1、任务10.1、任务10.2、任务13.1、任务13.2,并负责统稿;赵园园编写任务7.1、任务9.1、任务9.2、任务11.1、任务11.2、任务12,陶周喜编写任务2.3、任务4.1、任务4.2;湖北生态职业技术学院佘远国编写任务10.3;武汉市农业学校李小燕编写任务4.3;湖北省林业科学研究院陈春芳编写任务11.3;华南农业大学曹庸编写任务6.2;武汉市农业学校徐文新编写任务7.2;云南省曲靖农业学校宁以功编写任务7.3;山东省日照市莒县四中赵芳芳编写任务1.1;山东省曲阜市吴村镇崖屯小学孔祥立编写任务8.1、任务8.2;武汉市农业学校程志雄编写任务8.3;河南省驻马店林业技术推广站高山编写任务13.3;湖南省林业技术推广站薛萍编写任务9.3。

限于编者的水平和时间的仓促,本教材肯定有不足之处,敬请广大读者批评指正。

编　者

2010年10月

目 录

任务 6　花果管理与采收

任务 7　果园的灾害及预防

任务 8　绿色果品生产

任务 9　柑　橘

任务 10　梨

任务11 桃

任务12 葡 萄

任务13 苹 果

参考文献

任务1　概　说

任务目标: 了解果树生产的意义,熟悉国内外果树生产现状及其发展趋势,掌握果树种类的识别方法。

重　　点: 果树种类的识别。

难　　点: 国内外果树生产的现状及果树生产发展的趋势。

教学方法: 直观、实践教学。

建议学时: 6 学时。

1.1 果树生产现状及其发展趋势

1.1.1 基础知识要点

1)果树的定义及范畴

果树是指以果实、种子为主要收获、利用对象。木本植物如苹果、柑橘,藤本植物如葡萄和少数为草本植物如香蕉、菠萝等(如图1.1和图1.2)。

图1.1 苹果

图1.2 菠萝

2)果树生产在经济建设与人们生活中的地位和作用

①果树是农村经济的重要来源。

②果品是人们生活必不可少的食物。

③果品具有一定的营养医疗价值。

④果品可以作为食品工业和化工原料。

⑤种植果树有利于改善生态,美化环境。

⑥从农业产业结构调整的角度来看,果树也是首选的经济作物之一。

3)国内外果树生产现状分析

我国果树生产面积大,单位产量不高,总产量多(居世界第四位,如苹果栽培面积及产量居世界第一),人均水果产量不足65.1 kg(世界人均产量84 kg),出口比例小(占世界出口的1%)。其主要原因在于自然、人文及经济条件的限制。但我国果树种质资源丰富,在种质资源保存、组织培养、生物技术及自动化生产等方面已取得了较大的进步,在果树生理、分类、育种、激素、环保、采后处理等研究与实用方面都有了较大的进展。

(1)果品生产总量增长迅速,但单位面积产量不高

1980年,我国果品总产量只有679万吨,排名世界第10位。从1993年开始,我

国果树栽培面积和果品总产量稳居世界第一位，并逐年增长。2002 年全国果品总产量上升到 6 809 万吨，约占 2002 年世界果品总产量 47 100 万吨的 14.5%。按农业部规划，2010 年全国果品产量为 9 300 万吨。

从单位面积的产量来看，我国与国外存在着较大的差距。2000 年，我国水果（不含甜瓜）每公顷面积的平均单产为 8 279 kg，只相当于日本的 46%、美国的 33%，也低于亚洲和世界的平均水平（表 1.1）。

表 1.1　2000 年中国主要果品单产的国际对比　　单位：kg/hm^2

项　目	中国	世界	亚洲	日本	美国
水果（除甜瓜外）	8 279	9 632	9 230	17 898	25 164
柑橘	9 809	17 348	11 934	18 266	35 966
苹果	9 940	9 721	10 655	2 088	25 909

（2）果品品种结构不尽合理，优质果品所占比率较低

目前生产的大宗水果品类基本上是以苹果、柑橘、梨、香蕉和葡萄为主。1999 年上述水果的生产量约占总产量的 3/4。其中，苹果、柑橘和梨三大类水果的生产量占总产量的比重为 63%，且中熟品种偏多，早、晚熟品种供给不足；一般品种多，优质品种少。按国内标准，目前我国优质果品的比率约为 30%；如果按国际标准衡量，只有 5% 的优质果品可以参与国际市场竞争。我国果品质量较差，是制约我国果品国际市场竞争力的重要因素（图 1.3）。

图 1.3　葡萄

（3）主要果品生产成本趋于稳定，价格总体水平呈下降趋势

从果品生产成本看，自 20 世纪 80 年代开始一直到 1996 年，呈大幅度上升趋势，1996 年至 1998 年波动较大，1998 年以后，基本上处于稳定态势。按全国统一工价计算，苹果每亩（每 666.7 m^2）的平均生产总成本，1990 年为 481 元，1996 年上升到 1 253元，1998 年为 881 元，2001 年为 844 元；柑橘每亩的平均生产总成本，1990 年为 705 元，1996 年上升到 1 139 元，1998 年为 1 183 元，2001 年为1 140元。

从果品价格看，由于受供求关系的影响，不同种类在不同年份、不同地区之间差异较大。但就整个果品市场价格总体水平来看，由于主要种类的市场趋于饱和，自

图1.4　荔枝

1996年以来果品价格水平呈下降趋势。根据价格统计资料,全国干鲜果收购价格指数(以1978年为100),1980年为110,1995年为368,1999年降为270,近年继续处于下降趋势。根据农业部信息中心监测,2003年第一季度,广柑、蜜橘、甜橙、鸭梨、国光苹果、富士苹果、香蕉、菠萝、龙眼、荔枝10种水果中,除部分柑橘价格略有上涨外,其他种类比去年同期大幅度下降(如图1.4)。

(4)果品销售主要立足国内市场,出口所占比例很小

1996—1998年我国进口的干果、鲜果和坚果分别为79万吨、84万吨和89万吨,大于当年的出口量。近年来,中国果品进口有所减少,出口增长较快,但总的来讲,出口数量有限,占总产量的比例很小。1999年干鲜果品出口量为80.5万吨,仅占国内果品生产总量的1.3%,2002年全国干鲜果出口量创历史最高,达到113万吨,也只占当年总产量的1.66%。

(5)发展存在盲目性,果品后处理环节薄弱

一是果树的种类发展不平衡,苹果、柑橘、梨所占比例过大,1997年占总面积的58.5%,占总产量的66.3%,而在这些树种中品种也过于集中,如红富士苹果、宽皮桔类、鸭梨等。二是在并非完全适宜区盲目发展果树,如长江中下游和陕西关中地区发展红富士苹果。三是缺乏市场调查和预测,如20世纪70—80年代出现的山楂热。

采后选果、分级、包装落后,多靠人工,缺少现代选果、分级、包装机械,很难保证商品的一致性。储藏能力不足,目前只占水果总产量的15%,导致果品上市过于集中,造成季节性过剩。果品加工能力薄弱,只占水果总产量的10%。而在发达国家,以销售鲜果为主的苹果,也有50%用于后加工。世界果品产量最高的柑橘与葡萄,加工比例更高,葡萄达90%以上。

(6)我国以户为单位的小生产和大市场矛盾突出

即使某地已形成规模生产,但我国缺少相应的合作组织,还是每户果农面对市场,难于获得市场信息和适应大市场的需求,更别说不成规模的分散果农。

4)果树生产特点与发展趋势

(1)果树生产及特点

①果树生产由育种、栽培(苗木培育、果园建立、管理、采收)、储藏加工及销售等环节组成。

②特点。

一是果树种类多。有2 792种(包括乔木、灌木、藤本及多年生草本植物),常见的只占5%,各自的生物学特性、环境条件、栽培条件各不相同。

二是生产周期长。大多数为多年生,对土壤肥水条件要求较高,3~5年后产果,7~8年进入丰产期。品种更新慢,生产周期长,建园时要考虑到品种与市场的关系。

三是投入要求高。果树生产是一项高投入(大量的人力物力)、高产出(效益大)、要求精耕细作的产业,一亩园十亩田。

四是以鲜食为主的多。低层次的果品生产结构只能以鲜食为主。经济的发展,技术的进步,才能促进加工、微加工(防腐剂、添加剂的应用),为果品加工提供技术支持,改变人们的消费观念。

图1.5　桃

因此,果树生产者不但要注重品种选择,了解每个品种的特性、当地自然条件、生活习惯,还要根据当地劳动力素质,采用适合的品种、适当的栽培技术,生产出高产、优质、适于人们消费及加工要求的果品(如图1.5)。

(2)果树生产的发展趋势

①果树生产区域化,栽植规模化,栽培集约化。区域化特点更加明显,规模效益更加突出。

②果树品种多样化、良种化。在生产上应更加重视选育和推广应用不同用途、成熟期、色泽及口味的优良新品种,品种效益型生产特点更加明显,越来越重视专用于加工的品种。

③果实品质标准化。制订果品标准并按照标准进行生产,将会大大促进地区及国家间果品贸易量的增加。

图1.6　套袋

④果品供应周年化。果树半促成、促成或延迟栽培等反季化设施栽培比例会逐渐增加。

⑤果树苗木繁育无毒化、制度化、规格化。严格实施苗木繁育生产许可证,经营许可证和质量合格证“三证”制度。

⑥大宗果品高档化,名稀特果品优质化。果品也要讲究品牌、争创名牌(如图1.6)。

⑦果园管理机械化、自动化。由单一生产环

节的机械化和自动化管理到多个环节,甚至全园管理的机械化和自动化。

⑧果品产业化。果品生产将形成贸工农一体化、产供销一条龙、内外贸相结合的新产业体系。

⑨果树生产专业化、合作化。果树生产过程中某些环节的工作可由相应专业公司来承担,不同的果树生产单位之间可以进行单一环节或多个环节的合作或联合经营。

1.1.2 实训内容

调查当地果树的生产现状。附学校附近果园调查表。

表 1.2 学校附近果园调查表

市(县、区)名称:______ 乡(镇)名称:______

地类名称	果树品种	平均单产	最高单产	备 注

填表人:______ 填表时间:____年____月____日

填表说明:地类名称填"平地、丘陵或者山地",果树品种按照"桃、梨、柑橘、葡萄或者其他果树"进行填写,平均单产与最高单产均填果实产量,产量单位为千克/亩(即 kg/666.7 m^2)。

1.1.3 实践应用

①调查当地果树生产历史及生产现状。

②分析当地发展果树生产的优势及不足。

③结合当地实际,谈谈你对当地发展果树生产的设想和看法。

1.1.4 扩展知识链接(选学)

1)我国果树生产历史

果树生产是一种植物资源利用、加工的行为,它是伴随着农业发展而发展起来的一个农业分支学科。随着农业技术的发展和人们对自然认识的加深,不断地将野生植物资源进行驯化、改良、种植,并加以利用,这是农业发展的途径,也是果树生产发展的过程。同时,植物资源又有一定的地域性;我国地跨寒、温、热三带,果树资源比较丰富。秦汉时期桃、李、杏、梅、枣、柿等果树的生产就已形成规模,同时又进行了像葡萄、石榴、扁桃的引进工作。唐代已出现了嫁接技术。明清时期的果树育种、苗木繁殖技术已相当发达,出现了一些具有地方特色的品种、品系莱阳梨、肥城桃、上海水蜜桃等。20世纪初,一些高校设立的园艺课程都涉及了果树生产,随即全国各地纷纷建立了各种果树研究所,进行果树科研工作(如图1.7)。

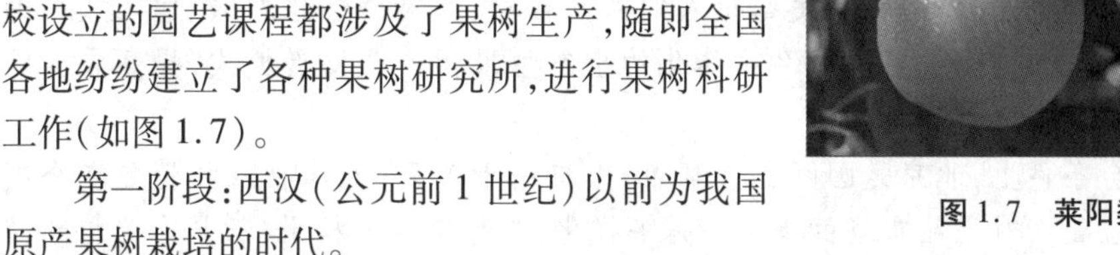

图1.7 莱阳梨

第一阶段:西汉(公元前1世纪)以前为我国原产果树栽培的时代。

第二阶段:西汉以后至19世纪中叶(1871年)为我国原产果树与引种果树栽培相结合的时代。

第三阶段:19世纪中叶至20世纪中叶为我国果树小规模专业化发展时代。

第四阶段:20世纪中叶以来为我国果树大规模专业化发展时代。

2)世界果树生产特点与发展趋势

①绿色食品将迅速发展;②果树栽培区域化;③果树生产的规模化和集约化;④生产种类的多样化和优良品种的世界化;⑤果品生产的优质化及标准化;⑥储运、加工设备和手段的现代化。

1.1.5 考证提示

果树生产在当地经济建设中的地位和作用。

任务后

1)考证练习

调查当地果树生产历史及生产现状。

2)案例分析

北京观光果园建设情况及发展设想

(1)北京发展观光果园的优势及意义

①适应北京政治经济发展的需要。北京作为国际化大都市,正在朝城乡一体化迈进。北京市区的经济是知识经济,郊区的经济是生态经济,是生态与经济最完美的结合。加强旅游观光果园的建设与发展,就是立足京郊的资源优势和比较优势,适应首都国际化大都市发展建设,满足都市人们回归自然、追求个性化度假、休闲放松的需要,建设具有北京特色、实现城乡一体化的生态型果树产业发展模式,提高农业综合效益,增加农民收入。

②在社会条件上,北京是国际化大都市,人口一千多万,人均收入和消费在全国都处于领先位置。对果品市场的需求一是多样化,二是精品高档果,三是名优特新品种,四是要满足个性化需求。

③北京有一个庞大的旅游市场!近几年来,随着人们工作和生活节奏的加快,到京郊走一走,尽情地享受田园风光,已是广大市民生活中不可或缺的一件事。同时,由于当时北京即将承办2008年奥运会,北京市委、市政府已将"空气清新、环境优美、生态良好、人居和谐"作为首都生态建设的重要目标。观光果园的建设和发展能很好地实现这一功能目标,既能使郊区果园成为城市环境保护的屏障、中外宾客旅游、休憩、度假的场所,又能实现富裕农民的目的。

④北京的众多特色果品,也借助于旅游观光采摘的"大市场",避免了长途运输,不必"贪青"早采,使果实充分成熟,风味更加浓郁,更突出京郊果品的特色。曾有人设想,游人手拿吸管,在京郊的"水蜜桃园"中吸食"十分成熟"的水蜜桃,那种令人酣畅淋漓的感觉和体验只有靠观光采摘来实现!

(2)京郊观光果园的建设情况

到2002年,北京开放观光采摘果园533个,面积28.7万亩(1亩=666.7 m^2),接待游人3 355万人次,采摘果品2 098万kg,采摘收入97 304万元;仅怀柔、顺义、海淀通过观光采摘促销果品157万kg,保销收入6 676万元;2002年樱桃结果树面积3 100亩,总收入1 700万元,其中采摘收入500万元,占樱桃总收入的1/3。大兴在开展观光采摘的同时,开展了果树认养活动,仅1个月的时间,就有包括"七日七频道"等新闻媒体单位在内的70余家单位、企业及个人认养丰水、黄金梨树60亩,1 300株,认养收入达到65万元。

现在的一些观光果园平均收入7 000~8 000元/亩,其中最好的旅游观光果园已

达到3万元/亩。

(3)存在问题

在国外的许多国家，旅游观光果园作为果园增收的一项有机组成，已成为果园发展的一部分；而在我国，特别是首都北京，虽然果园观光采摘已逐渐成为人们关注的热点，部分地区也已投入了相当的财力和物力，但就目前而言，许多果园都建得很不规范，缺乏服务意识，不符合旅游观光要求。因此，一方面，我们要结合本国国情、体现当地特色，在不断完善园内基础设施的同时，增设各种旅游设施，规划游览内容，力求与国际接轨、与世界同步；另一方面，在建立标准示范园的基础上，形成一套旅游观光果园的建设办法，即同时制订出旅游观光果园标准，使旅游观光果园按照标准进行建设。

(4)京郊旅游观光果园发展设想

①建设宗旨。旅游观光果园的建设既是发展北京特色果品，实现产业升级、提质增效的重要内容，又将有力地带动当地旅游业的发展，让果林经济与观光旅游相结合，充分体现生态、经济、休闲、科普4大功能，并以其巨大的辐射能量拉动其他相关产业发展，有效地促进地方经济的腾飞。其建设宗旨是：充分利用果园优越的地理位置，优美的自然环境及便利的交通，统一规划，合理布局，适应游客的各种品味及需求，把旅游观光果园建成一个集生态示范、科普教育、赏花品果、采摘游乐、休闲度假、生产创收于一体的综合性果园。

②具体措施。

A.编制标准。为规范、引导观光果园的建设，首先组织有关专家编制《北京市旅游观光果园建设标准》。在全国率先出台“北京市旅游观光果园标准”，这将成为全国观光农业方面的第一个标准性文件。现初稿已完成，正在组织评议，计划今年可报市技术监督局批准。

B.大力推进安全食品(果品)生产。实现果品安全生产是推进全市旅游观光果园建设的基础。为此，与北京农学院合作开展了果品无公害检测体系与安全生产技术体系(安全果品生产，AA级绿色果品生产基地建设)项目研究。以生产安全绿色无公害果品为目标，按照行业或国家或国际制定的果品质量标准，结合北京市果品生产现状编制完成了《北京市果树标准化生产通则》及与各树种相适应的《标准化生产实施细则》，并首先开展了对“农业标准化生产示范基地”(26个果品基地)的培训，各区县果树科科长、各基地主管技术的负责人近500人接受了培训。

③建设旅游观光果园示范园。2002—2003年，按项目形式，多渠道争取建设资金1 200万元，重点支持全市第一批17个旅游观光果园完善建设，涉及苹果、梨、桃、葡萄、樱桃、杏、柿子、板栗、桑椹等主栽树种、特色品种。面积11 200亩。

④与旅游部门合作，加大宣传推介力度。为全力推出首批高标准旅游观光果园，

与市旅游局、中国消费者报和北京森林国际旅行社合作，策划推出“百万市民走进绿海田园——北京市系列旅游观光果园采摘活动”，并以京城春果第一枝——樱桃拉开序幕；与森林旅行社合作推出京郊旅游观光采摘一日游的十余个新产品。

由于首批示范园的带动作用，各区县也都纷纷确定了一批重点建设示范园。据了解，今年各区县按照具有一定规模、设施较完善、效益较好、交通便利的要求，已确定观光果园235个，总面积近20万亩。

1.2　主要果树种类的识别

1.2.1　基础知识要点

1）果树的分类方法

（1）植物学分类

以果树的亲缘关系、器官形态和内部组织结构为依据而采取的一种分类方法。共计134科、659属、2 792种。

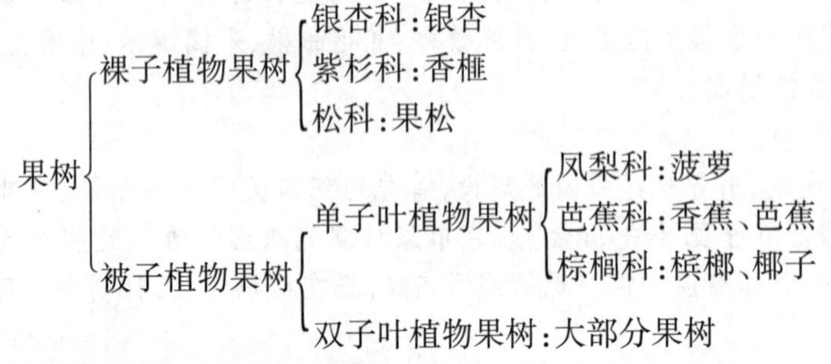

重要的双子叶植物果树有：

①蔷薇科（*Rosaceae*）。苹果、梨、李、桃、杏、山楂、樱桃、草莓、枇杷、木瓜、海棠等。

②芸香科（*Rutaceae*）。枳、金柑类、柚类、柠檬、枸橼、甜橙（脐橙）、宽皮柑橘（红桔、温州蜜柑）。

③葡萄科（*Vitaceae*）。葡萄。

④桑科（*Moraceae*）。无花果、树菠萝、果桑。

⑤漆树科（*Anacardiaceae*）。芒果、腰果。

⑥无患子科（*Sapindaceae*）。荔枝、龙眼。

⑦猕猴桃科（*Actinidiaceae*）。猕猴桃。

⑧胡桃科（*Juglandaceae*）。核桃、美国山核桃、野核桃。

⑨鼠李科（*Rhamnaceae*）。枣、酸枣。

(2)栽培学分类

依据果树的类别、生态和果实形态特征不同进行分类的一种方法。

①木本落叶果树。

仁果类:果实由花托和子房共同发育而成,称假果,其可食部分主要是肉质的花托,花芽均为混合花芽,如苹果、梨、山楂、木瓜等。

图1.8 樱桃

核果类:包括桃、李、杏、樱桃等。果实由子房发育而成,外果皮薄,内果皮木质化为硬核,中果皮肉质,为食用部分,花芽均为纯花芽(如图1.8)。

浆果类:果实多浆汁,种子小而多,散布在果肉内,如葡萄、猕猴桃、树莓、醋栗、穗醋栗、石榴等。

坚果类:包括板栗、核桃、榛子、银杏等,果实外面多具坚硬的外壳,食用部分多为种子,含水分少,统称干果(如图1.9)。

柿枣类:包括柿、枣等,也有不单列此类,而将柿列入浆果类,将枣列入核果类(如图1.10)。

图1.9 银杏

图1.10 柿

②木本常绿果树

柑果类:包括柑、橘、橙、柚等,外果皮革质,中果皮海绵状,内果皮形成多汁的瓤瓣,是食用部分(如图1.11)。

浆果类:枇杷。

核果类:橄榄、芒果(如图1.12)。

坚果类:腰果、椰子。

荚果类:酸豆。

③多年生草本果树。香蕉、菠萝、草莓等(草莓也可归入浆果类果树)。在运用上述果树分类方法时,可根据需要采用其中一种或综合使用几种方法。在综合使用时,

图 1.11　柚子

图 1.12　芒果

一般以果树冬季叶幕特性为基础配合使用其他的分类方法。如常绿木本果树、常绿浆果类果树、落叶性亚热带果树等。

1.2.2　实训内容

果树果实的分类和构造

1）目的要求

了解主要果实的构造及其与花器各部发育的关系，掌握各类果实的主要构造和分类依据。

2）材料用具

（1）材料

从下列果树中，选择当地栽培的有代表性的果树，收集其新鲜果实或储藏浸渍果实：梨、桃、杏、李、梅、葡萄、板栗、柑橘、柿、枇杷、杨梅、荔枝、龙眼、香蕉、菠萝等。

（2）用具

水果刀、镊子、放大镜。

图 1.13　木瓜

3）实习内容

（1）落叶果树

①仁果类果树。

主要特征：为混合芽，子房下位花；果实为假果，果实由花托、萼筒肥大发育而成；果实内有多数种子，故称为“仁果”。

主要种类：苹果、沙果、海棠果、梨、山楂、木

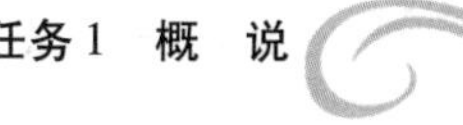

瓜等(图1.13)。

②核果类果树。

主要特征:果实为真果,果实由子房发育而成,有明显的外、中、内3层果皮;中果皮为食用部分,内果皮木质化,成为坚硬的核。

主要种类:桃、李、杏、梅、樱桃、枇杷、芒果、橄榄等(如图1.14和图1.15)。

图1.14 枇杷

图1.15 橄榄

③坚果类果树。

主要特征:果实或种子的外皮具有坚硬的外壳,食用部分为种子的子叶或胚乳。

主要种类:阿月浑子、核桃、银杏、扁桃、栗、椰子、腰果、榴莲、马拉巴栗等(如图1.16和图1.17)。

图1.16 阿月浑子

图1.17 榴莲

④浆果类果树。

主要特征:果实除外面几层外,肉汁化且充满浆汁成为可食用部分。葡萄、猕猴桃、草莓、树莓、杨桃、人心果、番木瓜、蒲桃、番石榴等(如图1.18)。

(2)常绿果树

①柑橘类:如甜橙、宽皮橘、柚、柠檬、金橘、枳壳等。

主要特征:果实为柑果,由子房发育而成,外果皮革质化,富含油胞,中果皮疏松呈海绵状,内果皮含有多浆的汁胞为食用部分。

主要种类:柑橘类果树。

②柑橘类以外的常绿果树:如荔枝、龙眼、香榧、枇杷、杨梅、橄榄等(如图1.19)。

图1.18　番石榴

图1.19　荔枝

主要特征:外果皮革质化,食用部分为假种皮。

主要种类: 龙眼、荔枝、红毛丹等。

图1.20　树菠萝

(3)多年生草本果树

乔性草本果树:香蕉、番木瓜等;矮性草本果树:菠萝、草莓等。

①主要特征:果实皆由一个花序发育而成的聚复果,需热量等级高或很高,适合热带种植。

②主要种类:菠萝、树菠萝(菠萝蜜、木菠萝)、面包果(面包树)、蕃荔枝、刺蕃荔枝等(如图1.20)。

4)作业

①对所观察的果实按果实构造进行分类,并指明每种果实的食用部分。

②从仁果类、核果类、坚果类、浆果类、柑果类中各选一种果实,绘果实纵(横)剖面,并注明各部分名称。

1.2.3　实践应用——识别主要果树种类及品种

1)目的要求

认识果树地上部分的形态特征,为初学果树栽培者奠定基础,培养学生识别主要果树栽培树种的能力。

2)材料

柑橘、梨、桃、葡萄。

3)观察内容

①柑橘。常绿灌木或小乔木,乔木。树冠自然开心形或圆头形,有刺或无刺,新梢通常为三棱形,以后逐渐成为圆柱形。叶革质、单身复叶,互生,叶柄上常有叶节和大小不等的翼叶。花为完全花,白色或淡红色,有香气,单生,簇生或伞形总状花序,着生于叶腋间。花萼筒杯状,4~5裂,花瓣4~8片,多为5片。果实大小、形状、色泽因种类品种不同而异,有扁圆形、圆形、长圆形、卵形等;黄色、橙色、橙黄色、橙红色。

②梨。落叶乔木,主要栽培种有砂梨、秋子梨、白梨和西洋梨4种。砂梨,乔木,有中心干,树冠疏散分层形或多主枝自然形。树皮灰黑色,枝梢花褐色,新梢有茸毛,腋芽圆锥形,花芽卵圆形,叶广圆形或椭圆形,叶缘有针刺状锯齿。花芽着生于枝梢顶端或叶腋,果近圆形、卵圆形、果梗长,果皮褐色或绿色,有灰黄色果点,果肉石细胞较多,种子小。

③桃。落叶小乔木,或乔木。树性开张,树冠自然开心形。树干灰褐色,成熟枝向阳面紫红色,有光泽。腋芽瘦小,圆锥形,花芽大,卵圆形,被有灰白茸毛。叶呈长披针形或椭圆状披针形,叶柄短。果圆形、扁圆形或圆锥形,表面有茸毛,有缝合线,果肉乳黄、黄色或白色,有的近核处带鲜红色,多汁。

④葡萄。是落叶性多年生藤本攀缘植物。老蔓黑褐色,外皮粗糙,新梢节间长,每节有两种芽。叶为掌状裂叶,叶缘有粗大锯齿,表面有角质层,叶柄较长。花黄绿色,有两性花、雄性花、雌性花。果穗有球形、圆筒形及圆锥形等。果粒有圆形、椭圆形、卵圆形或鸡心形等。成熟时果色有白色、黄绿色、红色或紫色,果面有果粉,种子小。

4)作业

叙述主要果树各个器官的主要形态特征。

1.2.4　扩展知识链接(选学)

1)果实的生长发育

(1)果实生长时期

果树从开花以后,受精的果实在生长期间,体积、果径、重量的增加动态,可以分为3个时期(生长型—单S型、双S型)(如图1.21)。

第一期为果实迅速生长期:从受精到生理落果。此期果肉细胞和胚乳细胞迅速

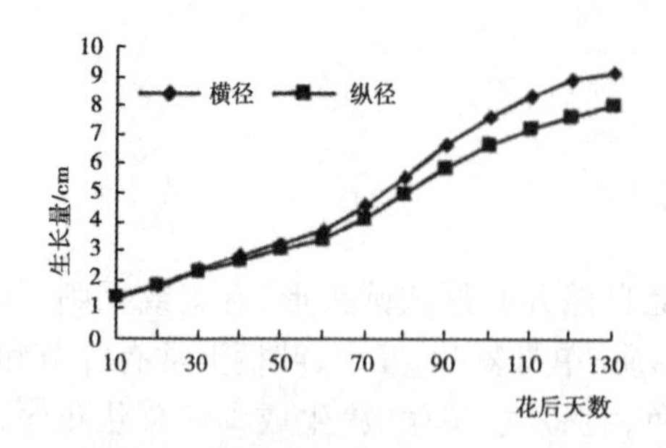

图 1.21　果实纵横径生长动态曲线

分裂、增加，到最后细胞停止分裂。

第二期为果实缓慢生长期：生理落果后，果肉细胞基本不再分裂，胚开始发育，种子充实，种皮硬化或内果皮木质化而硬核，细胞体积增大缓慢。

第三期为果实熟前生长期：种子发育完善后，果实细胞体积迅速增大，直到固有的大小，内含物充实、转化，果面着色，香味加浓，种子变色直到成熟。

(2)影响果实增长的因素

从理论上讲，凡是有利于果实细胞加速分裂和膨大的因子都有利于果实的生长发育。在实践中，影响因素则复杂得多。

①细胞数量和体积。果实体积的大小决定于细胞的数目、细胞体积和细胞间隙的增大，前两个是主要因素。细胞数目的多少与细胞分裂时期的长短和分裂速度有关。果实细胞分裂开始于花原始体形成后，到开花时暂时停止，经授粉受精后继续分裂。如苹果在开花时，细胞仅为 200 万个，到采收时可达 4 000 万个。花后细胞旺盛分裂时，细胞体积也同时开始增大，细胞停止分裂后，细胞体积继续增大，细胞长度一般为 150 ~ 700 μm，有的可超过 1 mm，细胞体积大的可达 10^8 μm^3，一般为 10^6 ~ 10^7 μm^3，开花时不过 10^4 μm^3。

②有机营养。果实细胞分裂主要是原生质的增长过程，为蛋白质营养期。这时需要有氮、磷和碳水化合物的供应。氮和磷除树体供应外，还可施肥加以补充，但幼果细胞分裂期合成蛋白质所需要的碳水化合物，只能由储藏营养供应。因此树体储藏的碳水化合物可影响果实细胞分裂、影响细胞数量，进而影响果实的大小。凡能增加供应幼果储藏营养的措施，如秋季施肥、疏花都可增加果实细胞数量和体积而增大果实。开花较晚的葡萄，其花序发育也受储藏营养分配的影响。

果实发育中、后期，即果肉细胞体积增大期，最初原生质稍有增长，随后主要是液泡增大，除水分绝对量大大增加外，碳水化合物的绝对量也直线上升，为碳水化合物营养期。果实重量的增加主要在这一时期。这时要有适宜的叶果比和较高的光合能力，才有利碳水化合物的合成和积累。

③矿质元素。有机营养向果实内运输和转化有赖于酶的活动，酶的活性与矿质元素有关。矿质元素在果实内很少，不到 1%，除一部分构成果实外，主要影响有机质的运转和代谢。果实中氮、磷、钾比其他元素多，其比例为 10∶(0.6 ~ 3.1)∶(12.1 ~ 32.8)。氮影响果实的体积；磷含量虽少，但影响果肉细胞的数目；钾能提高细胞原生

质活性，促进碳水化合物输入，所以对果实增大、重量增加有明显作用。钙能稳定果实细胞膜结构，降低呼吸强度并与果实某些生理病害有关，如苹果的苦痘病、木栓斑点病、蜜病、果肉败坏、皮孔败坏、萼端腐烂病，苹果、葡萄、李、枣、樱桃的裂果和梨的黑心病均因缺钙形成。

④水分。果实内80% ~90%为水分，随果实增大而增加，是果实体积增大的必要条件，特别是细胞增大阶段，如果此时水分不足，减小果实体积，以后供水也不能弥补。水分也影响矿质元素进入果实，如干旱可引起果实缺钙。

⑤种子。果实内种子的数量和分布，会影响果实的大小和形状。如玫瑰香葡萄没有种子的果粒比有种子的果粒小得多，苹果、梨的果实内没有种子的一面果肉发育不良，果实呈不匀称形。

⑥温度。每一种果实的成熟都需要一定的积温，如极早熟葡萄品种莎芭珍珠从萌芽至浆果成熟需要积温2 260 ℃，中熟品种(黑汉)为2 900 ~3 100 ℃，晚熟品种(龙眼) >3 700 ℃。所以北方地区(如内蒙古和黑龙江)只能保证早熟品种完全成熟。原产广东的甜橙和椪柑生长在柑橘栽培的北缘地区，成熟迟，品质差。

⑦光照。光照对果实生长是不言而喻的，众多的试验表明遮荫影响果实的大小和品质，光照对果实的影响是间接的，套袋果实同样可以正常肥大就是证明。光照影响叶片的光合效率，使光合产物供应降低，果实生长发育受阻。

光照不足使柑橘的叶片变薄，栅状组织相对厚度减少，气孔数目减少，光合速率降低，低光照加速叶片的老化，长期光照不足会引起早期落叶。

2)我国果树带的划分

根据各地的自然环境条件(主要是气温、降水、海拔、纬度等)、果树分布的实况及参考过去的果树带划分方法，可以把我国果树划分为八个自然分布带：

(1)热带常绿果树带

本分布带位于北纬24°以南，其界限基本与北回归线一致。包括广东的潮安、从化，广西的梧州、百色，云南的开远、临沧、盈江，福建的漳州以及台湾的台中以南的全部地区。

本分布带处于我国热量最丰富，降水量最多的湿热地带。年平均气温19.3 ~25.5 ℃(一般在21 ℃以上)，7月平均气温23.8 ~29.0 ℃(多数约28 ℃，1月平均气温11.9 ~20.8 ℃，绝对最低气温大多在 -1 ℃以上，年降水量832 ~1 666 mm，无霜期340 ~365天，大多数终年无霜)。

本分布带为我国热带、亚热带果树主产区。主要栽培的热带果树有：香蕉、菠萝、椰子、芒果、番木瓜等。主要栽培的亚热带果树有：柑橘、荔枝、龙眼、橄榄、枇杷等。

此外,还有桃、李、砂梨、板栗、柿、梅、乌榄、木菠萝、黄皮、番石榴、番荔枝、人心果、腰果、蒲桃、杨桃、杨梅、余甘等(如图1.22)。

此分布带的野生果树资源极为丰富,主要有猕猴桃、锥栗、桃金娘、山楂、野葡萄、羊奶果等。

主要的名产区及品种有:广东荔枝、海南椰子、广东新会甜橙、广西沙田柚、广东梅州沙田柚、广东高州香蕉、台湾菠萝、云南景洪杠果等。

(2)亚热带常绿果树带

本分布带位于热带常绿果树带以北,云贵高原常绿落叶果树混交带以西。包括江西全省、福建大部、广东、广西北半部、湖南的溆浦以东、浙江宁波、金华以南以及安徽南缘的屯溪、宿松,湖北南缘的广济、崇阳地区。

本分布带处于我国暖热润湿地带。年平均气温16.2~21.0 ℃,7月平均气温27.7~29.2 ℃,1月平均气温4.0~12.3 ℃,绝对最低气温-1.1~8.2 ℃,年降水量1 281~1 821 mm,无霜期240~331天。

图1.22 杨桃

图1.23 黄皮

本分布带主要产亚热带常绿果树,但亦有多种落叶果树。本分布带果树的特点是种类多、品质好。主要栽培果树有:柑橘、枇杷、杨梅、黄皮、杨桃等。次要的有:柿(南方品种群)、砂梨、板栗(南方品种群)、桃(华南系)、李、梅、枣(南方品种群)、龙眼、荔枝、葡萄、核桃、中国樱桃、石榴、香榧、长山核桃、沙果、锥栗、无花果、草莓等(如图1.23)。

主要野生果树有:湖北海棠、豆梨、毛桃、榛子、锥栗、胡颓子、郁李、山楂、枳、宜昌橙、蟹橙等。

本分布带的著名产区和品种有:浙江黄岩温州蜜柑及本地早桔,江西南丰蜜桔,福建龙眼及枇杷等。此外,柑橘类中的枸橼、酸橙、柚、宽皮柑橘、金柑、荔枝、橄榄、黄皮、香蕉、杨桃等。

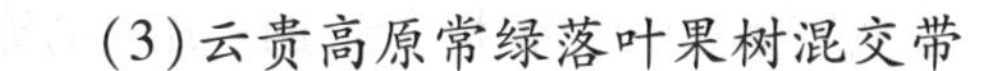

(3)云贵高原常绿落叶果树混交带

本分布带位于第一带以北,第二带以西。包括云南大部,贵州全部,四川平武、泸定、西昌以东,湖南黔阳、慈利以西,湖北宜昌、郧县以西,以及陕西南部的城固,甘肃南端的文县、武都和西藏的察隅等。

本分布带所处的地理位置在北纬 24°~33°,海拔自 99 m(湖南慈利)至 2 109 m(云南会泽),地形复杂多变,具明显的垂直地带性气候特点。年平均气温 11.6~19.6 ℃(一般多在 15 ℃以上),7 月平均气温18.6~28.7 ℃,1 月平均气温 2.1~12.0 ℃,绝对最低气温 0.00 ℃(云南镇源)至 -10.4 ℃(河南西峡),年降水量467 mm(甘肃武度)至 1 422 mm(湖南慈利),无霜期 202 天(西藏察隅)至 341 天(贵州罗甸)。

由于自然地理及生态条件的作用,本分布带果树种类繁多,常绿、落叶果树常混交分布。本分布带内各地因纬度、海拔高度和小区生态环境的不同,其中分布的果树差异很大,多呈明显的垂直分布。大体在海拔 800 m 以下的地区,由于气温高、终年无霜、雨量充沛,有香蕉、菠萝、芒果、椰子、番荔枝、番木瓜等热带果树分布。在海拔 800~1 200 m 的地区,有柑橘、龙眼、荔枝、枇杷等亚热带果树分布,亦有不少的落叶果树。在海拔 1 300~3 000 m 的地区,分布各种落叶果树。海拔 3 000 m 以上分布果树较少。

本区主要果树有:柑橘、梨、苹果、桃、李、核桃、板栗、荔枝、龙眼、石榴等。其次为:香蕉、枇杷、柿、中国樱桃、枣、葡萄、杏、油橄榄、沙果、无花果(如图 1.24)、海棠果等。

野生果树有:猕猴桃、余甘、湖北海棠、丽江山定子、锡金海棠、滇池海棠、三叶海棠、树莓、草莓、豆梨、山楂、山葡萄、野樱桃、杏、枣、君迁子、毛桃、枳、杨梅、胡颓子、锥栗、茅栗、榛子、香榧、金樱子、枳椇、乌饭树、芭蕉等(如图 1.25)。

图 1.24　无花果

图 1.25　余甘

本分布带的著名产区和品种有：四川米易的芒果、香蕉、番木瓜等，四川江津的锦橙，四川奉节的脐橙，云南昭通和贵州威宁的苹果、梨，西藏察隅的木瓜、桃、葡萄、甜橙、芭蕉、海棠果等，甘肃武都和陕西城固是我国柑橘北缘（北纬33°）。

（4）温带落叶果树带

本分布带位于亚热带常绿果树带及云贵高原常绿落叶果树混交带以北，包括江苏、山东全部，安徽、河南的绝大部分，湖北宜昌以东，河北承德、怀来以南，山西武乡以南，辽宁鞍山、北票以南，以及陕西的大荔、商县、佛坪一带，浙江的北部等地区。

本分布带地势多较低平，海拔通常不超过400 m，年平均气温8.0～16.6 ℃（多数在12 ℃以上），7月平均气温22.3～28.7 ℃，1月平均气温－10.9～4.2 ℃，绝对最低气温－10.1 ℃（浙江嵊县）至－29.9 ℃（辽宁鞍山），年降水量499～1 215 mm（一般800 mm以内，东部多西部少），无霜期157～256天（多在200天以上）。

本分布带落叶果树种类多、数量大，是我国落叶果树，尤其是苹果和梨的最大生产基地。

主要果树有：苹果、梨（白梨、秋子梨、砂梨、西洋梨）、桃、柿（北方品种群）、枣（北方品种群）、葡萄、核桃、板栗、杏等。其次有樱桃（中国樱桃，甜樱桃）、山楂、海棠果、沙果、石榴、李、梅、无花果、草莓、油桃、君迁子、枇杷、银杏、香榧、山核桃等。

主要野生果树有：山定子、山桃、酸枣、沙棘、杜梨、豆梨、木梨、猕猴桃、毛樱桃、麻梨、湖北海棠、河南海棠、三叶海棠、野葡萄等。

著名产区及品种有：辽宁苹果、山东肥城桃、莱阳慈梨、乐陵无核枣、河北定县鸭梨、赵县雪花梨、深州蜜桃、河南灵宝圆枣、安徽砀山酥梨、陕西华县大接杏等。本分布带南缘少数小气候条件较好的地方有柑橘栽培，如上海崇明、江苏吴县以及安徽桐城等地。

（5）旱温落叶果树带

本分布带由两部分构成，一部分位于云贵高原常绿落叶果树混交带及温带落叶果树带的西边，包括山西北半部，甘肃东南部，陕西西北部，宁夏中卫以南，青海黄河及湟水流域的贵德、民和、循化一带，四川西北的南坪、马尔康、甘孜，西藏东南部河谷地带的拉萨、林芝、昌都、日喀则。另一部分位于新疆的伊犁盆地以及塔里木盆地周围的喀什、库尔勒、和田、哈密及甘肃的敦煌。

本分布带年平均气温7.1～12.1 ℃，7月平均气温15.6～26.7 ℃，1月平均气温－10.4～3.5 ℃，绝对最低气温－12.1～28.4 ℃（仅新疆的伊宁为－40.4 ℃），年降水量32 mm（新疆和田）至619 mm（陕西铜川），年平均相对湿度42%（甘肃敦煌）至69%（甘肃天水），无霜期120～229天。本带的东边部分地势高亢，为我国果树栽培高海拔区域。本分布带和温带落叶果树带相比，气候较干冷。年平均降水量仅为该带的56%，年平均气温约低2.6 ℃，平均无霜期短18天左右。另外，海拔较高，日照较充足。

主要栽培果树有：苹果、梨、葡萄、核桃、桃、柿、杏等。其次有枣、李、扁桃、阿月浑子、槟子、海棠等（如图1.26）。

图1.26　海棠

主要野生果树有：榛子、猕猴桃、山梨、山定子、稠李、甘肃山楂、悬钩子、新疆野苹果和四川小叶海棠等。

本分布带的川西高地、甘肃天水、陕西凤县及铜川、四川的茂汶和小金、西藏的昌都、山西太原等地，由于气候干燥温凉，海拔高而日照充足，日夜温差较大，果实品质优良，是我国生产优质苹果最好的地区和苹果外销商品生产基地。新疆塔里木盆地周围的干温地带，日照更充足，温差更大，气候更干燥，是我国最大的葡萄生产基地，也是世界著名的葡萄干产区。

（6）干寒落叶果树带

本分布带包括内蒙古全部，宁夏、甘肃、辽宁西北部，新疆北部，河北张家口以北，以及黑龙江、吉林西部，年降水量少于400 mm的地区。

本分布带年平均气温4.8～8.5 ℃，7月平均气温17.2～25.7 ℃，1月平均气温－15.2～－8.6 ℃，绝对最低气温－32.0～－21.9 ℃，年降水量116～415 mm，平均相对湿度47%～57%，无霜期127～183天。

本分布带与下面的耐寒落叶果树带的主要差别是气候较干燥（大约年降水量少于280 mm，相对湿度低于10%），日照强（日照约多370小时），较温暖（大约年平均温度高1.7 ℃，无霜期多18天）。

本分布带海拔较高，气候干燥而较为寒冷，适于栽种耐干燥寒冷的落叶果树。主要栽培果树有：小苹果（大苹果需要进行抗旱、抗寒栽培）、葡萄、秋子梨、新疆梨、海棠果等。次要果树有：李、桃（匍匐栽培）、草莓、树莓等。

野生果树有：杜梨、山梨、沙枣、山桃、花叶海棠、山葡萄、山楂、酸枣等。

（7）耐寒落叶果树带

本分布带位于我国东北角，包括辽宁的辽阳以北，吉林的通辽以东，以及黑龙江的齐齐哈尔以东地区。

本分布带是我国果树栽培纬度最高、气候最寒冷的地区。果树分布区年平均气温3.2～7.8 ℃，7月平均气温21.3～24.5 ℃，1月平均气温－22.7～－12.5 ℃，绝对

最低气温 -40.2 ~ -30.0 ℃,年降水量 406 ~871 mm,无霜期 130 ~153 天。

此分布带气候特点是生长期内的气温及降水能满足一般落叶果树生长结果的要求,但生长期短,休眠期气温及湿度较低,对果树越冬不利。仅可栽培耐寒落叶果树,但吉林南端的集安、库伦旗等小气候较好的地方,大苹果仍可生长结果,安全越冬。

主要栽培果树有:中小苹果、海棠果、秋子梨、杏、乌苏里李、加拿大李、中国李、葡萄等。次要果树有:树莓、草莓、醋栗、穗状醋栗、毛樱桃等(如图 1.27)。

图 1.27　杏

野生果树有:西北利亚杏、辽杏、山桃、刺李、山杏、山楂、毛樱桃、山葡萄、越桔、笃斯越桔、榛子、猕猴桃等。其中大量的山葡萄、猕猴桃等野生果树是良好的果汁、果酒酿制材料,现正开发利用。

(8)青藏高寒落叶果树带

本分布带位于我国西部北纬 28° ~40°,包括西藏大部地区,青海绝大部分,甘肃西南角的合作、碌曲,四川北端的阿俱一带。

本分布带海拔多在 3 000 m 以上。年平均气温仅 -2.0 ~3.0 ℃,绝对最低气温 -42.0 ~ -24.0 ℃,因此本带属高寒地区。由于本带降水较少,比较干燥,本带又属干寒地区。

本分布带主要处于青藏高原山地,虽然海拔在 3 000 m 左右,温度较低,但仍有少量李、杏等果树分布。目前对整带的果树情况了解尚少,有待进一步考察。

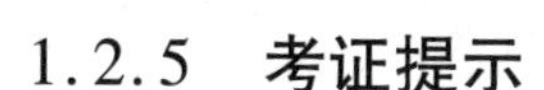

1.2.5　考证提示

主要果树种类及品种识别

表1.3　附录：技能考核项目及等级标准

考核项目	考核要点	考核方法	评分标准	备　注
主要果树树种和品种识别	识别果树树种和品种，说出分类地位	果园内识别和实验室识别	优：识别率在90%以上，能说出主要形态特征和经济性状。 良：识别率在75% ~89%，能较全面说出形态特征和经济性状。 及格：识别率在60% ~74%，基本能说出形态特征和经济性状。 不及格：识别率不足60%。	识别树种不少于20个 识别品种不少于15个

任务后

1）考证练习

叙述柑橘、梨、桃、葡萄和苹果等主要果树种类各个器官的主要形态特征。

2）案例分析

如何识别桃树的品种

桃品种依成熟期早晚分为极早熟、早熟、中熟、晚熟、极晚熟5类。果实发育期（即开花盛期至果实成熟所需天数）在80天以内的为极早熟，80~85天的为早熟，100~120天的为中熟，120~150天的为晚熟，150天以上的为极晚熟。此外，桃果依果肉色泽可分为黄肉桃和白肉桃；依用途分为鲜食品种、加工品种、兼用品种以及观花用的观赏桃等；依果实特征分为水蜜桃、油桃和蟠桃。

任务2　果树育苗技术

任务目标:了解果树育苗的基本原理,掌握果树育苗的技术和方法。

重　　点:果树育苗技术和方法。

难　　点:提高果树嫁接成活率及扦插生根率。

教学方法:直观、实践教学。

建议学时:12 学时。

2.1　实生苗的培育

2.1.1　基础知识要点

1)苗圃地的选择

(1)地点

应设在需用苗木的中心,以减少苗木运输费用和运输途中的损失。而且对当地环境条件适应性强,栽植成活率高,生长发育良好。在肥沃土壤条件中培育苗木,应控制后期氮肥和灌水,以免新梢停止生长晚,组织不充实并容易受冻,栽到土壤瘠薄山地时,多表现成活率不高。故在苗木生长后期应注意促进枝梢生长充实,提高栽植成活率。

(2)地势

应选择背风向阳、日照良好、稍有坡度的倾斜地。坡度大的地块,应先修筑梯田。平地苗圃地下水位宜在1～1.5 m以下,并且一年中水位升降变化不大。地下水位过高的低地,要做好排水工作。否则不宜做苗圃地。低洼盆地不但易汇集冷空气形成霜眼,而且排水困难,易受涝害,不宜选做苗圃地(如图2.1)。

(3)土壤

以砂质壤土和轻黏壤土为宜。因其理化性质好,适于土壤微生物的活动,对种子发芽、幼苗生长都有利,而且起苗省工,伤根少。黏重土、砂土、盐碱土都必须先行土壤改良,分别掺砂、掺土和修台田,并大量施用有机肥料后方能利用(如图2.2)。

图2.1　种苗基地

图2.2　盐碱土

土壤的酸碱度对苗木的生长有明显影响,不同树种对酸碱度的适应性不同。如板栗、砂梨、柑橘和枇杷喜微酸性土壤；葡萄、枣、扁桃、无花果等则较耐盐碱；苹果在酸碱度过高的土壤中常生长不良或发生死亡现象。因此，盐碱地育苗应经改良土壤后才能选作苗圃。

(4)灌溉条件

种子萌芽和苗木生长，都需要充足水分供应，保持土壤湿润。幼苗生长期间根系浅，耐旱力弱，对水分要求更为突出，如果不能保证水分及时供应，会造成停止生长，甚至枯死。尤其在我国北部地区容易发生春旱，必须根据土地面积准备水源，如挖井或筑塘坝等，以供灌溉之用。此外，还应注意水质，勿用有害苗木生长的污水灌溉。

(5)病虫害

在病虫害较严重的地区，尤其是对苗木为害较重的立枯病、根头癌肿病和地下害虫(如金龟甲的幼虫蛴螬、金针虫、线虫、根瘤蚜)等，必须采取措施加以防治。

2)砧木的选择和利用

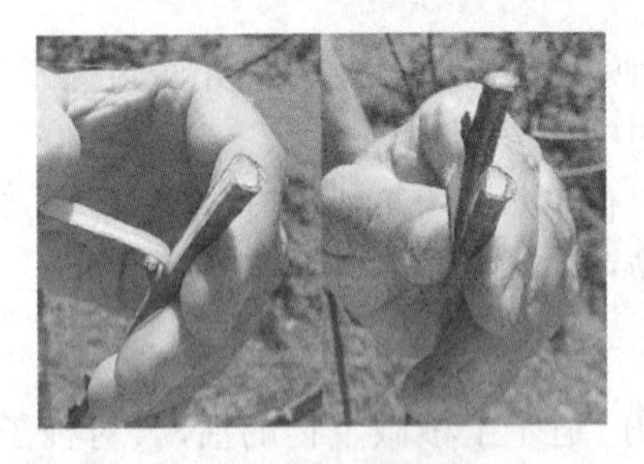

图2.3　切砧木、插接穗

由于砧木对接穗产生的深远影响，因此对砧木的选择是培育优良果苗的重要一环。不同种类的砧木对气候、土壤等环境条件的适应性不同。从当地原产的树种中选择果树适宜的砧木一般能适应当地或与其环境条件差异不大的地区。如当地树种缺乏，需从外地引种时，应对引种的砧木特性有充分的了解或先行试栽，观察其适应能力再大量引种(如图2.3)。

中国果树砧木种类繁多，各地又有其适宜的树种，在选择果树砧木时应根据以下条件：

①与接穗有良好的亲和力。

②对接穗的生长与结果有良好的影响。如生长健壮、丰产、寿命长等。

③对栽培地区的环境条件适应能力强。如抗旱、抗涝、抗寒、抗盐碱、抗病虫害等。

④繁殖容易。

⑤具有特殊需要的性状如矮化等。

3)实生苗的特点和利用

(1)实生苗的特点

①主根强大，根系发达，入土较深，对外界环境条件适应能力强。

②实生苗的阶段发育是从种胚开始的，具有明显的童期和童性，进入结果期较迟，有较强变异性和适应能力。

③因大多数果树为异花授粉植物，故其后代有明显的分离现象，不易保持母树的优良性状和个体间的相对一致性。

④少数果树种类具有无融合生殖（Apomixis）特性或称无配子生殖（Apogamy）。苹果属中，如湖北海棠、锡金海棠、变叶海棠、三叶海棠等，可产生无配子生殖体，其后代生长性状整齐一致。

⑤柑橘和芒果的同一粒种子内有多胚现象，除一个有性胚外，其余均为营养胚（或称珠心胚），表现生长势强，能较稳定遗传母本特性。

⑥在隔离的条件下，育成的实生苗是不带病毒的，利用实生苗繁殖脱毒品种苗木或用无配子生殖体的营养胚繁殖苗木，是防止感染病毒病的途径之一（如图2.4）。

图2.4　实生苗

图2.5　劈接

（2）实生苗的利用

许多果树属于异花授粉植物，在系统发育过程中形成了亲缘关系比较复杂的群体，后代杂合性很强，遗传变异较大，采用种子繁殖很难保持母本树固有的优良特性。所以，多数果树已采用嫁接、扦插、压条、分株或微体组培方式进行无性繁殖。目前，核桃、板栗、榛子、阿月浑子、罗汉果、芒果、腰果、番木瓜、椰子、银杏等仍主要采用实生繁殖，其实生后代变异较少。实生繁殖应用最为广泛的是利用近缘野生种或半栽培种作为嫁接果树的砧木来源，用以增强抗逆性和适应性。此外，果树杂交育种工作，需要从杂交后代实生苗中进行选择、鉴定，作为培育新品种的原始材料（如图2.5）。

4）实生苗的繁殖技术和方法

（1）种子的采集

种子的质量关系到实生苗的长势和合格率，是培养优良实生苗的重要环节。作

图2.6 种子

为繁殖实生果苗或砧木苗,均应注意选择品种纯正、砧木类型一致,生长健壮的无严重病虫害的植株作为采种母树。同时还应注意丰产性、优质性、抗逆性。种子必须在母树上充分成熟时采集(如图2.6)。

生理成熟是指种子内部营养物质呈易溶解状态,含水量高,种胚已经发育成熟并具备发芽能力,这类种子采后播种即可发芽,而且出苗整齐。但因其种皮容易失水和渗透出内部有机物而遭受微生物侵染导致霉烂,不宜长期贮存。

形态成熟是指种胚已完成了生长发育阶段,内部营养物质大多转化为不溶解的淀粉、脂肪、蛋白质状态,生理活动明显减弱或进入休眠状态,种皮老化致密,不易霉烂,适于较长期储藏。生产苗木所用的种子多采用形态成熟的种子。

采集种子必须适时,鉴别种子形态成熟时,多根据果实颜色转变为成熟色泽,果肉变软,种皮颜色变深而具光泽,种子含水量减少,干物质增加而充实等确定。多数果树种子是在生理成熟以后进入形态成熟,只有银杏等少数果树,则是在形态成熟以后再经过较长时间,种胚才逐渐发育完全。

收取果实内的种子:堆沤腐烂果肉→晾晒和阴干→精选和分级→储藏。

储藏期间的空气相对湿度宜保持在50%~80%,气温0~8℃为宜。大量储藏种子时,应注意种子堆内的通气状况,通气不良时加剧种子的无氧呼吸,积累大量的二氧化碳,使种子中毒。特别是在温度、湿度较高的情况下更要注意通气和防止虫、鼠害。

储藏方法因树种不同而异。落叶果树的大多数树种种子在充分阴干后储藏。但板栗、甜樱桃、银杏和绝大多数常绿果树的种子,采种后必须立即播种或湿藏,才能保持种子的生活力,否则,干燥以后将丧失生活力或降低发芽力。人工低温、低湿、氧气稀少的环境条件,亦可使不适于干藏的种子延长其生活力。

(2)种子的休眠与层积处理

①种子的休眠。是果树在长期系统发育过程中形成的一种特性和抵御外界不良条件的适应能力。北方落叶果树的种子大都有自然休眠特性。果树种子在休眠期间,经过外部条件的作用,使种子内部发生一系列生理、生化变化,从而进入萌发状态,这一过程称为种子后熟阶段。解除种子休眠需要综合条件和一定的时间。通过后熟的种子吸水后,如遇不良环境条件可再次进入休眠状态,称为二次休眠或被迫

休眠。

②种子的层积处理。是指落叶果树种子在适宜的外界条件下,完成种胚的后熟过程和解除休眠促进萌发的一项措施。因处理时常以3份河沙为基质与种子1份分层放置,故又称沙藏处理。层积处理多在秋、冬季节进行。多数落叶果树需要在2~7 ℃的低温、基质湿润和氧气充足的条件下,经过一定时间完成其后熟阶段(如图2.7)。

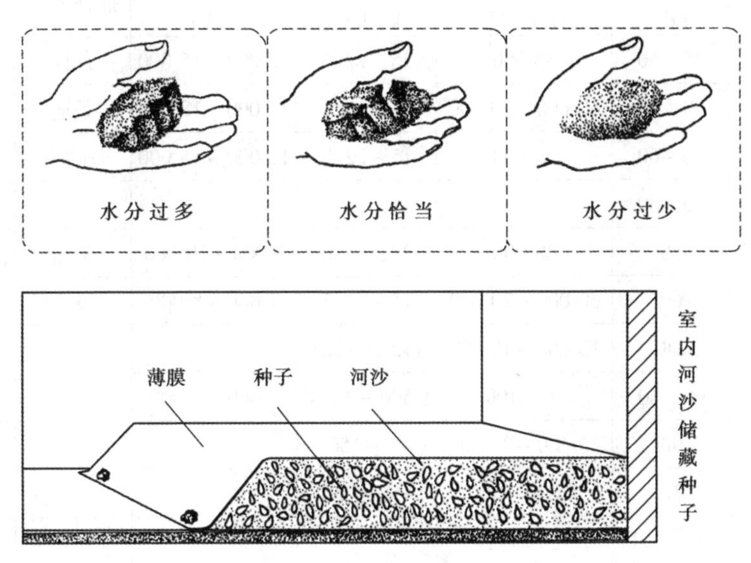

图2.7　湿沙层积储藏种子

层积期间,有效最低温度为 -5 ℃,有效最高温度为17 ℃,超过上限或下限,种子不能发芽而转入二次休眠。种子层积需要良好的通气条件,降低氧气浓度也会导致二次休眠。基质湿度对层积效果有重要作用,通常砂的湿度以手握成团而不滴水(约为最大持水量的50%)为宜。层积后熟时间长短主要是由不同树种的遗传特性所决定(表2.1),但也与层积前储藏条件有关。

种子的胚在一定时期内和在不同环境条件下所含促进生长激素及抑制生长激素对胚的休眠有控制的作用。各树种的内源激素的变化和作用可能有所不同,但都表现出有一定的控制和促进作用。

(3)种子的生活力鉴定

是判断种子发芽力和发芽数量的一种方法,为确定播种量提供依据。种子的生活力受采种母株营养状况、采收时期、储藏条件和储藏年限等条件的影响。新采收的种子生活力强,发芽率高。放置时间较长的种子则因储藏条件和时间长短,其生活力有所不同。鉴定种子生活力的方法有目测法、染色观察和发芽试验。

目测法是直接观察种子的外部形态。凡种粒饱满,种皮有光泽,种粒重而有弹性,胚及子叶呈乳白色,为有生活力的种子。核果类种壳坚硬,应检查胚及子叶状况。然后计算有生活力种子的百分数。

表 2.1　主要果树种子的层积天数

树　种	层积天数(d)	每千克种子粒数	播种量(kg/hm^2)	成苗数(株)	播种方式	嫁接树种
海棠果	45~50	56 000	15~22.5	12 000~15 000	条播	苹果
山定子	30~50	160 000~200 000	7.5~15	15 000~18 000	条播	苹果
西府海棠	40~60	56 000	15~22.5	12 000~15 000	条播	苹果
山梨	40~60					
杜梨(大)	80	28 000	22.5~30	7 000~10 000	条播	梨
杜梨(小)	60	60 000~70 000	15~22.5	7 000~8 000	条播	梨
山楂	240	13 000~18 000	112.5~225			山楂
核桃	60~80	70~100	1 500~2 250	3 000~4 000	点播	核桃
君迁子	90	3 400~8 000	75~150			
毛桃、山桃	80	200~400	450~750			桃、李
山葡萄	90~120					葡萄
酸枣	80	5 000	75~90	6 000~7 000	条播	
山杏	80	大 900	450~900	6 000~7 000	条播	李
		小 1 800	375~450	7 000~8 000	条播	李

图 2.8　浸种催芽

染色观察是根据胚及子叶染色情况,判断种子生活力强弱和百分数。常用的染色剂有靛蓝胭脂红、曙红和四唑。根据染色剂不同,分为有生活力种子胚、子叶着色和不着色两种类型,具体方法见实验指导书。

(4)浸种催芽

浸种可使种子在短期内吸收大量水分,加速其内部的生理变化,缩短后熟过程。未经沙藏的种子,播种前需经浸种,以促使其萌芽。已经沙藏但尚未萌芽的种子,再经浸种可加速萌发。浸种方法因树种不同而异,核桃、山桃、山杏等带有硬壳的大粒种子,可用冷水浸种(如图2.8)。

把种子放在冷水中浸泡5~6天,每天换水1次;或把种子装在草袋内,放在流水中,待种子吸足水后,即可播种。如播种期紧迫,还可用沸水浸种。将种子倒进沸水内速浸2~3 s,捞出后放在冷水中浸泡2~3天,待种壳裂口时即可播种。小粒种子,如山定子、海棠、杜梨等,如冬季未经沙藏可在播种前3~5天用两沸对一凉的温水浸泡5 min,经充分搅拌自然降温后,再放在冷水中浸泡2~3天,每天换水1次,再经短期沙藏或将种子摊放在暖炕上,上盖湿麻袋,温度保持在20 ℃左右,每天翻动,待少量种子萌动后即可播种。

2.1.2　实训内容

1)播种前的播种地准备

应选壤土或砂壤土作为播种地,苗圃地应进行深翻熟化,一般应深翻20~30 cm,深翻时结合施入底肥,每公顷施厩肥60 000~75 000 kg,然后整平除去杂物,作畦或作垄。多雨地区或地下水位较高时,宜用高畦,以利排水。少雨干旱地区宜作平畦或低畦,以利灌溉保墒。为防治地下害虫应在播种前撒施农药或毒土。畦的宽度以有利苗圃作业为准,长度可根据地形和需要而定。一般长10 m,宽1 m,每公顷做畦750个。苗圃地不能重茬连作,繁殖同一树种苗木,一般需轮作2~3年(如图2.9)。

图2.9　整地

2)果树砧木种子生活力的鉴定和层积处理

(1)目的要求

通过实习,学会果树砧木种子生活力鉴定和层积处理方法。

(2)材料用具

①材料。落叶果树或常绿果树砧木种子,洁净河沙,层积容器(瓦盆或木箱等),染色剂(5%红墨水,0.1%靛蓝胭脂红或曙红)。

②用具。烧杯,量筒,培养皿,镊子,托盘天平,解剖刀,挖土工具。

(3)实习内容

①形态鉴定。称取砧木种子50 g(大粒种子100 g),按下列内容进行鉴定:凡砧

木种子大小均匀,种仁饱满,种皮有光泽,压之有弹性,种胚呈乳白色,(不包括胚为绿色或黄色的种子),不透明,无霉味,无病虫害者均为有生活力的种子;反之,则为失去生活力的种子。最后根据鉴定结果统计有生活力种子的百分率。

②染色鉴定。称取砧木种子 100 粒(大粒种子 50 粒),按下列顺序操作:

浸种。将种子放在盛水的烧杯中浸 12 ~24 h,使种皮软化。

剥种皮。用镊子或解剖刀将软化的种皮剥去。

染色。将去皮种子放入盛染色剂(5% 红墨水或其他染色剂)的培养皿中浸 2 ~4 h。

洗种。从染色剂中取出种子,用清水冲洗。

观察统计染色结果。凡胚或子叶完全染色的,为无生活力的种子;胚或子叶部分染色的,为生活力较弱的种子;胚和子叶都没有染色的为生活力强的种子。根据染色结果统计供试种子生活力无、强、弱及其百分率。

③砧木种子层积处理。层积前准备。层积前准备好洁净的种子与河沙,将种子洗净,除去瘪子和杂质。河沙的用量,小粒种子为种子量的 5 倍,大粒种子为 5 ~10 倍(均按容积计)。河沙的湿度,以手握成团,但不滴水,放手能松散为宜。

层积的方法。根据种子数量及当地气候条件,从下列方法中选用 1 ~2 种。

种子量少,可在室内层积。用木箱或瓦盆作层积容器,将准备好的种子与湿沙按比例均匀混合后,放在容器中,再在表面覆盖一层厚 5 ~10 cm 的湿沙(或盖上一层塑料薄膜),将层积容器放在室内,并经常保持沙的湿润状态。

种子数量较多,在冬季较冷的地区,可在室外挖沟层积。选干燥而背阴的地方挖沟。沟的深、宽各 50 ~60 cm,沟的长短可随种子的数量而定。沟挖好后,先在沟底铺一层湿沙,再把种子与湿沙按比例混合均匀平铺在沟底内,或将湿沙与种子相间层积,层积厚度不超过 50 cm,最上覆一层湿沙,然后覆土 40 ~50 cm,并高出地面成土丘状,以利排水。

种子数量较多,在冬季不太冷的地区,可在室外地面层积。先在地面铺一层湿沙,再将种子与湿沙充分混合后堆放其上。堆的厚度不超过 50 cm,最后在堆上覆一层沙,再在沙上盖塑料薄膜或覆盖草帘,以利保湿和遮雨。

应注意的问题。无论采用哪种层积方法,层积完毕后,均应插标签,注明种子名称、层积日期和种子数量。在层积期间要定期检查温度、湿度及通气状况,以防种子霉烂。注意防止鼠害。春季温度上升,更要勤检查翻拌,使种子发芽整齐。如未到播种适期,种子已开始发芽,应将种子堆积到背阴冷凉处,延迟种子的发芽。

(4)实习提示和方法

①实习日期,落叶果树一般安排在 12 月至翌年 2 月进行,具体日期应根据既能

满足砧木种子所需层积天数，又不影响适时播种为原则。

②实习前一天，教师应组织学生预先浸种，以备第二天染色鉴定用。

③实习以小组为单位，按形态鉴定、染色鉴定、层积处理顺序进行。因种子染色需2～4 h后才能观察结果，所以可利用课余时间观察。

④实习结束后，对层积的种子应组织学生定期检查。

(5)作业

①怎样通过形态鉴定来区别种子是否有生活力？

②将染色鉴定结果填入表2.2。

表2.2　种子生活力染色鉴定结果

组别	种子名称	供试种子粒数	鉴定结果					
			没有染色(生活力强)		部分染色(生活力较弱)		完全染色(无生活力)	
			种子粒数	占供试种子%	种子粒数	占供试种子%	种子粒数	占供试种子%

③果树砧木种子及落叶果树种子为什么要进行层积处理？种子层积处理应掌握哪些关键技术？

2.1.3　实践应用

1)实生苗的播种方法

(1)播种时期

分为春播、秋播和采后立即播种。适宜的播种时期，应根据当地气候和土壤条件以及不同树种的种子特性决定。冬季严寒、干旱、风沙大、鸟、鼠害严重的地区，宜行春播。春播的种子必须经过层积沙藏或其他处理，使其通过后熟解除休眠，才能播种，以保证出苗正常和整齐一致。冬季较短且不甚寒冷和干旱，土质较好又无鸟、鼠危害，则可秋播，种子在土壤中通过后熟和休眠。秋播种子翌春出苗早，生长期较长，苗木健壮。但应注意冬春期间较长和土壤容易干旱的地区，应适当增加播种深度或进行畦面覆盖保墒，保持土壤湿度。许多常绿果树种子，采后干燥失水易丧失发芽力，应随采随播。柑橘产区利用枳的种子发芽高峰在7月中下旬、发芽率达90%以上的特性，常用嫩籽播种，第二年秋即可嫁接，且出苗整齐，长势健壮。

(2)播种方法

①条播。条播是在地面或畦床内按计划行距开沟播种，出苗后密度适当，生长比较整齐，容易施肥、中耕、除草、起苗出圃等作业，应用较为广泛。小粒种子例如山定

子、海棠、杜梨等可采用双行带状条播，每畦两带四行，带内距 15 cm，带间距 50 cm，边行距畦埂 10 cm，有利于嫁接时操作方便（如图 2.10）。

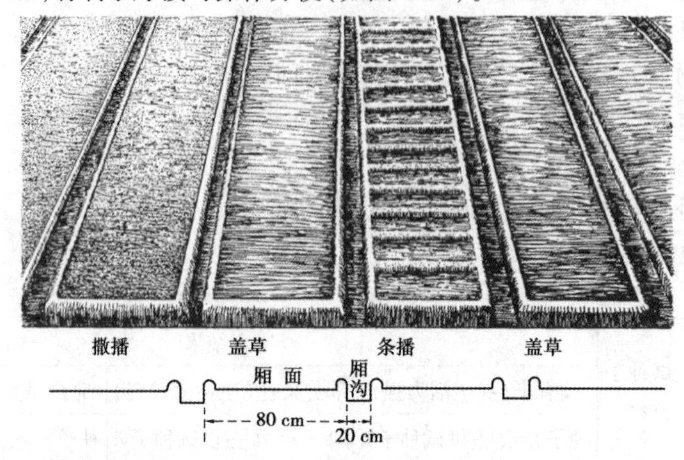

图 2.10　条播

播种深度根据种子大小和土壤质地而定，山定子在 1 cm 左右，海棠、杜梨为 2 ~ 3 cm。另外，土壤疏松可深些，黏重土壤宜浅。

经过沙藏的种子可与湿沙一起播下，播后应立即覆土，并轻轻镇压。最好用草或地膜覆盖。即能保墒又可提高地温，出苗快而整齐。

②点播。大粒种子如核桃、板栗、桃、李、杏等可按一定行株距点播。一般行距 30 cm，株距 15 ~ 20 cm，覆土深度为种子横径的 1 ~ 3 倍。此法用种量较少，苗木生长健壮，田间管理方便，起苗出圃容易，但单位面积产苗量较少。

③撒播。撒播是将小粒种子均匀撒在畦床中，各地已很少应用。

(3) 播种量

是指单位面积内计划生产一定数量的高质量苗木所需要种子数量。播种量以 kg/hm^2（千克/公顷）表示。播种量不仅影响产苗数量和质量，也与苗木成本有密切关系。为了有计划地采集和购买种子，应正确计算播种量。计算播种量的公式是：

$$\text{每公顷播种量} = \frac{\text{每公顷计划育苗数}}{\text{每千克种子粒数} \times \text{种子发芽率} \times \text{种子纯洁率}}$$

播种量的确定还要考虑播种质量，田间管理和病虫害等实际问题。

(4) 播种深度

播种深度与出苗率有密切的关系。播种过深，土温低，氧气不足，种子发芽困难，出土过程中消耗养分过多，出苗晚，甚至不能出土。播种过浅，种子得不到足够和稳定的水分，影响出苗率。

播种深度因种子大小、气候条件和土壤性质而异，覆土深度以种子最大直径的1～5倍为宜，干燥地区比湿润地区播种深些，秋冬播比春夏播深些，砂土、砂壤土比黏土深些。

为了有利于种子发芽出苗，尤其干旱地区或风大而水源较少时，应注意采取播后覆膜或覆草保墒。

2）实生苗播种后的管理技术

（1）放苗

幼苗出土至3～5片真叶时放苗，一般在3月底至4月初，方法：用自制的铁钩透过膜将苗放出，并去除膜下的杂草，用细土将苗孔密封。在此期间，中午若遇干热风切勿放苗。

（2）间苗、定苗

当苗长至7 cm左右时，及时去除病苗、弱苗以及过密的苗，苗长到10 cm时开始定苗，即12～15 cm留一株健壮苗。

（3）管理措施

①病虫害防治。5月上、中旬喷施粉锈宁1 000倍液和吡虫啉1 500倍液1～2次，主要防治蚜虫和白粉病。

②及时中耕除草，可根据天气情况在6月中旬灌水1次。

③当苗长到50 cm左右摘心，促使其增粗，并不定期的抹除实生苗中、上部萌芽，减少营养浪费。

④7月下旬应将砧木地面以上10 cm之内"枝叶抹光"为嫁接创造良好的条件。

2.1.4　扩展知识链接(选学)

1）砧木区域化

含义：不同类型的砧木对气候、土壤环境条件的适应能力不同，所以要选择适应当地气候及土壤条件的适宜砧木。

例如：枳是四川脐橙、温州蜜柑的优良砧木，但在南方亚热带及热带则易早衰，不耐热。

原则：就地取材，如果当地资源缺乏，引种时应注意原产地要与引进地的自然条件差别不大。

区域化选择砧木的条件：与接穗有良好的亲和力；对接穗的生长结果有良好的影响；对栽培地区的土壤气候条件适应性强；对病虫害不良环境抵抗力强；繁殖材料丰

富,易于大量繁殖;根系生长良好;具有特殊要求的特性,如矮化、早熟等。

2)种子的处理和储藏

(1)种子的处理

种子的处理是播种前采用的物理、化学或生物处理措施的总称。包括精选、晒种、浸种、拌种、催芽等。目的是促使种子发芽快而整齐、幼苗生长健壮、预防病虫害和促使某些作物早熟。

①精选。在种子晒干扬净后,采用粒选、筛选、风选和液选等方法精选种子。种子精选目的是消除秕粒、小粒、破粒、有病虫害的种子和各种杂物。

②晒种。利用阳光曝晒种子。具有促进种子后熟和酶的活动、降低种子内抑制发芽物质含量、提高发芽率和杀菌等作用。

③浸种。作用是促进种子发芽和消灭病原物。方法有:清水浸种、温汤浸种、药剂浸种。应按规程掌握药量、药液浓度和浸种时间,以免种子受药害和影响消毒效果。

④拌种。将药剂、肥料和种子混合搅拌后播种,以防止病虫为害、促进发芽和幼苗健壮。方法分干拌、湿拌和种子包衣。

⑤催芽。播前根据种子发芽特性,在人工控制下给以适当的水分、温度和氧气条件,促进发芽快、整齐、健壮。方法有地坑催芽、塑料薄膜浅坑催芽、草囤催芽、火坑催芽、蒸汽催芽等。此外,还有种子的硬实处理和层积处理。硬实处理是用粗砂、碎玻璃擦伤种皮厚实、坚硬的种子(如草木犀、紫云英、菠菜等种子),以利吸水发芽。层积处理是需后熟的种子,于冬季用湿沙和种子叠积,在0～5 ℃低温下1～3个月,以促使通过休眠期,春播后发芽整齐。

(2)种子储藏

种子储藏是指种子收获后至播种前的保存过程。要求防止发热霉变和虫蛀,保持种子生活力、纯度和净度,为果树生产提供合格的播种材料。种子生活力的主要标志是其萌发性能,一批种子的寿命指群体发芽率从收获后降到50%所经历的时间,也称“半活期”,即群体平均寿命。发芽性能和寿命主要决定于遗传特性、种子形态结构和生理活性、种子质量和储藏条件。以种子含水量和储藏的温度、湿度等的影响显著。种子含水量在储藏期间应控制在安全含水量9%～13%。温度和湿度显著影响种子生活力,应避免高温(>30 ℃)和高湿(相对湿度>75%或种子含水量>15%)的储藏条件(可参考哈林顿通则)。气体影响种子呼吸,应保持10～20 ℃低温、干燥种子在密闭条件(减少含氧量)下储藏。储藏方法因种子用途而异。作物品系、育种材料种子,用麻袋、多孔纸袋、玻璃瓶等包装;大田种子采用散装、围囤或袋装。种子入

库前先行种子清选干燥和库房消毒；入库后注意通风换气和防潮、防虫、防鼠并定期检查和测定发芽率。

根据种子的特点及储藏目的分为 3 大类，即干藏法、湿藏法和流水藏法。此外，超干储藏法也是比较前沿、科技含量更高的储藏方法。

储藏种子应注意如下事项：

①选用坚固、安全、隔潮、隔热的贮存用具，并做到清洁无虫，既能通风，又可以防止老鼠危害。最好选用瓦罐器具，千万不能用塑料袋包扎储藏，否则种子在进行无氧呼吸时产生的酒精、二氧化碳和水会使种子降低发芽率甚至失去生命力而不能发芽。

②确保干燥的储藏环境，特别是储藏期雨量较多要格外注意。因为种子在储藏过程中仍在进行新陈代谢活动，而种子的含水量影响着代谢活动。如果种子含水量过高，会加速种子的呼吸作用，不仅消耗种子自身的营养物质，而且会放出大量热量烧坏种子。所以保持种子干燥的储藏环境可以把种子呼吸作用抑制到最低限度，有效抑制种子内部的生理活动和微生物的繁殖。

③在储藏时盛器要做好标记，最好内外挂上标签，分别放置。另外，种子不能与化肥、农药混储，以免污染种子，降低发芽率。

④勤加检查，加强种子储藏管理，发现问题及时采取措施补救。比如种子所处的温度不宜过高，通常种子的储藏温度宜控制在 25 ℃以下；另外要注意老鼠以及虫害等。

2.1.5　考证提示

实生苗的播种技术

表 2.3　条播考核项目及评分标准

序号	测定项目	评分标准	满分	检测点					得分
				1	2	3	4	5	
1	沟的规格	每畦两带四行，带内距 15 cm，带间距 50 cm，边行距畦埂 10 cm。	30						
2	播种深度	根据种子大小和土壤质地而定，山定子在 1 cm 左右；海棠、杜梨为 2 ~ 3 cm。	40						
3	覆土深度	以种子最大直径的 1 ~ 5 倍为宜。	10						
4	播种量的确定	为了有计划地采集和购买种子，应正确计算播种量。多余或缺少不超过 10%。	20						

任务后

1)考证练习

播种方式方法。

2)案例分析

如何提高播种发芽率?

播种介质的选择与消毒。播种介质要选用具有保水保肥性能良好,通透性强,病菌虫卵、杂草种子少,肥分不高,较低含盐量,pH 值 5.8~6.5 的基质。通常使用介质有:泥炭∶细沙=3∶1,泥炭∶珍珠岩=3∶1,壤土∶沙∶泥炭=2∶1∶2,以3份泥炭土加1份细沙效果较为理想。消毒方法可采用200倍农用甲醛喷洒或用50%多菌灵每立方米40 g,混合后用塑料薄膜覆盖3~4天后揭开,并置太阳下曝晒2~3天即可使用。

基质经过消毒处理后,可有效防治猝倒病、立枯病、疫病等苗期病害。

2.2 自根苗的繁育和培育

2.2.1 基础知识要点

1)自根苗的定义及种类

自根苗是用扦插、压条、分株等方法繁殖的苗木。组培苗木也可以称为自根苗,因为自根苗繁殖材料采自成年树上的枝条,因此其生理年龄是成熟的,既能保持品种的遗传性状,又有利于提早结果,故自根苗可直接定植建园(如图2.11和图2.12)。

根据自根苗的定义采取1年生枝扦插繁殖的叫硬枝扦插苗;采用当年新梢繁殖的叫绿枝扦插苗;采用1年生枝压条繁殖的叫硬枝压条苗;采用当年新梢压条繁殖的叫绿枝压条苗;采用当年新梢茎尖或茎段细胞组织培育的叫茎尖组培苗和茎段组培苗。

2)自根苗的特点和利用

自根繁殖的果树,其发育阶段是继续母株的发育阶段。因此,进入结果期较早,变异性小,能保持母株的优良特性,生长较为一致。自根繁殖比较简单,繁殖系数较低,抗逆性、适应性较差。

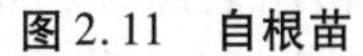

图2.11 自根苗

图2.12 扦插生根

利用:枝条组织结构疏松、扦插比较容易成活,可以利用扦插繁殖母本系(黑穗醋栗—扦插;草莓—分株);扦插也可以繁殖砧木(从国外引入的苹果营养系矮化砧木例如 M_2、M_4、M_7、M_9 等主要通过压条繁殖)。例如葡萄、无花果、石榴等树种主要用扦插繁殖;枣、山楂等树种利用分株方法繁殖。

3)影响自根苗生根的因素

(1)内部因素

①树种与枝龄、位置。果树树种不同,其枝上发生不定根或根上发生不定芽的能力不同。枣、山楂、山锭子、核桃、李、海棠等树种,枝条上发生不定根的能力很弱,而根上产生不定芽的能力很强,根插易成活。而葡萄、石榴等树种,枝条上容易产生不定根,扦插枝条容易成活。

枝条年龄对扦插成活影响也较大,通常从实生幼树上剪取的枝条较容易发根,枝龄较小,皮层幼嫩,其分生组织的生活力强,扦插容易成活。

②插条内的营养物质。在营养物质中,尤其以碳素营养和氮素营养对促进生根关系密切。插条中的淀粉和可溶性糖类含量高时发根好。许多树种的插条在糖液中浸泡一定时间,可以提高发根率。在氮素营养中,有机氮较无机氮更能促进生根。生产过程中试用氮肥、植株生长在充足的阳光之中,对果树进行环剥或环缢等措施,都可以使枝条积累较多的营养物质和生长素,有利于扦插、压条的成活。

③生长调节剂。有些生长调节剂能促进形成层细胞的分裂,加速愈合组织的形成,同时还可加强淀粉和脂肪的水解,提高过氧化酶的活性,从而提高生根能力。生长素、赤霉素、细胞分裂素对根的分化均有作用。生产上常在扦插前用外源激素(吲哚丁酸、ABT 生根粉)处理插条,可促进生根(如图2.13)。

此外,维生素类物质也是营养物质之一,现已证明维生素 B_1、维生素 B_2、维生素

图 2.13　生长调节剂促进生根

B_6、维生素 C 以及烟碱在生根中是必需的。维生素与生长素混用,对促进生根更有良好作用。

(2)外部因素

①温度。在北方春季气温的升高快于土温,而插条生根的最适土温为 15 ~20 ℃、或略高于气温 3 ~5 ℃,因此,提高早春土壤温度、使枝条先发根、后发芽,以利于根系对水分的吸收和地上部分的水分消耗趋于平衡,可促进扦插成活。葡萄插条生根的最适土温为 20 ~25 ℃,樱桃为 15 ℃。

②土壤水分与空气湿度。插条在生根以前往往地上部芽体萌发在先,消耗大量水分;即使生根以后,根系吸收水分的能力与地上部的耗水量,在相当长的一段时间内也不能平衡。而细胞的分裂、分化和根原体的形成都需要一定的水分供应。所以,插条内水分的过量损失和水分供需的失调常是扦插失败的重要原因。因此,一般在插条旺盛生长之前,土壤含水量不能低于田间最大持水量的 50% ~60% 。

③土壤通气。除土壤水分和空气湿度外,土壤通气对插条生根也相当重要。例如,葡萄扦插土壤中氧气的含量在 15% 以上时,发根情况最好,土壤中氧气的含量低于 2% ,几乎不能发根。一般树种扦插发根时,要求适宜的水分和空气之比大致为 1∶1。因此,扦插时应选择结构疏松,通气保水状况良好的沙壤土。

④光照。插条生根前或发根初期,强烈的光照会加速插条及土壤水分的蒸发而使插条干枯,扦插失败。因此,扦插时应避免强光直射,尤其是绿枝扦插,在扦插初期,应搭棚遮荫。

2.2.2　实训内容

1)扦插繁殖技术

(1)枝插

分硬枝插、绿枝插、茎插和叶插。

硬枝插:是利用充分成熟的一年生枝,在休眠期进行。如葡萄的硬枝扦插是在春季萌芽前进行。在深秋葡萄落叶后结合冬季修剪采集插条,长 50 cm,在湿沙中储藏,温度保持在 1 ~5 ℃。扦插时将插条剪成 2 ~3 节为一段,上端剪平,下端剪成马蹄形,插条上端距离最上芽 2 cm。用萘乙酸或吲哚丁酸处理后,将插条斜插(45°)在苗床上,在春季风大地区使顶芽露出地面并覆土保护。温暖而湿润地区插后灌水后可不覆土(如图2.14)。

绿枝扦插:是利用半木质化的新梢在夏末进行。选健壮的半木质化枝蔓,每段3节,将下部叶片去掉,只留上部两叶片,插条最好在早晨枝条含水量多而空气凉爽,湿度大时采集。插后应遮阴并勤灌水,待成活后再逐渐除去遮阴设备。

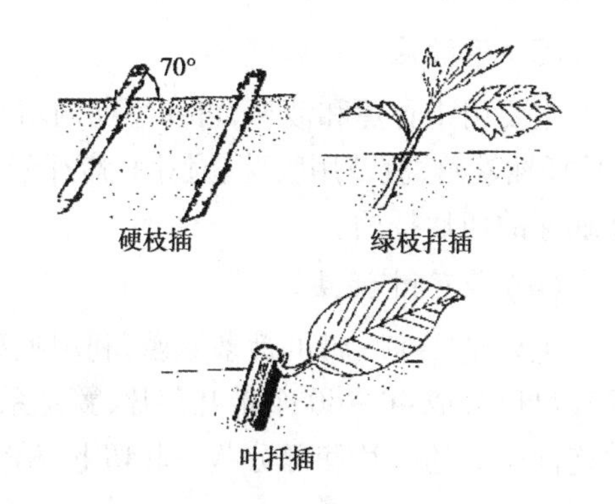

图2.14　枝插

绿枝比硬枝容易发根,但绿枝对空气和土壤湿度的要求严格,因此,多用室内弥雾扦插繁殖,使插条周围保持湿度100%,叶片被有一层水膜,叶温比对照低5.5~8.5 ℃,室内气温平均21 ℃左右,达到降低蒸腾作用,增强光合作用,减少呼吸作用,从而使难发根的插条保持生活力的时间长些,以利发根生长。

露地绿枝扦插多在生长季进行。葡萄在6月中下旬选具有2~4节的新梢,去掉插条下部叶片,保留上部1~2片叶作为插条。南方柠檬、枳、紫色西番莲等,可选取当年生绿枝,留顶部2~3片叶作为插条。插后遮荫并勤灌水,待生根后逐渐除去遮阴设备。大面积露地绿枝扦插以雨季进行效果最好。

(2)根插

主要用于繁殖砧木苗。在枝插不易成活或生根缓慢的树种中,如枣、柿、核桃、长山核桃、山核桃等,根插较易成活。李、山楂、樱桃、醋栗等根插较枝插成活率高。杜梨、秋子梨、山定子、海棠果、苹果营养系矮化砧等砧木树种,可利用苗木出圃剪下的根段或留在地下的残根进行根插繁殖。根段粗0.3~1.5 cm为宜,剪成10 cm左右长,上口平剪,下口斜剪、剪成马蹄形。根段可直插或平插,以直插容易发芽,但切勿倒插。

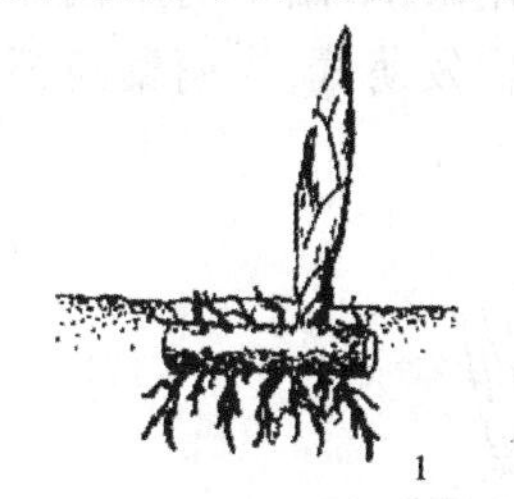

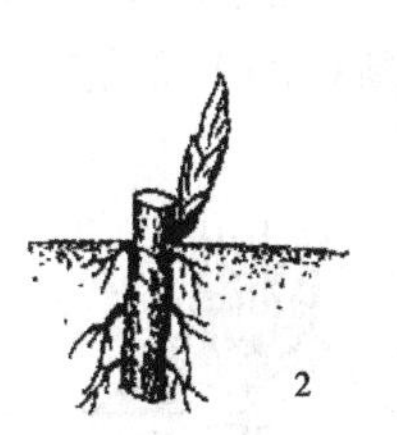

1.全埋根插　2.露顶根插

图2.15　根插

例如,苹果苗木出圃后,可利用留在土壤中的砧木根段,选择粗3 mm以上的剪成10 cm长的根段,上端剪平,下端剪成马蹄形,沙藏到春季扦插。插后管理同硬枝扦插(如图2.15)。

(3)茎插法

主要用于香蕉和菠萝,可在短期内培育大量芽苗。香蕉用地下茎切块于11月至1月扦插繁殖,菠萝用吸芽、冠芽和裔芽于3月至6月扦插繁殖,也可用纵切老茎选带休眠芽的切片扦插。

(4)带芽叶插法

主要是广东一带的菠萝繁殖,利用吸芽、冠芽、蘖芽和裔芽带叶进行扦插,每一个冠芽可以分成40~60个带叶芽片,繁殖系数较高。主要方法是将叶尖、老叶去掉,用刀连同带芽的叶片和部分茎一起切下,稍微晾晒后,进行斜插。

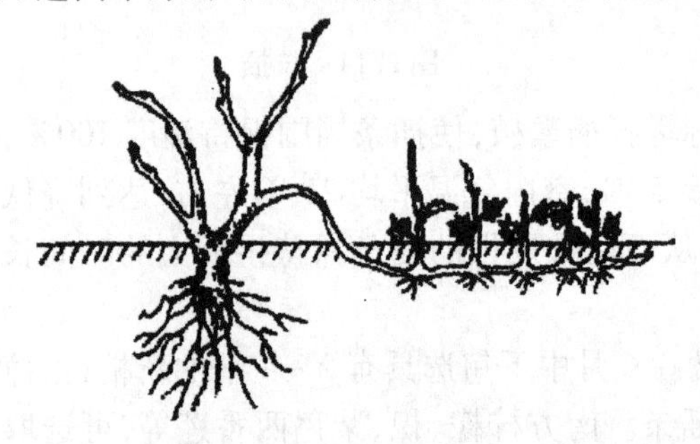

图2.16 葡萄压条繁殖法

2)压条繁殖技术

压条是在枝条不与母株分离的状态下把枝条压入土中,促使生根,生根以后再与母株分离,成为一个独立的新的植株。对于扦插繁殖不易生根的树种,常采用压条繁殖(如图2.16)。

(1)垂直压条

繁殖苹果的营养系矮化砧木、石榴、无花果等均采用垂直压条的方法。例如繁殖苹果的营养系矮化砧木,砧木的定植株行距为30 cm×50 cm,于春季萌芽前,母株距地面2 cm剪断,促发萌蘖,当萌蘖新梢长到15~20 cm时,第一次培土,高度为新梢的1/2左右。

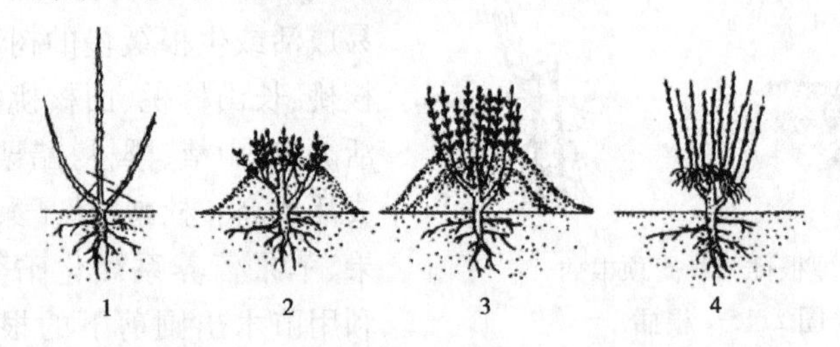

1.短截促萌;2.第一次培土;3.第二次培土;4.去土可见到根系

图2.17 垂直压条

当新梢长到40 cm时进行第二次培土,两次培土高度为30 cm,宽40 cm。培土前先行灌水,培土后,注意保持一定湿度。一般20天后开始生根。冬前或翌春扒开土堆,在每根萌蘖的基部,靠近母株处留2 cm的短桩剪断,未生根的萌蘖也应同时剪断。如此每年反复进行。

(2)水平压条

繁殖苹果营养系矮化砧木采用水平压条时,每株按株行距(30～50) cm×150 cm定植。把母株枝条弯曲到地面呈水平状态。用枝杈将其固定,为促使枝条上芽的萌发,在芽前方0.5～1 cm处环割。待新梢长到15～20 cm时第一次培土,新梢长到25～30 cm时,进行第二次培土。入冬前或翌春扒开培土,对靠近母株基部的萌蘖留1～2株。供再次水平压条用。其他为育成的砧木苗(如图2.18)。

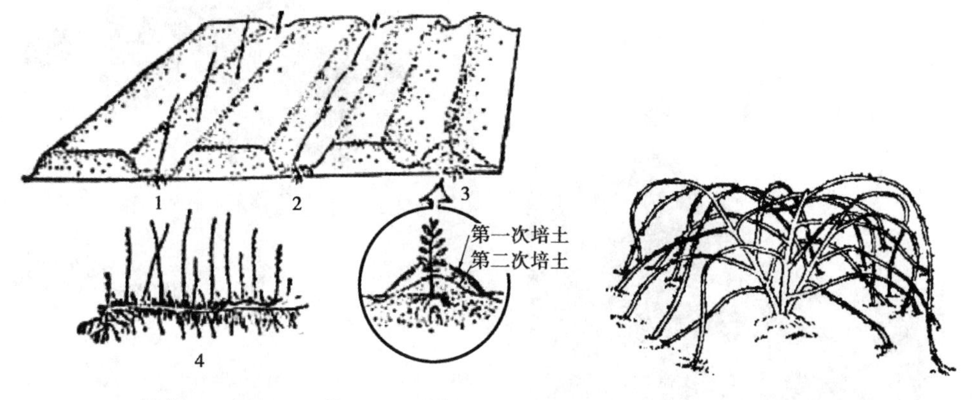

1.斜栽　2.压条　3.培土　4.分株

图2.18　水平压条

图2.19　先端压条

(3)先端压条法

黑莓、露莓、黑树莓,紫树莓等发生吸芽很少,主要采用先端压条繁殖,其枝条顶芽既能长梢又能在梢基部生根。通常在夏季新梢尖端已不延长,叶片小而卷曲如鼠尾状时即可将其压入土中,如压入太早新梢不形成顶芽而继续生长,太晚则根系生长差。压条生根后即可剪离母体成一独立新株(如图2.19)。

(4)高枝压条法

又称高压法。我国很早即已采用此法繁殖荔枝、龙眼、柑橘类、石榴、枇杷、人心果、油梨、树菠萝等果树。该法具有成活率高,技术易掌握等优点,但繁殖系数低,对母株损伤大。

高压在整个生长期都可进行,但以春季和雨季进行较好。广东省多用椰糠,锯木屑作高压基质。亦可用稻草与泥混合作填充材料,成本低。生根效果良好。

高压应选用充实的2～3年生枝条,在枝近基部行环剥,宽度2～4 cm,注意刮净皮层和形成层,并于剥皮处包以保湿生根材料,用塑料薄膜或棕皮、油纸等包裹保湿。高压柑橘枝条约2个月后即可生根,8—9月间即可剪离母树,连同生根材料假植一年,待根系发育强大后定植(如图2.20)。

3)分株繁殖技术

分株繁殖是利用某些树种能够萌生根蘖或灌木丛生的特性,把根蘖或丛生枝从母株上分割下来,进行栽植,使之形成新植株的一种繁殖方法。有些果树如樱桃、草莓、枣等,能在根部周围萌发出许多小植株,这些萌蘖从母株上分割下来就是一些单株植株,本身均带有根系,容易栽植成活(如图 2.21)。

图 2.20　高枝压条

图 2.21　分株繁殖

2.2.3　实践应用

1)葡萄扦插繁殖

春季将储藏的枝条从沟中取出后,先在室内用清水浸泡 6 ~ 8 小时,然后进行剪切。一般把枝条分别剪成有 2 ~ 3 芽的插条。插条一般长 20 cm 左右,节间长的品种每个插条上只留 1 ~ 2 个芽。剪插条时上端在芽上部 1 cm 处平剪,下端在芽的下面斜剪,剪口呈"马耳状"(剪口距芽眼近时易生根)。

在扦插前要做好苗床。苗床大小应根据地块形状决定,一般畦宽 1 m,长 8 ~ 10 m,扦插株距 12 ~ 15 cm,行距 30 ~ 40 cm,每畦内插 3 ~ 4 行。扦插时,插条斜插于土中,地面露一芽眼,要使芽眼处于插条背上方,这样抽生的新梢端直。垄插时,垄宽约 30 cm,高 15 cm,垄距 50 ~ 60 cm,株距 12 ~ 15 cm,插条全部斜插于垄上。

扦插时间以当地的土温(15 ~ 20 cm 处)稳定在 10 ℃以上时开始。华北地区一般在 3 月下旬至 4 月上旬,但华北北部 4 月中旬才可进行露地扦插育苗。

露地扦插是最简单的一种育苗方法,成本低,易推广,但若管理不当,扦插成活率

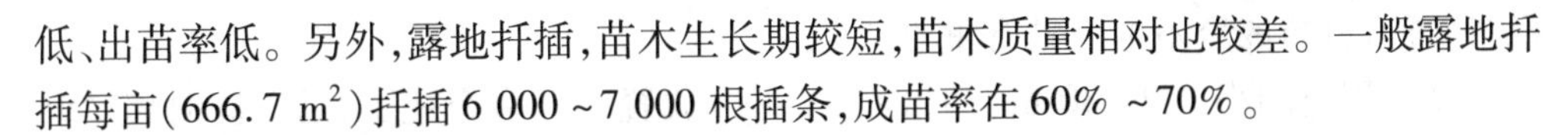

低、出苗率低。另外,露地扦插,苗木生长期较短,苗木质量相对也较差。一般露地扦插每亩(666.7 m^2)扦插 6 000 ~7 000 根插条,成苗率在 60% ~70% 。

2)柑橘压条繁殖

压条繁殖在"清明"至"立夏"之间的晴天进行,选择 2 ~3 年生手指粗的徒长枝、密生枝作为压条枝,在离分枝处 10 ~12 cm 用利刀环状剥皮(宽 3 cm),现出木质部,晾晒 1 天后再包扎。包扎前先配制培养土:沙土或肥沃菜园土(无宿根类杂草)、锯木屑、青苔,比例 1∶0.5∶0.5,切忌拌入化肥或未腐熟的有机肥,湿度以手捏成团、略显湿印为适。同时备好长 40 ~50 cm、宽 33 ~40 cm 的塑料薄膜及塑料带。有条件的可使用 50% 萘乙酸 2 000 倍液拌和黄土成糊状涂于环状剥皮伤口,诱发不定根。包扎时先将薄膜围绕环状剥皮处下方 4 cm 处,用塑料袋将薄膜下端捆定在树枝上,然后将培养土捏成 1 kg 重的土团,包于整个切口(上至上环割线 3 cm),再用薄膜盖住土圃,用手把薄膜与土团捏挤,包成长 10 cm 的橄榄形的土球,然后紧靠土球上端扎紧薄膜,薄膜接头必须重叠,防止土团水分蒸发。

压条后 15 ~20 天进行检查,如发现伤口霉烂,应及时改压。压条苗上的嫩果应摘掉。8 月上旬至 9 月上旬,从薄膜外部能看到多条黄色不定根时,即可将压条苗离树假植。压条苗离树时应轻剪(锯)、轻放、轻搬,不可用刀砍。搬运时防止土球碰脱,以免震断不定根。假植时先开深 25 ~30 cm、宽 20 ~25 cm 的沟,沟内施腐熟堆肥或沼渣,与土拌匀,然后去掉土球外的薄膜及塑料带,按 40 ~50 cm 的株距将带有土球的苗子排入沟内,盖土掩没土球,灌足压蔸水,最后盖土,大苗打好支撑柱防止风摇。干旱时注意浇水保持假植沟湿润。一般于冬前即可长出大量根系,开春即可起苗定植。

2.2.4　扩展知识链接(选学)

组织培养育苗(Growing Seedling in Vitro),又称微体繁殖(Micropropagation)。就是在无菌而又有适合植物生长发育所需营养等的环境条件下,培养活的植物细胞、组织、器官,使之分生出新植株的一种育苗技术(如图 2.22)。

图 2.22　组培苗培养

1)组织培养育苗优势

①繁殖速度快,通常一年内可以繁殖数以万计的,较为整齐一致的种苗,大大提高繁殖系数。特别对于难繁殖的园艺植物的名贵

品种、稀有种质的繁殖推广具有重要意义。

②占用空间小,一间 30 m^2 的培养室,可以放置一万多个瓶子,足以同时繁殖几万株种苗。

③可以培养无毒种苗(如图 2.23)。

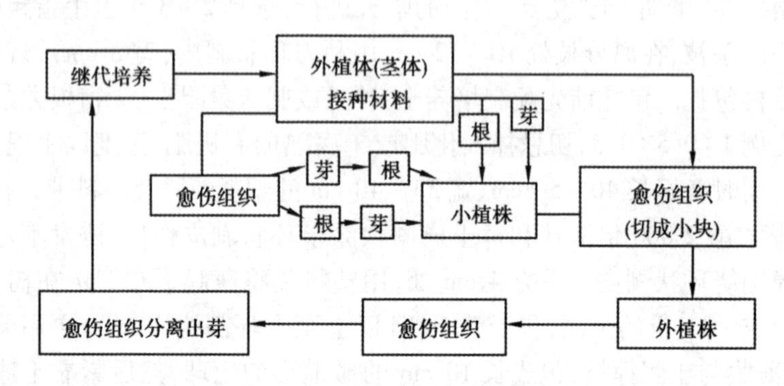

图 2.23　组织培养成苗流程

2)组织培养育苗的一般技术

(1)培养基

培养基主要由矿质营养元素、有机物质、生长调节物质、碳源等四大类组成。培养基配方现已有几十种,但以 MS 培养基应用最广,此外还有 White,Nitsch,B5,ER,HE 等培养基。选定培养基后,准备好所需物质,把矿质元素和有机物配成所需浓度高 10 ~100 倍的母液。配制培养基时按比例量取,用 0.6% ~1% 琼脂作凝固剂。

培养基的配制:

①先在清净的烧杯中放入约 750 ml 蒸馏水,加入琼脂 6 g 和蔗糖 30 g,并加热使之完全溶解。

②依次加入表中的各种母液,按需加入植物激素。

③加蒸馏水定容到 1 L。

④用 1 mol NaOH 或 1 mol HCl 将 pH 值调整到所需值。

⑤趁热将培养基分注到三角瓶或试管中,分装时注意不要将培养基粘附到瓶口或管口内壁上。

(2)消毒

配好的培养基装入培养容器进行高压灭菌消毒;接种用具等用高压消毒;玻璃器皿在烘箱中 150 ℃消毒 40 min;接种室用 1∶50 的新洁尔敏湿性消毒,每次接种用紫外线灯照射消毒 30 ~60 min,并用 70% 的酒精室内喷雾消毒。

(3)外植体的准备

外植体可以先通过培养无菌苗获得,也可直接取自普通植株。先用70%酒精消毒20~30 s,再用饱和漂白粉溶液消毒10~20 min或用0.1%~1%氯化汞消毒2~10 min,接着用无菌水冲洗4~5次,放在消毒的培养皿中准备接种。

(4)接种

接种工具均用酒精灯火焰消毒。接种的全过程都应在无菌条件下进行。目前都在超净工作台前进行工作,将外植体接入培养基中即可。接种的操作人员要戴口罩、帽子、工作服等,以防污染(如图2.24)。

(5)培养

培养室的温度一般都控制在25±2 ℃的恒温条件下;光照强度为2 000~3 000 Lux,光照时间为10~12 h;在干燥季节还要考虑提高空气湿度。组培中培养基的pH值通常为5.5~6.5。

组培能否成功,适合的培养基是一重要因素。促进愈伤组织的生长,分化和生根,则又取决于培养基中激动素和生长素等的绝对含量和相对比例(如图2.25)。

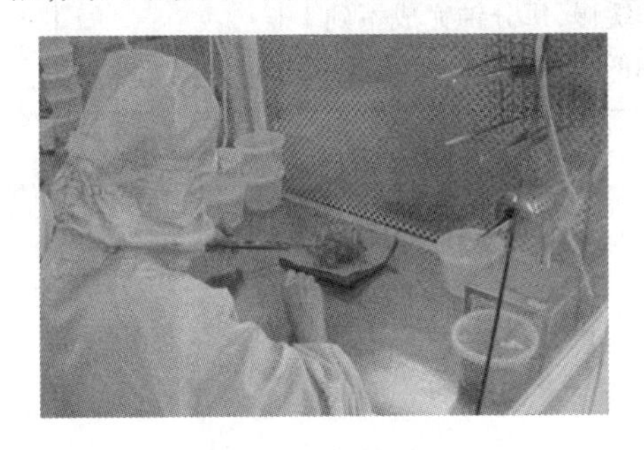

图2.24　接种

图2.25　组培苗

(6)移栽

将组培幼苗移栽成活,是组培育苗成败的关键之一。当试管苗具有3~5条根后即可移栽。

但由于试管苗长期处在无菌条件下,不能直接移到室外。一般移栽前可将试管苗瓶子先打开,放在与培养室条件相近的光照充足处锻炼3~5天,再行移栽。取苗时必须洗去苗上的培养基,栽植土可选用通气性好的粗砂、蛭石等。移栽后进行覆盖保湿,自动喷雾更好。保湿一周后降湿,此时如苗已挺直,浇营养液(按培养基配方的矿物质营养减半配制)。2~4周后移到土壤中培养成苗。

2.2.5 考证提示

扦插繁殖

表 2.4 技能考核项目及等级标准

考核项目	考核要点	考核方法	评分标准	备 注
果树扦插繁殖	①操作规范程度 ②操作熟练 ③成活率	实际操作	优:插条选取合理,操作规范有条理,动作利索。每分钟完成2个以上,成活率≥85%。 良:插条选取较合理,操作规范有条理,比较利索,每分钟完成1~2个,成活率75%~84%。 及格:插条选取较合理,操作较规范,较有条理,每分钟完成1个左右,成活率60%~74%。 不及格:插条选取不合理,操作不规范,动作缓慢,每分钟完成不到1个,成活率低于60%。	扦插数量不少于100株

任务后

1)考证练习

扦插繁殖、压条繁殖。

2)案例分析

如何提高扦插繁殖、压条繁殖成活率?

葡萄嫩枝扦插后的注意事项:

①基质含水量要适当。泥炭土或沙土含水量以30%左右为宜。若含水量过多,插条易发霉变黑,影响成活。

②喷水要适度。插后要经常向叶面上喷水,喷水量以叶表湿润为度,不可喷得太多。插后罩上塑料薄膜(注意在膜的上端剪1~2个通气小孔),罩内有细小水珠出

现,说明湿度适宜;如果没有细水珠,则需及时补充些水分,补充水分最好采用浸盆法。

③防止烈日暴晒和雨淋。插后放在花荫凉处,以能见到少量散射光照为好。

2.3 嫁接苗的繁殖和培育

2.3.1 基础知识要点

1)嫁接苗的定义及种类

(1)嫁接苗的定义

将优良品种植株上的枝或芽通过嫁接技术接到另一植株的枝干上,成活后长成新的植株即为嫁接苗。用做嫁接的枝或芽称为接穗,承受接穗的植株为砧木(如图2.26)。

图2.26 嫁接

(2)嫁接种类

可有多种分类方法:

①按嫁接时接穗是否带有自己的根,可分为2类:

A.靠接。接穗和砧木各自连接于生长中的根系上,接穗的根在嫁接愈合期中起“护理”作用,直到接穗和砧木完成结合以后才切断,主要用于以普通方法不易接活的植物和一些特殊嫁接。

B.切接。生产中应用较多。以接穗切离母株后进行嫁接,具体方法有多种。

②按嫁接的地点和作业方式,可分为地接和掘接两类。前者是在砧木苗生长的露天就地作业;后者是将砧木掘起后在室内嫁接,不受天气限制,适于机械进行的大规模生产。

③按接穗的取材可分为:

A.枝接。砧木上嫁接接穗枝段(含1个或1个以上芽眼)的嫁接方法。主要在休眠期进行,以砧木树液开始流动而接穗尚未萌动时为最适期。常用的方法有:操作简便、成活率高、适用于直径在1 cm以上的砧木的切接法;适用于较粗砧木或大树高接的劈接法;适用于较粗、皮层较厚的砧木的皮下接法和腹接法;适用于砧木和接穗粗细大致相仿的合接法、舌接法和搭接法等。草本植物通常采用劈接法或腹接法。

B.芽接。在砧木上嫁接单个芽片的嫁接方法,是应用最广的嫁接方法。只用一个芽作接穗,1年生砧木苗即可嫁接,繁殖材料经济,成苗快,接合牢固,工作效率高;

春、秋、夏3季在砧木皮层能剥离,接穗芽成熟而处于休眠状态下时都可进行。

2)嫁接苗的特点和利用

(1)嫁接苗的特点

①保持接穗品种的优良性状。

②利用砧木的优良特性(矮化、抗性、适应性等)。

③便于大量繁殖。

④可以保持和繁殖营养系变异。

⑤高接换优,救治病株。

⑥有些嫁接组合不亲和,对技术要求较高,传播病毒病(缺点)。

嫁接是目前繁育果树苗的主要方法。但在果苗市场上以实生苗冒称嫁接苗的现象常有发生,果农深受其害。

(2)嫁接苗的利用

①嫁接苗的根系是砧木的根系。因此,可以利用砧木的特性如抗寒、抗旱、耐涝、耐盐碱、抗病虫害、矮化等提高嫁接苗的适应性或进行矮化栽培。

②接穗来自阶段性成熟,性状稳定的优良品种的母株上,能保持母本品种的优良性状。生长快,结果早,品质优,所以,嫁接苗在果树生产上应用广泛。过去,习惯上采用种子繁殖的核桃、板栗等树种,近年来随嫁接技术的改进而大大提高了嫁接成活率,因此,目前亦主要采用嫁接繁殖,不但提早结果,而且保持了品种的优良特性(如图2.27)。

图2.27　嫁接苗

3)嫁接繁殖原理

果树嫁接成活主要决定于砧木和接穗能否相互密接产生愈伤组织,并进一步分化产生新的输导组织而相互连接。嫁接时砧木和接穗接切面细胞内含物氧化、原生质凝聚形成隔离层。以后砧木切面髓射线和初生木质部薄壁细胞、接穗切面形成层及部分韧皮部和髓射线细胞膨大伸长,分裂,产生愈伤组织,冲破隔离层。砧穗接合部愈伤组织先从周围开始,后向中心扩展,充满接合部的空隙,砧穗愈伤组织的薄壁细胞互相连接愈合为一体。砧穗形成层分裂延伸也形成形成层环而相互连接,接穗形成层向内产生新的木质部,内外产生新的韧皮部,逐渐延伸与砧木产生的木质部和韧皮连接。愈伤组织部分细胞分裂形成管状组织,与砧穗木质部导管和韧皮部的筛管上下连通,形成新的输导组织,成为一个新的植株。所以愈伤组织增生越快,则砧穗连接愈合越早,嫁接成活可能性越大(如图2.28)。

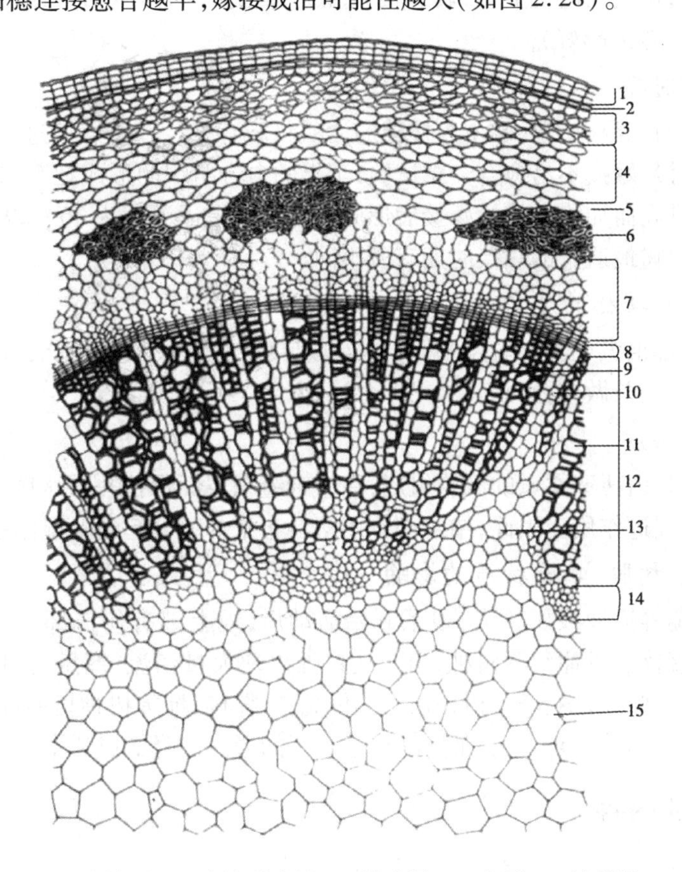

1.木栓层　2.木栓形成层　3.栓内层　4.皮层　5.淀粉鞘
6.初生韧皮纤维　7.次生韧皮部　8.形成层　9.次生射线　10.髓射线
11.导管　12.次生木质部　13.环髓带　14.初生木质部　15.髓

图2.28　苹果茎的横截面

4)影响嫁接成活的因素

(1)砧木和接穗的亲和力

砧木和接穗的亲和力是指两者在内部组织结构、生理和遗传性方面差异程度的大小,差异越大,亲和力越弱,嫁接成活的可能越小。

嫁接亲和力,主要决定砧木和接穗的亲缘关系,一般亲缘关系越近,亲和力越强。

同品种间的嫁接亲和力最强,为共砧嫁接,如板栗接板栗,核桃接核桃,毛桃接桃等。同属异种间的嫁接亲和力因树种而异,苹果接在海棠或山定子上;梨接在杜梨上;柿接在君迁子上;桃接在山挑上等,其嫁接亲和力都很强。另外还有组织结构、生理代谢方面的影响(越近越好)。

(2)嫁接时期

嫁接成败与气温、土温、砧木与接穗的活跃状态有关。春季嫁接过早,温度较低,愈合组织增生慢,嫁接不易愈合。据试验,苹果的愈合组织的形成在5~32 ℃的范围内,随气温的升高而加快。核桃嫁接后形成愈合组织最适温度为26~29 ℃。在生产实践中,各种果树最适宜的嫁接时期有所不同。

(3)砧木和接穗的质量

砧木和接穗组织充实,储存的营养丰富,嫁接后容易成活。因此,应选择组织充实、芽体饱满的枝条做接穗。

(4)接口湿度

愈合组织是由薄壁柔嫩的细胞组成,在愈合组织表面保持一层水膜,对愈合组织的大量形成有促进作用。因此,结合部位用塑料布条绑缚可起到保湿作用。

(5)伤流、树胶、单宁物质的影响

核桃、葡萄等树种根压较大,根系开始活动后,地上部有伤口部位易出现伤流。因此,春季嫁接核桃或葡萄等树种,由于接口处出现大量伤流,窒息切口处细胞的呼吸而影响成活。此外,桃、杏等树种伤口部位流胶,核桃、柿等树种切面细胞内单宁氧化形成不溶于水的单宁复合物,都影响愈合组织的形成而降低成活率。

2.3.2 实训内容

1)枝接法

果树的枝接时期,以砧木树液开始流动而接穗尚未萌发时最好。但树种不同,枝接的适期亦有区别。现将不同果树枝接适期列表2.5。

表2.5 不同果树枝接时期及方法

树　种	枝接时期	适用方法	采用接穗
苹果、梨、桃、杏	萌芽前后(3月下旬至4月上旬)	切接、腹接、较粗砧木用皮下接或劈接	一年生充分成熟的发育枝,每接穗应有饱满芽2~3个。

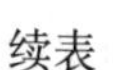

续表

树　种	枝接时期	适用方法	采用接穗
枣	萌芽前后或生长季期(4月下旬)	嫩梢接(拉栓接)	1～2年生枣头1次枝或2次枝,生长季利用当年生枣头。
柿	展叶后(4月下旬)	皮下接或切接	发育健壮的一年生枝,每接穗有两个以上饱满芽。
	树液开始流动至近萌芽期	劈接、方块芽接	生长季节利用未萌发的芽。
板栗	芽膨大期(4月上中旬)	切接、腹接、皮下接	有2个腋芽的1年生发育枝。
核桃	砧木顶芽已萌动(4下旬至5上旬)	劈接、切接、皮下接	粗壮1年生发育枝的中上部,每接穗应有2个芽。

常用的枝接方法有切接、劈接、腹接、皮下接、舌接等(如图2.29)。

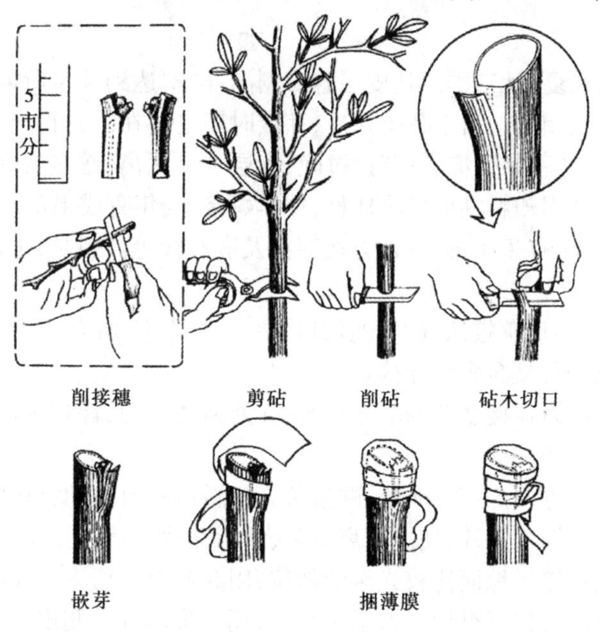

图2.29　枝接

2)芽接法

是应用最广泛的一种嫁接方法。其优点是:可经济利用接穗,当年播种的砧木苗即可进行芽接。而且操作简便、容易掌握、工作效率高、嫁接时期长、结合牢固、成苗快,未嫁接成活的便于补接,能大量繁殖苗木(如图2.30)。

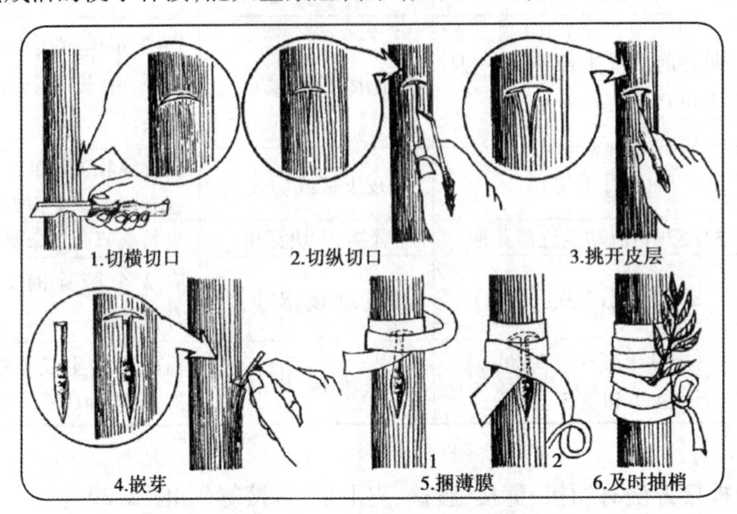

图2.30　芽接

芽接时期在春、夏、秋三季。凡皮层容易剥离,砧木达到芽接所需粗度,接芽发育充实均可进行芽接。北方,由于冬季寒冷,芽接时期主要在7月初至9月初。过早芽接,接芽当年萌发,冬季易受冻害;芽接过晚,皮层不易剥离,嫁接成活率低。近年来,为加快育苗速度,利用塑料棚可提早播种,提早嫁接,当年育成果苗。

芽接的具体方法有T字形芽接、方块芽接及嵌芽接等。但是,生产上常用的是以T字形芽接为主。

最常用的为T字形芽接法:砧木的切口像一个“T”字,故名T字形芽接。由于芽接的芽片形状像盾形,又名盾状芽接。

第一步:用芽接刀在接穗芽的上方0.5 cm处横切一刀,深达木质部,不宜过重以免伤及木质部;

第二步:从芽下方1.5~2 cm处,顺枝条方向斜切一刀,长度超过横切刀口即可。

第三步:用两指捏住芽片,使之剥离下来,盾形芽片。

第四步:在砧木接近地面比较光滑的部位,用芽接刀横切一刀,深达木质部。

第五步:在横切刀口下纵切一刀呈T字形,用刀尖剥开一侧皮层。

第六步:随即将芽片放入。

第七步:用手按住芽片轻轻向下推动,使芽片完全插入砧木的皮下,使芽片的上边与砧木横切口对齐。

第八步:用塑料条包扎严密,并使叶柄在外。

另外还有适用于核桃、柿、板栗的片状芽接法和环状芽接法，特别适用于柑橘类果树等枝条呈三角形的钩状芽接法等。

2.3.3 实践应用

1)休眠期嫁接——枝接法

枝接是利用植物的枝条作接穗的嫁接方法，枝接一般在春季树液开始流动、皮层尚未剥离时，或在砧木皮层剥离但接穗尚未萌动时进行。常用的嫁接技术有切接、劈接、插皮接、舌接等，以切接法为例介绍枝接法(如图 2.31 和图 2.32)。

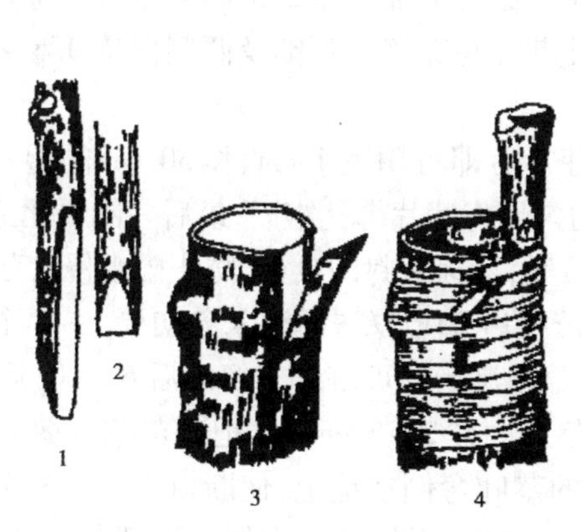

1,2. 削接穗 3. 切砧木 4. 插接穗绑缚

图 2.31 切接

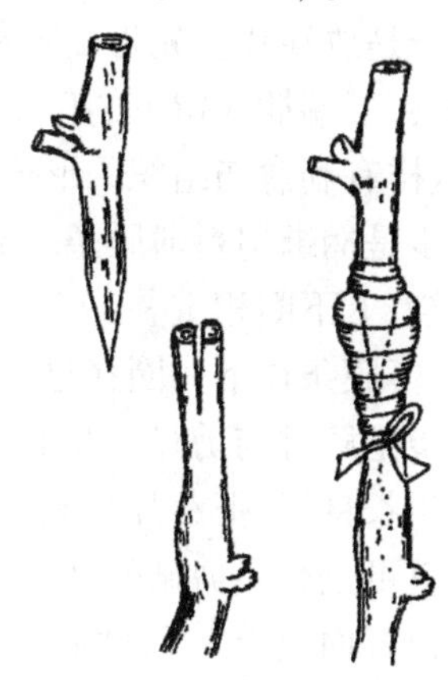

图 2.32 劈接

①适用。切接适用于根颈 1 ~2 cm 粗的砧木作地面嫁接。

②接穗削取。将接穗截成长 5 ~8 cm，带有 3 ~4 个芽为宜，把接穗削成两个削面，一长一短，长斜面长 2 ~3 cm，在其背面削成长不足 1 cm 的小斜面，使接穗下面成扁楔形。

③砧木处理。在离地 4 ~6 cm 处剪断砧木。选砧木皮厚、光滑、纹理顺的一侧，用刀在断面皮层内略带木质部的地方垂直切下，深度略短于接穗的长斜面，宽度与接穗直径相等。

④接合。把接穗大削面向里，插入砧木切口，务必使接穗与砧木形成层对准靠齐。

⑤绑缚。用麻皮或塑料条等扎紧，外涂封蜡，并由下而上覆上湿润松土，高出接穗 3 ~4 cm，勿重压。

2)生长期嫁接——芽接法苗木培育

嵌芽法也是芽接中较常用的一种嫁接方法,芽片不带木质部,砧穗间形成层接触面大,结合牢固,嫁接成活率高。

第一步是开芽接口。在砧木离地面 5 ~ 30 cm 的高度,选择树干平直、树皮光滑、无疤处,作开割芽接口的位置。芽接口的大小视砧木与接穗的粗细而定,一般 0.5 ~ 1.0 cm 宽,2 ~ 3 cm 长。

第二步是削芽片。选取接穗中部,芽眼充实、饱满、明显的芽作为接芽。用芽接刀,从离接芽 1.5 ~ 2 cm 处,削取长 2 ~ 3 cm、宽 1.0 ~ 1.5 cm、带木质部的芽片。

第三步是放芽片。先将砧木芽接位的砧皮上部切短 2/3,再将削好的芽片安放在芽接口中央,下端插入留下的砧皮内,使芽片与芽接位顶端及两侧保持 0.5 ~ 1.0 mm 的空隙,这样有利愈伤组织的形成。

第四步是捆绑塑料薄膜条。放好芽片后即可用宽 1 cm、长 30 cm 的塑料膜条自下而上缠绕,上下圈相重叠 1/3,用力均匀地将芽片绑扎牢固,最后一圈要比芽接口高 2 cm,并把薄膜条往下一圈穿过,用力拉紧,使芽片封闭良好,防止雨水侵入芽接口。

第五步是解绑与剪砧。生长季节嫁接后 25 天左右(秋末冬初要 1 ~ 2 个月),当愈伤组织生长良好,把芽片与砧木的空隙填满后即可解绑。解绑后 6 ~ 10 天检查,成活的植株就可进行半剪砧处理。即在芽片上方 2 ~ 3 cm 处,把砧苗茎干剪断 4/5,仅保留芽接位背面茎干 1/5,然后将上部的茎叶弯倒在地上,使断口上下的水分和养分仍可部分相通,待接芽抽出和新梢转绿充实后,再把砧木弯倒地下部分完全剪去,并去掉全部砧芽(如图 2.33)。

1、2. 削接穗　3、4. 取芽片　5. 贴芽片　6. 绑缚

图 2.33　嵌芽接

3)嫁接苗的养护及管理

(1)优质果苗要求

①品种优良、种性纯正并能适宜当地环境条件。

②嫁接苗必须采用优良的砧木。

③无病虫害,特别是无检疫性病虫害。

④苗木健壮、主干粗、芽饱满,具有一定高度和分枝,根系发达(如图 2.34)。

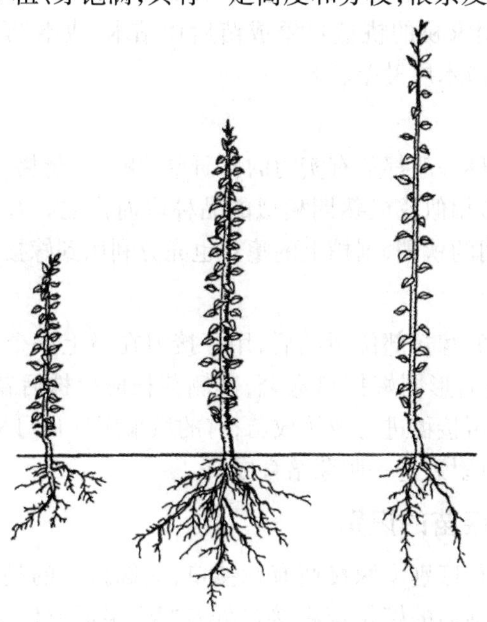

图 2.34 不同质量的果树苗木(左:弱苗;中:壮苗;右:徒长苗)

(2)养护及管理

①检查成活。枝接一般在接后 3 ~4 周检查成活,如接穗已萌发,接穗鲜绿,则已成活。芽接 1 周后检查成活情况,如用手触动芽片上保留的叶柄,如一触即落,表明已成活,否则芽片已死亡,应在其下面补接。

②松绑。嫁接成活后,枝接的接穗成活 1 个月后,可松绑,一般不宜太早,否则接穗愈合不牢固,受风吹易脱落,也不易过迟,否则绑扎处出现溢伤影响生长。芽接一般在 9 月进行,成活后腋芽当年不再萌发,因此可不将绑扎物除掉,待来年早春接芽萌发后再解除。

③剪砧、抹芽、去萌蘖。剪砧视情况而定,枝接苗成活后当年就可剪砧,大部分芽接苗可在抽穗当年分 1 ~2 次剪砧。抹芽除打去砧木孳生的大量萌芽外,还应将接穗

上过多的萌芽、根蘖一并剪去,以保证养分集中供应。

2.3.4 扩展知识链接(选学)

1)假嫁接苗的成因

(1)假砧木

砧木是果树嫁接的基础,它决定着苗木的根。嫁接桃树常用的砧木是山桃、毛桃,可有的生产者竟用家桃的桃核自繁成苗后作砧木,成本低省事。嫁接后虽能成苗,但它是近亲结合,苗木质量差。

(2)接穗劣

名特优果树的接穗一般都从有实力的科研单位购进,价格一般比较高,但有些人往往用名称相似、外形相似或成熟期相似的品种取而代之。有的虽花钱购了新品种接穗,但却把不可利用的秋梢、副梢上的瘪芽也充分利用到嫁接上,质量大为降低。

(3)人为造假

即在苗圃实生苗的嫁接部位断砧后,用芽接刀在最上一个侧芽周围深刻成长方形、盾形或"T"形伤痕后形同嫁接口愈合,其侧芽长成植株后冒充嫁接苗;有的直接用本圃本株的实生苗再接穗进行嫁接成苗;有的虽采用优良母树接穗嫁接,但接芽没有成活,于是在嫁接点附近选一萌芽培育成苗。

2)果树真假嫁接苗的识别

①从嫁接口上进行区别。嫁接苗有嫁接口,无嫁接口的是实生苗。优质嫁接苗伤口愈合紧密。如成活后的嫁接苗在接口处有"V"字形愈伤组织存在,说明该嫁接苗是真嫁接苗。优质嫁接苗"V"字形内部尖端较外部突出较多,里外颜色也不同,"V"字下端成一锐角,无剪口状的交叉现象,接口上部明显比下部粗。劣质嫁接苗嫁接伤口不够紧密,定植后难以成活。假嫁接苗"V"字形愈伤组织内部尖端和外部一样,里外颜色一样,"V"字下端有时出现剪刀状的交叉线,接口上下一样粗或上细下粗。还有的用刀环割伤了树的皮层,虽伤口愈合后很像嫁接口,但纯属为以假乱真的假嫁接苗。

②从顶芽颜色进行区别。真嫁接苗芽体饱满呈圆形,砧木与接穗的气孔、皮色、节间长短明显不一样。假嫁接苗萌芽抽条处外皮皱纹多,接口上下部分芽眼、皮孔、皮色、芽棱一样,芽体瘦弱,呈长尖状。

2.3.5　考证提示

表2.6　嫁接技能考核项目及等级标准

序号	考核项目	考核要点	考核方法	评分标准	备注
1	果树芽接	①操作规范程度 ②操作熟练 ③成活率	实际操作	优:选穗合理,操作规范有条理,动作利索。每分钟完成2个以上,成活率≥85%。 良:选穗较合理,操作规范有条理,比较利索,每分钟完成1~2个,成活率75%~84%。 及格:选穗较合理,操作较规范,较有条理,每分钟完成1个左右,成活率60%~74%。 不及格:选穗不合理,操作不规范动作缓慢,每分钟完成不到1个,成活率低于60%。	嫁接数量不少于100株
2	果树枝接	①操作规范程度 ②操作熟练程度 ③成活率	实际操作	优:选穗合理,操作规范有条理,动作利索,每分钟完成2个以上,成活率≥85%。 良:选穗合理,操作规范有条理,比较利索,每分钟完成1~2个,成活率75%~84%。 及格:选穗较合理,操作较规范,较有条理,每分钟完成1个左右,成活率60%~74%。 不及格:选穗不合理,操作不规范,动作缓慢,每分钟完成不到1个,成活率低于60%。	嫁接数量不少于100株

任务后

1)考证练习

嫁接考核项目及评分标准如表2.7所示。

表2.7　嫁接考核项目及评分标准

序号	测定项目	评分标准	满分	检测点					得分
				1	2	3	4	5	
1	砧木处理	砧木生长正常,无病虫害,芽接摘除有碍作业的枝叶,切接去顶,腹接选择适当部位。	10						
2	切砧	切口平滑,长短与接穗相一致。切接厚度为砧木的1/3~1/4。	20						
3	削穗	接芽饱满,选芽部位正确;无拖绦,长度适中;切接面是另一面的1/4左右。	20						
4	接合	一次成功,形成层对准,大小吻合。	10						
5	绑扎	绑扎松紧适度,不影响芽接的生长,伤口不外露。	10						
6	工效	1枝/分钟	20						
7	文明操作与安全	用刀姿势准确,工完场清,正确执行安全规范	10						

2)案例分析

提高嫁接成活率要做到“四看”

“一看”砧木和接穗之间是否有亲和力。亲缘关系近的,嫁接亲和力就强,反之则弱,同种内不同品种之间嫁接最容易成活;同属异种间嫁接,亲和力次之,较易成活;同科异属间嫁接,亲和力小,成活较困难;不同科之间亲和力极弱,一般很难成活。

“二看”砧木和接穗伤口处愈伤组织形成的快慢。一般草本花卉的茎内有很多组织能进行细胞分裂,愈伤组织能快速形成,所以草本植物比木本植物容易嫁接。

“三看”砧木和接穗的生长情况。发育健壮的砧木和接穗,储藏养分多,形成层易于分化,愈伤组织易于形成,成活率就高。

“四看”嫁接技术。熟练的嫁接技术也是提高嫁接成活的关键,嫁接工具刀、剪要锋利,动作要快,切口要平滑、平整,砧木和接穗的形成层密接,以利成活;捆绑要松紧适宜。

任务3　果园建立

任务目标：了解各种立地条件的特点，熟悉园地规划与设计，掌握树种品种的选择及栽植。

重　　点：树种品种的选择及栽植。

难　　点：授粉树的选择及授粉树的配置。

教学方法：直观、实践教学。

建议学时：8 学时。

3.1 园地的选择、规划与设计

3.1.1 基础知识要点

1)园地的选择

果园园址的选择,应从当地的气候、土壤状况、地下水位的高低、交通条件等方面考虑。其中,首要的是气候条件,若在有灾害性气候的地区建园,往往使多年经营的果园毁于一旦,造成巨大的损失,这方面的例证在国内外均有。至于土壤不良,尚可发挥人的主动性逐步加以改造。

2)园地基本情况调查

(1)平地果园

地势比较平坦。在同一范围内的平地,土壤和气候基本一致,管理方便,利于机械化操作与运输。但在通风、日照及排水方面往往不如山地,所以果实品质及耐贮运力较山地差。由于平地果园的土壤成因和质地不同可分为以下几个类型:

①冲积平原。地面较平整,土壤深厚肥沃,只要地下水位控制在 80 cm 以下,可栽桃、杏、葡萄、山楂、苹果、枣、柿、核桃等多种果树。

②河滩沙地。主要为黄河故道下游地区,土壤属沙壤和纯沙,或沙与淤泥层相间。其特点是导热快、失热也快,夏季地温高,保水、保肥能力差。在有效土层的地方易形成较高的假地下水位。这种土壤比较贫瘠,管理不当易出现缺素症。在风大地区,沙土易于流动,造成果树露根或埋干和偏冠,蒸发量大,在没有灌溉条件的果园易受风、旱害。因此建园时应掺土加肥改良沙土,提高保水、保肥能力,打破粘胶层,风大地区应设防风林,防风固沙,增施有机肥。雨季地下水位能控制在 80 cm 以下时,可栽梨、葡萄、山楂、苹果、杏、李、樱桃、桃、核桃、板栗、柿等。如雨季地下水位在 60 ~ 80 cm 时可栽梨、葡萄等。

③盐碱地果园。盐碱地土壤常较黏重,透水通气不良,肥力较低,盐碱随水位上升而盐渍化,造成果树根系的反渗透,从而导致生理干旱或因 pH 增高使某些元素呈不可利用状态,而出现缺素症。含盐量低于千分之一,透气性较好又不积水成涝的地区,除板栗外,可栽各种果树,其中以梨、枣、葡萄、杏、桃较为适宜。含盐量在 0.2% 左右、土质又较黏时只可栽枣、梨、葡萄等树。在轻盐碱地栽果树时注意选用抗盐碱与耐涝的砧木,并可采用种植耐盐绿肥作物,采用树盘覆草等措施来减轻盐害。

(2)山地与丘陵地果园

一般将坡度在 10°以上的称为山地果园。以 3° ~ 5°的缓坡建园最好,坡度在5° ~

15°亦可栽各种果树,坡度在20°~30°的山坡可栽深根性抗旱的仁用杏、板栗、核桃,坡度再大则不宜建园。山地果园随海拔高度的变化,温度、日照、雨量等气候条件发生变化,因而果树有成层分布的现象,称果树垂直分布带,在安排树种、品种时要注意。丘陵地虽无垂直分布的特征,但由于丘陵起伏较大与山地一样土层深浅、气候条件受坡度、坡向的影响,安排树种时要注意。如南坡(阳坡)日照多、昼夜温差大,易遭晚霜冻害及日灼,蒸发量大,土壤易干旱。另一方面由于日照多,昼夜温差大,果实品质好,适于喜光、喜温树种、品种的生长。北坡(阴坡)则日照少,相对湿度大,果实风味、色泽差。东坡和西坡介于南坡和北坡之间。但在坡度不大时,水分与日照充足地区差异不明显。山谷昼夜温差大,又因冷空气易形成霜害和冻害。山、丘陵地建园关键是改土与水土保持,土层在60~80 cm时,可栽山楂、苹果、樱桃、桃、杏、葡萄、核桃、板栗、柿、梨等。其中甜樱桃适合栽种于空气湿度较高的避风的地方。如土层在40 cm左右,栽植穴能改良到1 m左右,可栽杏、北方桃、石榴、葡萄等。

(3)庭院果树

家庭院落背风向阳,具有良好的小气候。一般庭院解冻早,初霜晚,光照和有效积温高,而且有优越的肥水条件及利用工余、饭后的零星时间经营管理,有条件精耕细作。

3)果园的土地规划

在进行果园规划前,首先应进行地形勘察和土壤调查,了解当地的地形、气候、土壤、植被等情况,测量果园面积,在坡度大于10°的山、丘陵地建园需进行等高测量,并绘出平面图,标明突出的地形地物。

(1)小区划分

小区是果园中耕作管理的基本单位。正确划分果园小区,是提高果园工作效率的一项重要措施。小区的大小,因地形、地势和气候条件而不同。如山地地形复杂,气候条件不太一致,小区面积一般以1.3~2 hm^2 为宜,若地形过于复杂,小区面积应相应缩小。平地果园可以3.3~6.7 hm^2 为一小区。小区形状以长方形为宜。山地果园小区的长边需同等高线走向一致,并同等高线弯度相适应,以减少水土冲刷和有利于机械耕作。同一小区内品种最好不超过4~5个,树种以小区为单位,若需在同一小区内栽两个或两个以上树种时,亦以分段集中栽为宜。小区划分,还要与果园道路系统、防护林设置、水土保持及排灌系统的规划设计相适应。上述小区划分的原则主要是指大面积的果园,也可考虑生产责任制,如按承包作业方便(主要是行间耕作和打药)来划分。总之小区的划分应从实际出发,主要依据是便于田间操作与管理。

(2)道路系统

果园道路一般由干路、支路和区内小路组成。干路是果园的主要道路,一般设在园内中部,纵横交叉,把果园分成几个大区,内与建筑物相通,外与公路相接,路宽6～7 m。支路与干路相连,宽度4 m左右。一般小区以支路为界。小区中间可根据需要设置与支路相接的区内小路,宽1～2 m,便于作业。

山地果园的道路应根据地形修筑。干路宜选坡度较小(以不超过10°为宜)的地方,顺山坡修盘山道。横向干路按0.3%～0.5%的比降修筑。支路应尽量连通各等高行,宜选在小区边缘和山坡两侧沟旁。丘陵地果园的干路和支路有时可修筑在分水岭上。

修筑山地果园道路,要注意在路的内侧修排水沟,路面稍向内斜,减少冲刷,保护路面。

此外,建筑物的设置,如包装场、肥料库、农具室等,可本着少占耕地的原则,按照需要设置在最便于工作的地点。果实储藏窖要选冷凉、干燥的地点修建,有利于果品储藏,便于运输。

(3)排灌系统的规划

果园的灌溉系统包括蓄、引、排、灌4部分。

①果园灌溉系统的规划。

蓄水和引水。在丘陵和山地果园可在溪流不断的山谷,或三面环山的凹地修建小型水库。水库位置应高于果园。堰塘的位置应选在坳地。引水上山可采取自流式取水和扬水式取水。

输水系统。果园的输水系统包括干渠和支渠。果园输水渠的设计要求:

A. 位置要高。干渠的位置应当设在分水岭地带,支渠亦可沿斜坡的分水线设置。

B. 要照顾到小区的形式和方向,并与道路系统相结合。

C. 输水渠道距离要短。

D. 输水渠的渗透量要求最小。按1/1 000左右的比降修干渠,支渠的比降在1/500左右。

灌溉渠道。灌溉渠道紧接输水渠,将水分配到果园小区中去的输水沟。输水沟可用明渠,也可用暗渠。现代化果园的灌溉渠道,皆用有孔的管道埋于园中,可以自动调节。山地果园的灌溉渠道,结合水土保持系统沿等高线按照一定的比降挖成明沟。这种明沟可以排灌兼用。无论是平地或坡地,灌溉渠道的定向都应当与果园小区的长边一致,而输水的支渠则与小区的短边一致。灌溉渠的密度可与果树行数相等,或为果树行的倍数。平地果园,如进行沟灌,则可不另开灌溉渠。现代化果园除了采用地面及地下管道浸涸灌溉外,也可用喷灌和滴灌。

②果园排水系统的规划和设计。

果园排水系统的规划和设计,主要是解决土壤水分和空气的矛盾。排水沟之间的距离可根据地下水位、年降雨量和最大降雨量以及土质、树种而定。如在低洼地建园,苹果园中排水沟的修筑比梨园重要,桃园比苹果园更重要,因为不同树种抗涝能力不同。地下水位较高的园片雨季易淹没。表层虽为沙土,但下面有粘胶层时会阻止雨水下渗,而造成假水位。山、丘陵地果园,雨季冲刷加剧等都需修排水系统。常用的排水措施有:

明沟排水。在地面掘明沟,排除地表径流。明沟挖得深时也兼有排地下水过高的作用。山地果园宜用明沟排水,排水系统应按自然水路网的趋势设计,由集水的等高沟和总排水沟所组成。排水沟的比降一般为0.3% ~0.5%。在梯田化的果园中,排水沟应修在梯田的内沿,又称背沟,比降与梯田一致。总排水沟应设在集水线上,它的方向应与等高线成正交或斜交。在采取等高撩壕进行水土保持时,集水沟应与壕的行向一致。平地果园的明沟排水系统是由果园小区的集水沟和小区边缘的支沟与干沟3个部分组成。干沟的末端为出水口。果园小区行间的排水沟和灌水沟的位置是一致的。果树行间排水沟的比降朝向支沟,支沟朝向干沟,沟与沟相结合的地方必须有一弧度。以免泥沙阻塞,影响水流速度。

暗沟排水。地下埋置暗管或其他补充材料,形成地下排水系统,将地下水降低到要求的高度。暗沟排水的优点在于不占用果树行间的土地,不影响机械操作,可以免除明沟排水的缺点。但是暗沟的装置需要较多的劳力和器材。在一般情况下,暗沟深度可在0.8 ~1.5 m。其深度、沟间距离可根据不同土质酌定。

4)水土保持规划设计

丘陵、山地一般都有一定的坡度,在有水时就形成了"土向下处走,水往低处流"的现象。因而表面较肥沃的土壤被冲到山下,造成山上山下土壤肥力差异悬殊。土壤冲刷速度与地形、降雨量、植被和土壤质地有关。坡度越大,土质越松散(如沙土),水土流失越严重。

常见的几种水土保持方法分述如下:

(1)梯田

梯田是中国各地常用的一种水土保持方法。修筑梯田应根据当地的地形、地势、土质、气候等自然条件,以及灌溉情况和机械化程度。梯田面的宽度和梯壁的高度与坡度有关。即坡度愈大,梯田面愈窄,梯壁愈高。还与土质有关。在一定的坡度情况下,梯田面宽度与梯壁高度成正比。为了便于耕作管理,一般梯田面宽,最好在3 m以上。梯田壁有石壁与土壁(或土坝)两种。不论哪种梯壁其基底最好都挖"基坑"。

石壁一般是直立的,或稍有坡度。土壁则需有一定坡度以免崩塌。梯田面外高里低,稍有坡度,以防冲刷。同时,在梯田内侧需挖排水沟,以便排除过多的雨水(如图3.1)。

在土质疏松的沙面山地,梯壁下留一段原坡面不挖动,以保护梯壁,称为护坡。梯田上栽植果树的位置,最好靠梯田外缘约1/3处为宜,因为这段土层较厚,有利于果树根系生长。

图3.1　梯田

(2)撩壕

撩壕就是在山坡上,按照等高线挖成横向的浅沟,在沟的下沿堆成垄。这种方法可以减短坡长,削弱地表径流,保水保土,并可排出多余的水,还可增加坡面的利用面积,对果树生长有利(如图3.2)。

壕的大小应根据水和树的情况决定。其两端必须与排水系统相连接。壕的密度,根据坡度而定,坡度大时壕距应近;反之可远,在壕间还可以栽植紫穗槐坝,既能增加保水保土能力,又能增加肥源。但一般壕距可等于树的行距。沟的比降可采取3/1 000左右,以便于排水。撩壕一般不能一年完成,而是随着树龄的增加而逐年完成的。每年于春季修理一次。果树的栽植位置以壕的外坡为最好,因外坡的水分、空气适当,不易积水及冲刷,土层较厚;同时,果树的根系可以巩固土壕。如将果树栽在壕顶上,则水易顺树干下流,形成小沟,易将壕冲开且在树长大后,会因大风而倒伏。撩壕,在土层深厚的缓坡上(坡度不超过10°)则是简单易行的方法。但是,管理工作的困难,局部地段水土流失依然存在,其保持水土的效力远较梯田为差(如图3.3)。

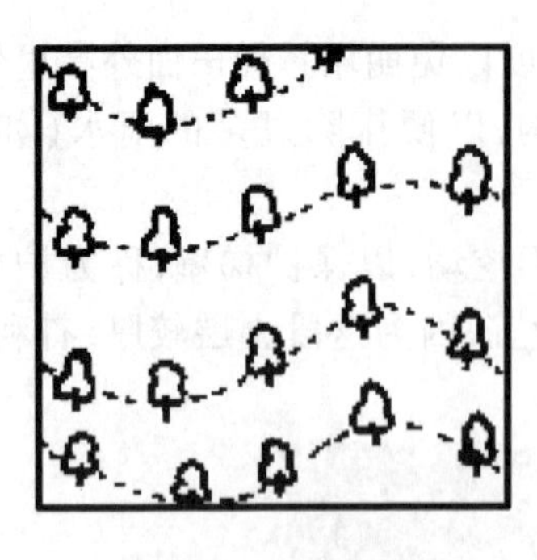

图3.2　撩壕

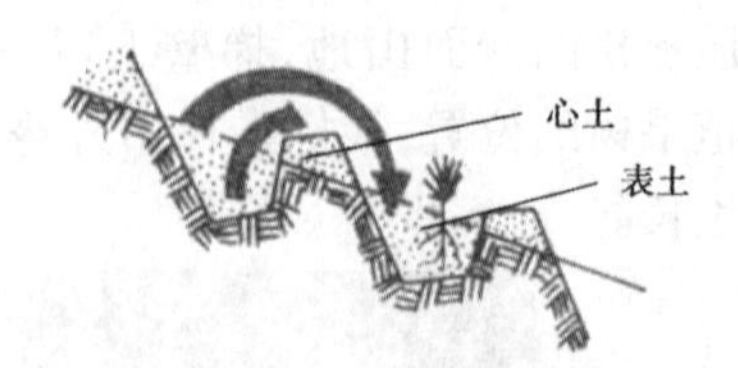

图3.3　撩壕整地

(3)鱼鳞坑

在地形陡峻的荒坡,局部改良土壤,周围砌以石块或培以土埂,其他部位土壤不加以耕作改良。鱼鳞坑刨完后,换上表土,填满坑内,经过雨季和严冬吸水下沉,并可风化熟化,翌春栽树时,栽于坑的当中,因土、肥、墒情条件好,易发根成活(如图3.4)。

图3.4　鱼鳞坑

(4)谷坊

在沟谷内修筑连续的堵水坝,叫作"谷坊",是山地防止沟谷侵蚀的主要工程。谷坊能够防止沟底、沟壁的扩张,抬高谷床,减缓沟底纵坡,缓和洪水流速和拦蓄泥沙,还具有抬高坡地地下水位,防止土壤干燥的作用。在淤土多的地带,可栽种果树。垒坝时,每个谷坊上端应当留一个缺口,类似水坝的隘洪道,可以缓和洪水对谷坊的冲击,在坝下挖跌水坑,减轻洪水对下游谷坊的冲力,又便于沉淀泥土,淤土造田。谷坊坝址的选择很重要,关系着坝身的安全和经济有效的问题。坝址应选在口小肚大,沟底平缓,支、毛沟的下游,跌水陡坡的上游,土质坚硬或有石岸、石基的地方。谷坊距离的远近，坝身的大小等，要根据沟的深浅，来水面积大小来确定，采取“上密下稀，分段控制”的布坝方法（如图3.5和图3.6）。

图3.5 石谷坊

图3.6 土谷坊

3.1.2 实训内容

1）园地基本情况调查方法

（1）调查内容

①社会经济情况。

②果树生产情况。

③气候条件。

④地形及土壤条件。

⑤水利条件。

作业

测量地形并绘制 1∶1 000 的地形图。

2)果园的规划和设计

(1)目的要求

要求学生结合本地具体情况进行果园设计,并学会果园规划设计的步骤和方法。

(2)材料用具

选好附近要建园的场地,准备水准仪、平板仪或经纬仪、标杆、皮尺、木桩、比例尺、三角板、方格坐标纸、铅笔、橡皮、绘图纸、记载板等。

(3)实习内容

果园调查。在建园以前要对下述情况调查清楚:

一是对自然环境条件的调查和了解。包括:

①土壤条件。挖土壤剖面,观察表土和心土的土壤类型和土层厚度,土壤酸碱度,地下水位。

②了解全年最高温度、最低温度、无霜期、年降水量和雨量分布情况,不同季节的风向和风力。

③观察园地的坡向和地貌,调查园地植被。

④了解水源的位置和水质;原有建筑物的位置,四周的村庄、交通条件等。

二是对附近果园进行观察了解。包括:

①不同树种、品种的生态反应,主要病虫为害情况,以便作为选择树种和品种的参考。

②其他自然灾害情况,如日灼、雹害、冻害、霜害、涝害等。

③观察了解防风林树种的生长情况,作为果园选择林木树种的参考。

3)对建园以后当地人力、物力条件的了解

(1)园地测量

用测量仪器测出园地的地形图,其中包括建筑物、水井等位置,并将野外的地形图带回到室内,绘出一定比例的地形图。

(2)绘果园规划图

在地形图上按一定比例绘出规划图,其中包括:

①小区。绘出每个小区的位置,并注明每个小区的树种和品种。

②道路。绘出主路、支路的位置和区内小路的位置。

③排灌系统。绘出主渠和支渠的图,绘出主渠和支渠的剖面图,将此图附在果园规划图上。

④防护林的设置。绘出主林带和副林带的位置,绘出栽植方式图,将此图附在果园规划图上。

果园规划图绘好后,在图的一角注明:小区的区与每小区的面积、树种、品种、株行距;用图例表示道路、灌水系统、防护林、建筑物、水井的位置。

(3)写出果园规划设计书

主要是对规划进行说明,对施工的文字说明。其中包括:

①小区的栽植株数。全园栽植果树的总面积和总株数。每个树种的总面积、总株数。早、中、晚熟树种和品种所占的比例。

②道路。说明主路、支路、小路的宽度;路边的行道树种,栽植距离;路边排水沟的宽度和深度。计算出道路占全园总面积百分数。

③灌水排水系统。说明主渠、支渠及其宽度和高度,排水沟的宽度和深度。计算排灌系统占全园总面积的百分数。

④防护林。说明主林带和副林带行数、树种(乔木和灌木)、栽植方式、距第一行果树的距离。计算防护林占全园总面积百分数。

⑤建筑物。说明建筑物名称、面积、要求,计算其占全园总面积的百分数。

4)作业

绘出一份果园规划图,并附设计书。

3.1.3　实践应用

1)调查当地果树生产的立地条件及园地选择依据

2)园地的规划

(1)果园的土地规划

优先保证生产用地。

用地比例:果园80% ~85%;防护林5% ~10%;道路4%;绿肥基地3%;办公生产生活用房屋、苗圃、蓄水池等4%。

①划分果园小区的依据。

同一小区内气候及土壤条件应当基本一致。

在山地和丘陵地,要有利于防止水土流失,有利于发挥水土保持工程的效益。

有利于防止果园的风害。

有利于果园的运输及机械化管理。

②果园小区的面积。

因地制宜,大小适当。过大管理不便,过小不利于机械化操作。

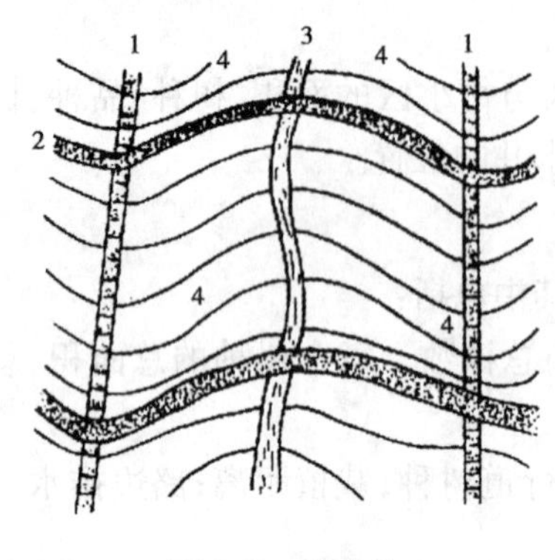

图3.7　等高线

③小区的形状和位置。多采用长方形,长边与短边比例为2∶1～5∶1(如图3.7)。

(2)果园道路系统的规划

①大中型果园的道路规划。

②小型果园的道路规划。

③平地或沙地果园的道路规划。

④陡坡地果园的道路规划。

(3)辅助建筑物规划

办公室、包装厂、配药厂、果品储藏库、休息室及工具库等。

(4)绿肥与饲料基地规划

充分利用株行间,山地与丘陵地与水土保持工程相结合。

3.1.4　扩展知识链接(选学)

1)果园防护林规划设计

防护林不仅可防止风沙侵袭,保持水土,还可增加土壤和空气温度,减少冻害。防护林的作用范围,与它的结构,果园地形等有关。在平地情况下,有效范围背风面等于林带高度的25～35倍,而距林带10～15倍距离的范围内效果最好。向风面有效范围约为林带高度的5倍。

林带可分为透风林带和不透风林带两种。不透风林带是由多行乔木和灌木相间配合组成。林带上下密闭,气流不易通过。因此在迎风面形成高气压,迫使气流上升,跨过林带的上部。这样空气密度下部小,上部大,越过林带后,迅速下降恢复原来速度,因而防护距离较短,但在其防护范围内的效果较大。透风林带,气流可从林间通过,使风速大减,因而防护范围较远,但防护效果较小。

防护林配置的方向和距离应根据当地主要风向和风力来决定。一般要求主林带与主风向垂直,通常由5～7行树组成。风大地区,可增至7～10行,带距相隔400～600 m。为了增强主林带的防风效果,可与其垂直方向设副林带,由2～5行树组成,带距300～500 m。山地果园营造防护林除防风外,还有防止水土流失的作用。不论主林带还是副林带可适当增加行数,最好乔木与灌木混交。为了避免坡地冷空气聚

集,林带应留缺口,使冷空气能够排出。同时,林带应与道路结合,根据具体地形和风向,尽量利用分水岭和沟边营造。果园背风时,防护林应设于分水岭;迎风时,设于果园下部;如果风来自果园两侧,可在沟两岸营造。

为了保证防风效果和利于通气,边缘主林带可采用不透风林型,其余均可采用透风林型。林带内株行距因林型和树种而不同,一般情况乔木株距 1.5 m 左右,灌木 0.5 ~0.75 m,行距 1.5 ~2 m。

林带树种的选择,应本着就地取材,以园养园,增加收益的原则,在树种配置中除选择对当地风土条件适应力强、生长迅速、寿命长,与果树没有共同病虫害的树种外,可选适应当地风大条件的果树,如蜜源、绿肥、建树、筐材、油料等树种。常用的乔木树种有:杨、柳、榆、刺槐、侧柏、黑松、黑枣、山楂、枣、柿等。灌木有紫穗槐、棍柳、择柳、花椒等。在配置果树时要注意,果树要成行栽植,不宜单株栽植或与森林混栽,以便病虫防治与经营管理,并栽在背风与光照好的一面。

2)道路系统规划设计

果园道路一般由干路、支路和区内小路组成。干路是果园的主要道路,一般设在园内中部,纵横交叉,把果园分成几个大区,内与建筑物相通,外与公路相接,路宽 6 ~7 m。支路与干路相连,宽度 4 m 左右。一般小区以支路为界。小区中间可根据需要设置与支路相接的区内小路,宽 1 ~2 m,便于作业。

山地果园的道路应根据地形修筑。干路宜选坡度较小(以不超过 10°为宜)的地方,顺山坡修盘山道。横向干路按 0.3% ~0.5% 的比降修筑。支路应尽量连通各等高行,宜选在小区边缘和山坡两侧沟旁。丘陵地果园的干路和支路有时可修筑在分水岭上。

修筑山地果园道路,要注意在路的内侧修排水沟,路面稍向内斜,减少冲刷,保护路面。

此外,建筑物的设置,如包装场、肥料库、农具室等,可本着少占耕地的原则,按照需要设置在最便于工作的地点。果实储藏窖要选冷凉、干燥的地点修建,有利于果品储藏,便于运输。

3.1.5 考证提示

园地基本情况调查方法。

任务后

1)考证练习

栽培模式及管理水平调查内容

①果园基础设施。果树的优质、稳产、高产首先得益于基础设施好。

②果园生草与土壤有机质含量。我国的果园土壤管理大多采用以改善理化性状、促进根系生长为重点的清耕制,由于长期不重视施用有机肥,果园土壤的有机质含量通常不足1%。专家指出,土壤有机质含量低是导致我国果树树势弱、花芽形成难、连续结果能力差、果实大小不整齐、适口性愈来愈差等问题的根本原因。如果土壤有机质含量不提高,任凭怎样加强树上管理,也很难生产出高质量的果品。

③果树密度与树形管理。我国在20世纪80年代后重点推广的是纺锤形等有干形树形,由于整形不规范,所用砧木非矮化,大部分果园表现株间交接,行间无通道,低干高树,已不适应生产。

④疏花疏果与果实着色管理。疏花疏果的目的是控制果树负载量,是非常重要的一项工作,因此,尽管这项工作非常费工费时,在我国则普遍存在果农舍不得疏花疏果的现象。果实着色管理主要包括摘叶、转果、铺反光膜。

⑤辅助授粉。辅助授粉的目的是提高受粉质量进而提高水果质量。

⑥有袋与无袋栽培。套袋措施最初用于防止害虫为害果实,后逐渐成为增强果实着色、减少褐斑和提早收获、延长储藏期的手段。

⑦分期采收与适时采收。

2)案例分析

影响果园小气候的因素

①以一定的大气候条件为背景。如山东省半岛地区的果园小气候受海洋性气候影响大,春季升温稳定,夏季一般不会出现高温影响,适宜种植喜温凉类型的果树,比如苹果、葡萄等,夏秋气温一般比较适宜,不会出现像内陆那么高的温度,而且秋季果实成熟期的昼夜温差较大,含糖量高,能够达到高产优质;而鲁西北、鲁西南平原地区,果园小气候受大陆性气候影响大,春季升温快但温度波动大,夏季高温天气多,影响大,适宜种植喜温热类型、抗风耐旱型的果树,比如枣树、桃树等要求开花结果期温

度较高,才能优质高产。

②受所在地形、坡向、坡度、水体、土壤性质等地面的自然环境影响。在建立果园时,果园的选址,要特别注意对于地形和土壤的利用,例如半岛北部葡萄园由于受到半岛中部山脉的阻挡,下半年降水量少,6—9 月日照充足,葡萄品质特优,病害少,是最适宜种植葡萄的地区。肥城桃园多分布在低山丘陵地带的阳坡上,背风向阳,日照充足,无霜期长,成熟前生长期有足够的昼夜温差,这样的小气候是获得高产优质的基本条件。

③受果树的树种、树龄、树冠的疏密和形状以及人工管理措施的影响,耐阴的树种可以相对密植,相互遮荫,提高果园相对湿度;喜阳的树种种植时要稀疏一些,树冠内要及时修剪,保证果实的光照长度和光照强度;树体高大、叶片大而茂密的树种,遮蔽程度较高,树冠内膛的通风透光条件就比较差;树体直立、叶片小而稀疏的树种,遮蔽程度轻,树冠内的通风透光好,果园内的光温条件和空气相对湿度条件差别较小。在海滩、河滩果园,风沙较大,一般都营造防护林带,小型果园在周围植树 3 ~ 5 行就可以,防风沙、调节果园空气相对湿度,改善果园小气候。

3.2　果树栽植及栽后管理

3.2.1　基础知识要点

1)栽植前的准备

(1)选用壮苗

不论自育或购入的苗木,在栽前应进行品种核对、登记、挂牌。对苗木进行质量分级,选用根系完整(粗根细根均多),枝条粗壮,皮色有光泽,芽大而饱满,苗高 1 m 左右、无检疫对象的优质苗木栽植,这种苗木栽后只要条件好,缓苗快、成活率高、生长健壮,为早结果与早丰产打下了良好的基础。对剔出的畸形苗、弱苗、伤口过多的苗木另行处理。远地购入的苗木,因失水过多应立即解包浸根一昼夜,待充分吸水后再行栽植,若不立即栽植则应假植。

(2)树穴准备

果树是多年生作物,一旦栽上后,土壤就很难再翻动,且果树大多栽在沙滩地与山岭薄地或轻盐碱地,因此栽前土壤改良特别重要。有条件的地方最好全园深翻熟化。如果劳力不足、肥料不足,可按株行距定点挖穴,密植时应定线挖沟,穴或沟的深宽一般为 1 m×1 m。山坡地果园土层较薄而土下为岩石的地区,可采用炸药爆破。黏重土壤,特别是下层有胶泥层的地区,栽前开沟,使沟底有一坡度与排水沟相接,以免雨水过多时积水。沙性土保肥保水能力差,应将沙、土、肥充分混匀后填入穴或沟中。挖穴或开沟时将表土和心土分放两边。填穴(或沟)时应分别掺入有机质和有机肥混匀后各返还原位,不要打乱土层。回填土后应立即浇透水,借水沉实土壤,以免栽后浇水,苗木下沉,造成栽植过深,树体生长不良。此项工作最好在栽前1个月完成。

2)栽植时期

一般落叶果树在落叶后至春季萌芽前均可进行。分秋栽与春栽,秋栽一般在落叶后至封冻前进行。秋栽利于伤口愈合,来年发芽早,生长快,尤其在春季干旱地区秋栽易成活,但在冬季严寒地区,秋栽易发生生理干旱造成的"抽条"或冻害而影响成活率。春栽以春季土壤解冻后至萌芽前进行为宜。

3)栽植密度

栽植密度应根据树种、品种、砧木、土壤质地、气候条件来确定。例如核桃、柿、栗树体高大,株行距宜大。同一树种在土层深厚的肥沃地生长高大;株行距要比栽在土壤瘠薄、土层浅的要大;同为苹果接在矮砧上的树体比接在乔砧上的矮小,株行距应比乔砧小。兹将北方主要果树常用栽植密度归纳于表3.1中。

表3.1 北方主要果树常用栽培密度

果树种类	株距×行距/m	每公顷株数/株	备注
苹果	(4×6)~(6×8)	405~210	乔化砧
	(2×3)~(3×5)	1 665~660	半矮化砧
	(1.5×3)~(4×4)	2 250~1 245	矮化砧
梨	(3×5)~(6×8)	660~405	乔化砧
桃	(2×4)~(4×6)	1 245~405	乔化砧
葡萄	(1.5~2)×(2.5~3.5)	4 440~1 665	单篱架
	(1.5~2)×(4~6)	2 220~1 245	棚架
核桃	(5×6)~(6×8)	285~210	
板栗	(4×6)~(6×8)	405~210	
枣	(3~4)×(7~10)		
大枣	(5~6)×(20~30)	450~300	枣粮间作
小枣	(3~4)×(20~30)		枣粮间作
柿	(3×5)~(6×8)	660~210	
山楂	(3×4)~(3×5)	825~660	
草莓	(0.15×0.20)~(0.20×0.60)	333 000~83 250	

4)栽植方式

果树栽植方式与土地利用、土壤管理制度、机械操作及对不良环境的适应能力均有密切相关。合理密植可经济利用土地和光能,提高单位面积产量,并能增强群体作用,改善小气候条件,减轻风害、旱害、冻害、日灼等自然灾害。在进行合理密植时应注意密株不密行,即株距可以小些,行距不宜过小,行距过小,不便操作。现将常用的栽植方式如图3.8。

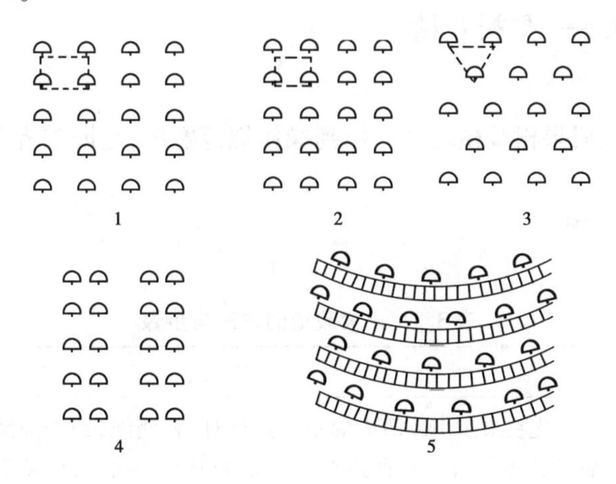

1.长方形　2.正方形　3.三角形　4.双行带状　5.等高栽植

图3.8　果树栽植方式

(1)长方形栽植

长方形栽植是生产上最广泛采用的栽植方式。其特点是行距大于株距,通风透光好,适于密植,便于操作管理。

(2)正方形栽植

株行距相等,通风透光好、管理方便,但不适于密植,土地利用不经济。

(3)等高栽植

适于山、丘陵地栽植,利于水土保持,使果树栽在等高线上。计算株数时要注意加行与减行问题。

(4)带状栽植(宽窄行栽植)

一般以两行为一带,带距为行距的3~4倍。带内采用株行距较小的长方形栽植。由于带内较密,群体抗逆性增强。而带间距离大,通风透光好,便于管理。

(5)计划密植

为早期获得丰产,在栽植时按原定的株行距加倍,对临时株严加控制,使其早结果,待树冠相交时可以隔株间伐或间移,再密时隔行间伐或间移。但采用计划密植必须要有肥水条件及技术力量,否则易造成果树尚未结果,果园已郁闭。

3.2.2 实训内容

1)栽植技术——果树栽植

(1)目的要求

按基本程序完成果树栽植任务。做到操作规范熟练,全园整齐美观,实习情绪饱满,栽植成活率高。

(2)方法与步骤

见表3.2。

表3.2 果树栽植的方法与步骤

操作步骤	方 法
1.测绳定点	先在果园小区四周的角上插标杆,将测绳(或普通绳)按株距标记后,以行距为单位沿两边平行移动,每移动一次,用石灰或木桩在地上做好标记。
2.挖穴备肥	以定植点为中心挖长、宽、深各1 m的栽植穴(株距小于3 m时,挖成栽植沟),将表土、心土分别堆放,并剔去土中的石块、粗沙及其他杂质,然后再每个穴的表土旁准备25~50 kg农家肥,30~50 kg碎秸秆、杂草、垃圾等。
3.分层回填	先将碎秸秆与表土拌匀填入栽植穴的下部1/3,再将农家肥和表土拌匀,并掺入0.5~1 kg磷肥和0.2 kg尿素或复合肥0.5 kg后,填入栽植穴中部,呈土丘状,要边回填边用力踏实。土丘中央插一竹枝为栽植点标记。
4.苗木处理	栽前一天核对苗木品种,剔除劣苗后,将树苗的损伤、腐烂、病虫、不充实部分以及过长的根系和梢枝剪去,将根部放在清水中浸泡12~24 h,再用ABT生根粉或保水剂蘸根后放入栽植穴中。
5.栽苗灌水	拔去土丘中央竹枝,挖一植穴,一人扶苗,使根系均匀分布在栽植穴中;另一人将表土填入穴中,边填土边踏实,并将苗木稍稍上提,栽后立即灌一次透水。

续表

操作步骤	方　法
6. 覆膜套袋	渗水后，先用少量干土撒于树盘，以填充土壤缝隙，要使树盘中央略低于周边，再将长宽各 1 m 的地膜用剪刀在中央开切一个大十字切口，通过苗干覆盖树盘，用土将四周压好；再按整形要求对苗木定干，然后用 3 cm宽、长于定干高度的塑料袋套住苗干，最后用土将下口及地膜中心的十字切口一起压封严。
7. 栽后管理	当苗木萌芽展叶后，先在外套袋上剪开数个小孔，10 ~ 15 天后将袋撤除；对未成活的苗木要及时补栽；在苗木生长前期应追施 1 ~ 2 次速效肥，并加强病虫害防治。

(3)注意事项

①回填及栽植全部用表土，可从未挖穴的地面取表土使用，再将挖出的心土摊开铺平。

②栽植时，务使苗木横、竖、斜对齐成行。切忌栽苗过深或过浅，要求栽后使苗木根颈与地面相齐。故必须预估灌水后栽植穴整体下沉的程度。

③注意栽植中安全使用工具和药剂(如图 3.9)。

3.2.3　实践应用

1)主要果树树种的定植

(1)栽植技术

在浇水沉实后的大穴(或沟)中挖出 40 cm 见方的小坑，挖出的土加 15 ~ 20 kg 的优质有机肥和 50 ~ 100 g 氮素化肥，与土充分混匀。缺磷的土壤还应加入 50 ~ 100 g 的磷酸二铵或过磷酸钙。然后将掺肥后的土回填入小坑中，在地面下 20 cm 处放入苗木，将根系均匀分布于土坑内，同时进行前后、左右对直，校正位置，继续埋土，轻轻踏实并将苗木稍稍上下提动，使根系与土壤密接，继续埋土直至苗木出圃时留下的土印处。轻轻踏实后立即浇大水，渗水后封土保墒。矮砧苗为防止接穗生根，接穗应高出地面 10 cm。

(2)各地栽植经验

①旱栽法。多用于水源缺乏的地区。关键是抓住墒情栽树。苗木要随挖随栽，快挖快栽，一律用湿土填埋捣实。栽好后，立即将苗木按倒，全部用土埋住，以免风吹影响成活。冬季埋土 30 cm 左右，春季 15 cm 即可。在芽萌动时，将土除去，以后仍需

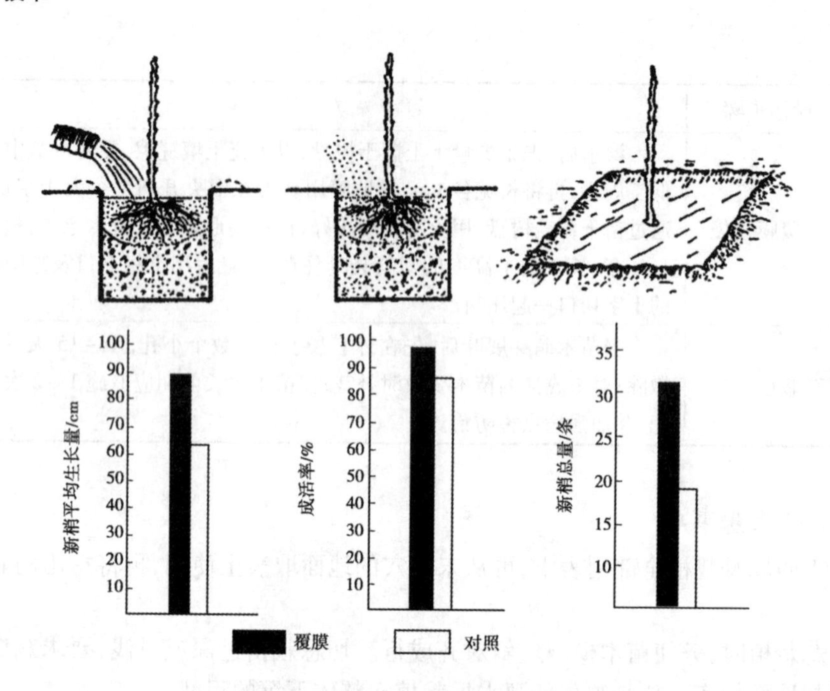

图 3.9　桃苗木栽后树盘覆膜

经常作好保墒工作。

②深坑浅埋法。适用于风大干旱地区。栽时先挖 60～100 cm 深的坑,在坑西北边做 20～30 cm 高的挡风土埂,然后按一般方法填坑栽树。所不同的是,栽的较深,使苗木接口(或在苗圃原埋土处)在坑内 25～30 cm,埋土仍埋至接口处,栽好后充分灌水,水渗下,盖土 5～10 cm。幼树成活后,将坑边铲成斜坡,使树盘成为盆底形,以利保水积雪。防淤,以免由于埋土过深影响生长。

③台田栽植。在低洼地、盐碱地建园,为了排水压碱,栽植前,根据栽植行距结合地块具体情况,于两侧挖排水沟,筑成台田,将果树栽于台田上。

④坐地苗建园。寒冷地区及自然条件恶劣的地区建园可用此法。按规定的株行距,就地播种或栽植砧木,然后当砧木长到一定大小时,进行嫁接。

⑤大树移栽。已进入盛果期的大树,由于栽植过密、过稀或其他原因,需要移入或移出果园。大树移栽时期,北方以早春化冻到发芽前为宜。最好在前一年春天围绕树干挖半径 80 cm 深的沟,切断根系填入好土,使生出新根,秋天或春天再在预先断根处稍外方开始掘树。为了保护根系,提高成活率,最好采用大坑带土移栽,并在移植前对树冠进行较重修剪,并疏除花芽(但不应破坏骨干枝和结果枝组的骨架)。栽植方法可与一般栽树方法相同。

2)栽后管理

(1)树体整理

栽后立即按整形要求定干,在春旱地区或秋栽的植株,为防失水抽干,可涂抹一层薄薄的油膜。用普通的润肤油或动物油涂抹,以发亮不见油为度,切忌过厚。风大地区应立支柱。秋栽的树为防抽条应灌冻水,在北方冬季寒冷地区,幼树越冬易抽条,可根据当地情况防寒(如在果树北侧培高60~70 cm半圆形的土埂,幼树卧倒埋土等)。

萌芽后及时抹除砧木上的芽。栽植半成苗时更要注意(如图3.10)。

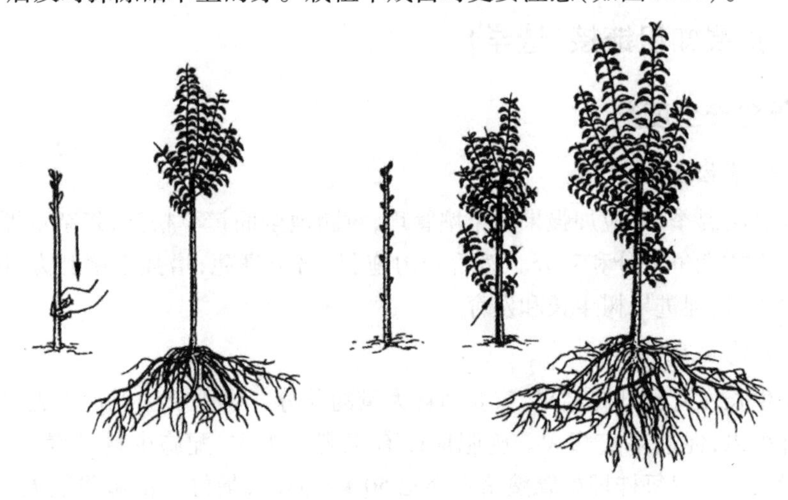

图3.10　栽植当年多留梢叶促进生长

(2)土壤管理

春栽的树,定干后立即用地膜覆盖(面积在1 m^2以上),四周用土压实封严,保水增温。秋栽的树,浇水后封土,发芽时及时扒开,以改善土温及空气条件,并在树干周围墙土盘以利蓄水保墒。种间作物时必须留出树盘。

(3)肥水管理

新叶初展后(5月),采用每10天1次,连喷2~3次0.3%~0.5%的尿素;6月土壤追施氮素化肥每株50~100 g;8月末9月初新梢停止生长时,为防叶片早衰,可每10天一次,连喷2~3次0.5%的尿素。若新梢生长过旺,为促使枝条成熟可喷0.4%~0.5%的磷酸二氢钾。

(4)及时防治病虫害

主要虫害有金龟子、蚜虫、红蜘蛛、刺蛾、舟形毛虫、天幕毛虫等。金龟子类可利用其假死性,在傍晚日落时振落捕杀。对蚜虫类、红蜘蛛可喷洒1 500倍的氧化乐果或其他菊酯类农药。但桃、杏、樱桃等对乐果过敏,切忌施用。为预防褐斑病等早期落叶病可喷波尔多液(病虫防治详见有关部分)。

栽后精细管理的苗木,当年生长健壮,应及早选择确定作主枝用的新梢按整形要求加大角度。

(5)检查成活率及时补植

对受冻害和旱害的苗木应落到好芽处重切,促发新枝。未成活的植株应立即补栽。

3.2.4 扩展知识链接(选学)

1)果树安全度夏

(1)铲草松土

在炎夏高温季节,应加强果园土壤管理,对园地全面铲草松土,将杂草埋入土中,以避免与果树竞争水分和养分。然后开沟施肥,培土壅蔸,增强土壤肥力,增加土壤孔隙和含水量,促进果树生长和发育。

(2)开沟施肥

果树生长发育和开花结果,需要消耗大量的养分。旱季要注意加强肥水管理,可防止落叶落果,促进果实膨大。施肥应以有机肥料为主,配施少量氮素化肥加水浇施。一般成年果树每株埋施腐熟猪牛粪肥50 kg,同时,最好再浇施腐熟人粪尿15~25 kg,或用尿素0.5~0.25 kg加水15~25 kg搅拌均匀浇入施肥沟里。在磷、钾及微量元素缺乏的果园,还要适量施用磷钾肥以及微量元素,以增加果树抗旱能力,提高果实产量和果品质量。

(3)树盘盖草

据多年试验表明,树盘盖草,夏可防旱降温,冬可防冻保温。在高温干旱时,盖草可降低地温7 ℃以上,缩小土壤上下层的温差,防止日灼发生和控制杂草生长,起到保水、保肥和提高防旱效果等作用。树盘盖草一般常用稻草、麦秆、干杂草、丝茅草等切成10~15 cm长,覆盖厚10~15 cm。盖草可按1.5~2.5 m树盘范围覆盖。

(4)注意灌水

灌水是防止高温干旱危害果树的重要措施之一。果树生长过程中离不开水。试验表明,梨、苹果每平方米叶面积每小时可蒸散40 g水,如果树体供应量低于10 g水,将会引起旱害。在夏季干旱时,水分蒸发量大,更不能缺水。如土壤过度干燥叶

面出现卷曲发黄的情况时，应及时灌水，有条件的果园可施行喷灌或微雾灌，以预防高温干旱危害果树。灌水时间宜在傍晚至早晨灌完为止，晴天一般每隔 7 ~ 10 天灌透水一次，遇雨停灌。经过灌水或浇水的措施，可以调节果树的体温和土壤的温度，增加果实维生素 C 和糖分的含量，利于果树安全度过高温季节。

2）果树安全越冬

冬季果树进入休眠期，生长停止或活动很微弱，抗御灾害的能力大大减弱。因此，加强果树的冬季管理，是确保果树安全越冬，夺取明年果树跃至高产的必要保证。

（1）灭虫

①清盘灭虫。果实采收后，树下存留的枯枝、落叶、烂果、杂草就成了许多病菌、害虫的越冬藏身之处。所以，应在秋季害虫蛰伏后至翌年害虫出蛰前这段时间组织人员将其彻底清理，集中烧毁或在果园高温堆肥。

②翻盘灭虫。冬季，在土壤内越冬的果树害虫很多，如桃小食心虫、枣步蠖等。为此，在大地封冻前，将树下的土壤翻一遍（深 25 ~ 35 cm），使在土壤中越冬的害虫翻出地外冻死或被鸟类吃掉，也可将地表上的害虫或表土的害虫翻入地下土壤深处将其闷死。

（2）修剪

果树经过一年的生长，易造成树形紊乱，为形成良好的树冠结构，延长经济寿命，实现优质稳产，对落叶果树在冬季最好在 12 月下旬至 1 月进行整形修剪。一般幼树、树势旺的轻剪；衰老树、树势弱的则重剪；对结果盛期及树势中等树修剪，进行翌年的生长与结果调节。

（3）防冻

①主干束草。

②树盘培土，对果树以主干为中心，树盘培土 10 ~20 cm，但在开春气温回升后要扒开主干周围所培土，露出根颈。

③对刮皮后的树干进行涂白，具体配法是：生石灰 10 ~ 12 份，黏土 2 份，水 36 ~ 40 份，石硫合剂原液 2 份或原液渣子 5 份，食盐 1 ~ 2 份，先用水化开生石灰，滤出渣子，倒入化开的食盐，再倒入石硫合剂和黏土，搅拌均匀后涂主干、主枝，涂量以不下流为准。

④常绿果树冬季晴天中午可用 0.5% 尿素液进行根外追肥，以提高果园湿度，增加抗冻能力。

⑤遇冬季干旱年份，有条件的果园在 12 月中旬至 1 月初可进行灌溉。

3.2.5 考证提示

果树栽植技术、栽后管理。

任务后

1)考证练习

栽植技术、栽后管理。

2)案例分析

如何提高核桃栽植成活率?

①栽植时选嫁接壮苗,因为其成活率高、生长快。壮苗应该是在嫁接部位以上木质化程度高,直径在1 cm以上、长度80 cm以上的苗子。

②栽植前浸根,核桃树体内含单宁质较多,其影响生根,因此栽植前一定要浸根,使苗木充分吸水稀释其体内的单宁质,这样有利于栽植后生根。通常将新购进的嫁接苗的树根放入清水中浸泡3天后再栽植,可大大提高成活率。

③一般情况下,秋栽树苗的越冬保护,核桃秋栽比春栽成活率高。俗话说,“秋栽一场梦,春栽一场病。”核桃落叶后只要土地不冻都可以栽植。但秋栽的弊端是树苗上部易抽干,特别是木质化程度不好的弱苗,甚至可以抽死。为了解决这一问题,对于一些能弯倒而又不至于折断的小树苗定植后可以折弯后培土,待来年春天发芽前扒出。对不能折弯的大树苗可以将下部培土,地面以上部分全部用塑料薄膜长筒套住,中间用细绳扎几道,待来年春天芽前解除。采取这些措施,可以很好地解决核桃秋栽抽干严重的弊端。

④栽植后不能立即修剪,实践证明,核桃栽植后定干修剪会导致死树。核桃与其他果树不一样,是一种剪口伤流非常严重的树,无论是秋栽还是春栽,栽后如立即定干修剪,必然导致大量流伤而造成营养损失。因这时树苗下部土壤中的根还未伸展成活,无法吸收营养供应树体,上下不接,必然导致死树。核桃不仅定植后不能立即修剪,在多数情况下栽后的第一年也不宜修剪。核桃栽后第一年生长主要是扩展地下的根系,地上部枝叶生长相对较少,如果当年修剪,必然减少枝叶量,影响树的整体生长。所以在栽后的第一年,嫁接部位以下的萌蘖将全部抹除,而嫁接部位以上的枝叶应全部保留。原则是尽量扩大枝叶量,不必考虑整形修剪,待生长一年树势形成

后，再根据树型要求进行修剪。

⑤树坑土壤必须折实后再行栽树，薄壳核桃喜深厚土壤，在山岭地上栽种最好挖大穴。树坑 1 m 见方、深 70 cm 以上，但这样的大树穴挖好后不宜立即栽树，应加入秸秆回填土壤，几个月折实后再行栽树。如大穴填土后立即栽树，以后还会不断下沉，往往会将树"空死"。

任务4　果园土、肥、水管理

任务目标:了解果园土壤管理的方法,掌握果园施肥与灌水的时期及方法。

重　　点:果园施肥与灌水的时期及方法。

难　　点:果树施肥量及需水量的确定。

教学方法:直观、实践教学。

建议学时:8 学时。

4.1 果园土壤改良与土壤管理

4.1.1 基础知识要点

1)果园土壤改良

(1)加深耕作层

坡度较大、水土流失重、耕作层浅的果园,补修梯地或挖鱼鳞台,用以降低坡水流速,从而减少表层熟土冲刷流失。同时深耕台面行间,重视农家肥和大压绿肥,并进行合理间作,以加深土壤活动层和加速熟化,就可逐步变成适宜果树生长的园地。

(2)改良土壤结构

结构差的重黏土、重砂土和砂砾土,进行"客土掺和",即重黏土掺砂土,重砂土掺黏土、塘泥和河泥,砂砾土捡去大砾石掺塘泥或黏土,再结合前者重施有机肥和合理间作,就可慢慢改良成结构良好的土壤。

(3)增加有机质

有机质是地面上植物枯死后的残骸或人为施用的各种有机物,分新鲜有机物和腐殖质两大类,是土壤中特有的有机体。有机质含量多少是判断土壤肥力的重要标志,也是果树是否生长良好的重要条件。我国果园的有机质含量一般只有1% ~2%,按多数果树的需要应以3% ~5%为宜。

增加和保持土壤有机质含量的方法是:翻压绿肥,增施厩肥、堆肥、土杂肥和作物加工废料,地面盖草等,保持土壤疏松透气。

(4)调节酸碱度

不同果树适应的土壤酸碱度不同,如苹果最适宜的土壤pH值为5.4~6.8,梨为5.8~7.0,桃为4.5~7.0,柑橘为5.5~6.5。pH值为6时,磷的有效利用最大,此时磷是磷酸一钙状态;pH值小于5.5时,土壤中的氧化铝和铵离子的危害作用最强,使磷酸和铜变成固态而不能为根系吸收。

调节的方法,除做好水分管理、翻压绿肥和增施有机肥外,pH值5.5以下的酸性土,多施碱性和弱碱性化肥,如碳酸氢铵、氨水、石灰氮、钙镁磷、磷矿粉、草木灰等,必要时增施石灰,使土壤中的酸与石灰中的钙化合而生成硫酸钙,从而降低土壤酸度。

2)果园土壤管理

果园土壤管理的目的是扩大根际土壤范围和深度,为果树创造适宜的土壤环境;供给和调整果树从土壤中吸收的养分与水分;增加和保持土壤有机质,提高土壤肥力;疏松土壤,增强土壤的通透性,有利于根系扩展,保持水土和排水。

1)果园土壤深翻的作用

(1)果园土的深翻熟化

果树根系深入土层的深浅,直接影响果树吸收营养的多少,与生长结果有密切的关系。深翻可以加厚土层,改善土壤的理化性状、增加透气性、有利于蓄水保肥、加强微生物活动、加速土壤熟化,使果树根系向纵深发展,如能配合施入有机肥料,则效果更好(如表4.1),可以增加土壤含水量12% ~13%;增加土壤微生物的活性1.2倍,加速土壤的熟化,使不溶性变为可溶性,因此深翻是果园常用的措施。

表4.1　深翻对苹果(国光)根量和深度的影响(山东、1980)

处理	全根量/条	吸收根		根系密度/(条·m^{-2})	根系最深度/cm	80%根分布层
		数量/条	占全根比/%			
深翻	654	586	89.7	1 558.6	70	10~60
未深翻	230	200	86.9	754	50	0~40

2)果园土壤深翻要点

(1)深翻时期

一年四季均可以进行,寒地果园多采用秋季深翻,在果实采收后至落时前后结合秋施基肥进行。此时期,果树活动慢,养分回流,秋翻对地上部影响较小,伤根后易愈合,并有利次年根系的生长,因此是最好的季节,秋翻时应结合灌水。春季只是翻到冻层,不适宜,也应灌水。夏季应在树体生长高峰之后,雨季来临之前进行,可以扩大根量、增加深度、促进地上部分的生长、提高枝叶量。

(2)深翻的深度和方式

深翻的深度一般以果树主要根系分布层为度。在土层浅、土质差的果园,因根系生长受到土壤状况的限制,应适当加深,可达80~100 cm。中国常用的深翻方式有:

①扩穴深翻。又叫放树窝子,各种果园都常采用此法,尤以山区果园更为普遍。即幼树定植数年后,依根系生长状况逐年向外深翻扩穴至遍及全园为止。需进行3~4次(如图4.1)。

②隔行深翻。用隔一行翻一行的方法进行深翻,全园分两次完成。因每次只伤一侧根系,对果树生育影响较小。平地果园可利用机械配合,山地果园可结合水土保持工程完成(如图4.2)。

③全园深翻。除栽植穴以外的土壤一次深翻完。树龄较大的果园因易伤根太多,对植株有不利影响,应慎用。

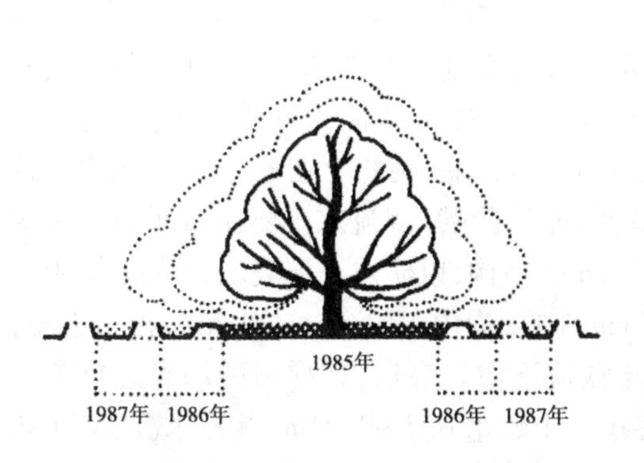

图4.1 树盘覆草与扩穴改土结合

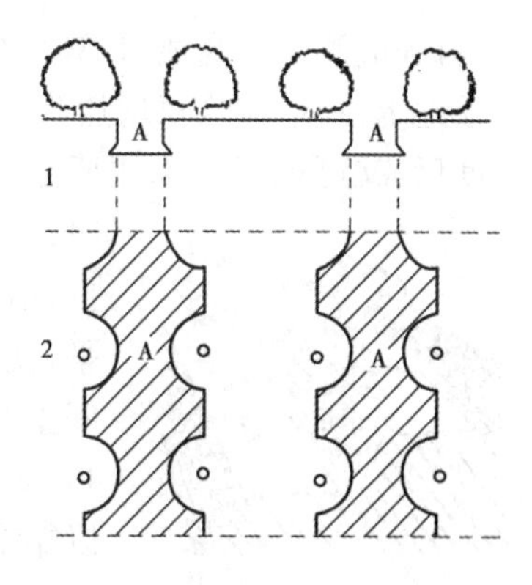

1.断面图 2.平面图 A.深耕处

图4.2 隔行深耕法

深翻应配合施入大量粗有机肥料及秸秆,特别要注意改良下层土壤,必要时进行客土,并应尽量少伤大根,以减轻对植株生长结果的影响。

4.1.2 实训内容

1)平地果园深翻改土

果园经过深翻改土、加厚土层以后,可以使果树的根系下伸,提高其抗旱性能和吸收养分的能力。深翻改土的具体方式要根据地势、坡度、地质、耕作习惯和水土流失状况来确定。进行深翻改土时所采用的方式一般有全面整地、梯田整地和块状整地。

(1)全面整地(也称全园深翻)

适用于平原、河滩地和坡度较小的坡地,可用农机具作业。如因受条件限制,定植前不能同步完成全园深翻整地时,也可先挖宽1 m、深60~80 cm的条带沟,或挖长、宽各1 m,深60~80 cm的定植穴。待果园建成后,再逐年扩穴至全园深翻一遍。在挖条带沟或定植穴和以后的扩穴时,熟土和生土要分别放置,回填时不要打乱土层,并掺入有机肥。下层加入作物秸秆、绿肥等,以增加深层的通透性,中上层掺拌有机肥,以增加根群区肥力,然后浇水沉实,以促进有机质的分解(如图4.3)。

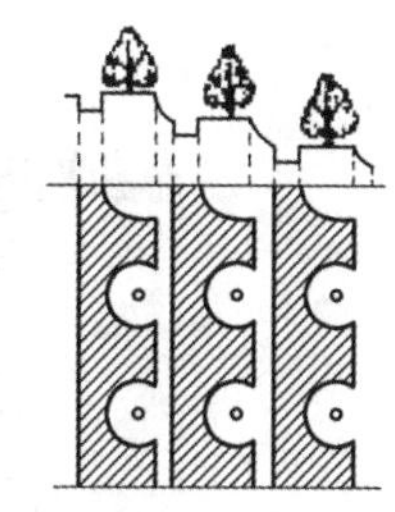

图4.3 全面整地

(2)"三合一"梯田整地

一般坡度角在30°以下的山坡地,宜修筑等高水平、增厚土层、能蓄能排的"三合一"保土、保水、保肥的梯田。这是一种效果较好、应用较广的深翻整地方法。修筑梯田前，首先应测定等高线，计算出梯田田面的宽度和地堰的高度。在坡度为5°~25°的山丘地上，一般坡度每增加5°，田面宽度宜相应减少1 m。在确定好地堰高度、田面宽度后，就可根据等高线所在部位的走向进行整地。垒堰前，先清理堰基。垒堰时，要自下而上地逐渐向梯田面一侧倾斜，同时削高填低，增厚土层至60 cm左右，使熟土在上。最后，把田面整平，使外高里低，即外撅嘴，倒流水。要在田面的外缘培好土埂，内侧修筑竹节沟，以防水土流失。竹节沟宽30~40 cm、深35 cm左右，沟内每隔3 m左右培一拦水土埂，以能缓冲水流截流下渗。最后，在梯田两端靠近竹节沟出水口处，各挖一个贮水0.5~1.5 m^3 的贮水沉淤坑（如图4.4）。

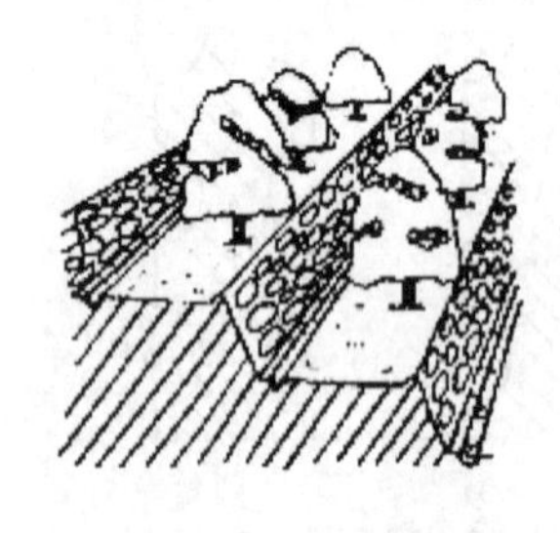

图4.4 “三合一”梯田整地

（3）爆破松土加修鱼鳞坑的块状整地

该法适用于坡度角在30°以上而且岩石裸露的山坡地。这类山坡地地下岩位高，裸露岩石较多，整修梯田作业难度大，可采用爆破松土加整修鱼鳞坑（也称树坪）的办法。具体做法是：①选裸露岩石之间有一定土层的地段，作为果树定植点。在此定植点中心位置，挖直径为10 cm左右、深80 cm的炮眼，在每个炮眼中装入0.3~0.5 kg炸药和1 m导火索，炮眼口用黏土埋实封闭。引爆后，以土壤能被松动而又不被飞散为适宜。松土面积约2.5 m^2。然后，挖出被炸碎的母岩置于地表，使其慢慢风化。将熟土和有机质混合均匀，填入炮坑内，整平定植穴，浇水沉实。②增厚定植点的土层，并防止水土流失。根据地形逐步修筑外高内低的鱼鳞坑。修筑鱼鳞坑时，要收集周围石缝间客土，加厚土层。坑的大小，应根据裸岩石间土壤地片的大小而定，一般应与成龄树树冠大体相当（如图4.5和图4.6）。

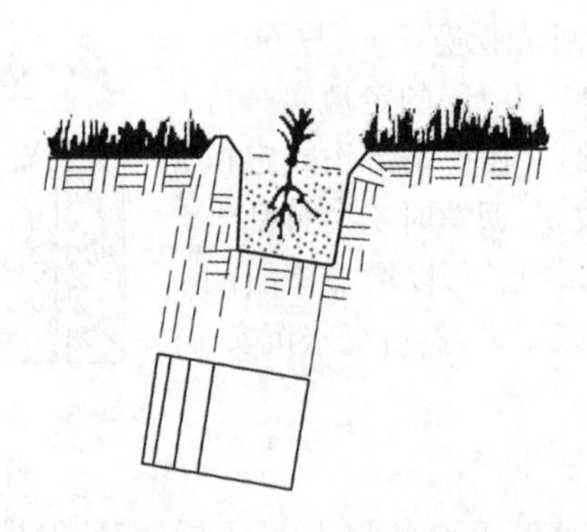

图4.5 块状整地

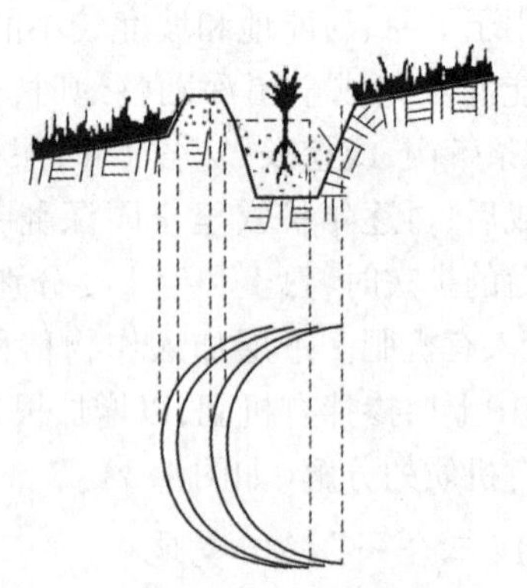

图4.6 鱼鳞坑整地

(4)河滩地改土

河滩地多为纯砂土,必须进行抽砂换土或压土。抽砂换土可按行距抽去 1 m 宽、30 cm 深的砂,换上同等厚的壤土,然后上下翻搅,深度为 50 ~ 60 cm。压土时,全园普遍压 30 ~ 40 cm 厚土,然后深耕或深翻,使砂与土混合。有些纯砂土地,在 30 ~ 40 cm以下为黏土,也要把下层黏土翻上来与砂土混合(如图 4.7)。

图 4.7 河滩地改土

2)山地果园深翻改土

山地果园除应做好梯田维修外,对建园时未进行深翻改土的园片,应进行深翻改土:①隔行开沟深翻,即两年完成全园深翻,沟深 1 m 以上,要求与栽植穴相通,深 80 cm,拣出石块,将表土混有机肥填入沟底,上填心土,土不够时由园外运土补充。在草源丰富地区,可在沟底埋草。②扩穴,即在幼树定植的头几年,从栽植穴的外缘每年或隔年向外深翻,直到株行间全部翻完为止(粘重地果园不宜扩穴,宜采用起垄栽培)。

果园压土改良。沙地果园结合环沟施基肥,将沟中填入黄土,然后深刨,使沙、土和有机肥混匀。也可采取全园沙面上压土,大体整平,当年不刨,以利黄土风化,等次年土壤化冻后再刨,一般压土厚度 5 cm 左右(不可太厚,否则抑制根系呼吸)每 666.7 m^2约需黄土 15 万 kg。

盐碱地果园土壤中含有高浓度可溶性盐碱,不利于果树生长。改良最简便的方法是挖排水沟和修台田,即每隔 2 ~3 行果树挖 1 条较宽的排水沟(以少伤根为度),使盐碱顺沟排出,挖出的土培高果园地面,形成台田。其他方法还有:营造防风林、种植覆盖作物(田菁、毛叶苕子等),以降低水位、减少地面蒸发、防止盐碱上泛。此外可压沙或换土、多施有机肥、避免大水漫灌、秋季深翻和雨后中耕等。

4.1.3 实践应用

1)果园土壤改良

改良土壤的理化性质,增加土壤有机质含量是定植前的重要措施,会对以后果树的生长发育将产生重要影响。

(1)改良沙荒地

沙荒地地面高低不平,土壤有机质含量少,保水保肥力差。因此,必须进行平整改良,改善土壤结构,逐渐增强地力,才有利于果树的生长发育。

①深翻改良。有些沙荒地在沙层以下有黄土层或黏土层,对这类沙荒地可以通过深翻改良土壤,把底部的黄土或黏土翻上来与表层沙土混合。先把沙层以下的黄土和黏土翻到土壤深层。待翻到土壤表层的黄土和黏土充分自然风化后,再将沙与土充分翻动,使之混合均匀。深翻对改良土壤结构,促进果树的生长有积极作用。

②压土改良。在沙层下部无黄土层及黏土层的沙荒地,称为无底沙土。对这类沙地只有通过以土压沙的方法进行改良。以土压沙可以达到增厚土层,改善土壤结构,防止风蚀和流沙,提高保肥保水能力,增强地力的目的。压土相当于施肥。这种以土代肥的效果,一般可以维持 2 ~ 3 年。压土一般在冬春进行,压土厚度为 5 ~ 10 cm,即将黄土和黏土铺在沙地表面。因此,压土时必须铺撒均匀,使地面大体平整,将来整个果园的土壤状况才能一致。一般在压土的当年不刨地,以利于黄土或黏土的风化,并防止风蚀流沙。经过一年后,待土壤解冻再进行翻耕,把土与沙充分混合。

(2)浅耕

浅耕的目的是为防止土壤水分蒸发,消灭杂草和寄生于表土或土壤表层的有害病虫,减少耕地时的阻力,提高耕地的质量。浅耕的深度一般为 4 ~ 7 cm。在生荒地或旧果园地,由于杂草和树根盘结紧密,浅耕灭茬要适当加深,可达 10 ~ 15 cm。

(3)深翻

深翻可改良土壤结构,改善土壤通透性能,为果树提供良好的水、肥、气、热条件。但是深翻用工多、费用高。根据各地经验和果树生长需要,最好采取全面翻耕和局部加深的办法。即园地全面翻耕(机耕)25 ~ 35 cm,然后按定植行或穴再局部加深至 100 cm、宽 80 ~ 100 cm 深的植树沟。

2)果园土壤管理方法

(1)生草法

果园土壤管理,即果园果树株行间空余土地的利用和耕作措施,这里向大家推荐生草法。生草法或生草制，即人工全园种草或在果树行间带状种草，所种的草是优良的多年生牧草；全园或带状的人工生草，也可以是除去不适宜种类杂草的自然生草；生草地不需再有草刈割以外的耕作；人工生草地由于草的种类是经过人工选择的，它能控制不良杂草对果树和果园土壤的有害影响。

生草法可以防止水土流失，增加土壤有机质含量，提高土壤肥力，便于机械作业，而且生草果园的果实产量和质量一般都高于清耕果园。在水土流失严重、土壤贫瘠、劳动力又很紧缺的果园，实施生草法是提高果园整体管理水平的重要途径，是果园优质高产、高效的重大措施。

适宜果园生草的草种主要有白三叶、鸡眼草、扁蓿豆、草地早熟禾、匍匐剪股颖等，或自然生的狗芽根、羊胡子草和假俭草等果园生草。可以是单一的草种类，也可以是两种或多种草混种。国外许多生草的果园，多选择豆科的白三叶草与禾本科早熟禾草混种（如图4.8）。

图4.8　梨园生草

（2）合理间作

种低不种高，种短不种长，种浅不种深，种远不种近，种豆科植物，种蔬菜作物和种经济作物。

豆科植物：黄豆、豌豆、蚕豆、绿豆等。

蔬菜作物：白菜、西瓜、大蒜、萝卜等。

药用植物：白术、麦冬、百合、芍药等。

不宜种植：玉米、小麦、南瓜、高粱等。

绿肥作物：三叶草、紫花苜蓿、野豌豆。

4.1.4 扩展知识链接(选学)

土壤盐碱化改良技术

土壤盐碱化是一个世界性问题,不可能改变,只能通过以下改良措施进行改良:

(1)设置排灌系统

改良盐碱地主要措施之一是引淡水洗盐。在果园顺行间隔20~40 m挖一道排水沟,一般沟深1 m,上宽1.5 m,底宽0.5~1.0 m。排水沟与较大较深的排水支渠及排水干渠相连,使盐碱能排出园外。园内则定期引淡水进行灌溉,达到灌水洗盐的目的。当达到要求含盐量(0.1%)后,应注意生长期灌水压碱,中耕、覆盖、排水、防止盐碱上升。

(2)深耕施有机肥

有机肥料除含果树所需要的营养物质外,并含有机酸,对碱能起中和作用。有机质可改良土壤理化性状,促进团粒结构的形成,提高土壤肥力,减少蒸发,防止返碱。天津清河农场经验,深耕30 cm,施大量有机肥,可缓冲盐害。

(3)地面覆盖

地面铺沙、盖草或其他物质,可防止盐上升。山西文水葡萄园干旱季节在盐碱地上铺10~15 cm沙,可防止盐碱上升和起到保墒的作用。

(4)营造防护林和种植绿色作物

防护林可以降低风速,减少地面蒸发,防止土壤返碱。种植绿色植物,除增加土壤有机质、改善土壤理化性质外,绿肥的枝叶覆盖地面,可减少土壤蒸发,抑制盐碱上升。实验证明,种田菁(较抗盐)一年在0~30 cm土层中,盐分可由0.65%降到0.36%,如果能结合排水洗碱,效果更好。

4.1.5 考证提示

果园土壤改良、土壤管理。

任务后

1)考证练习

幼龄果园的土壤管理方法

(1)合理间作

在行间进行合理间作中,要翻地施肥,种后要中耕除草,就增加了果园的耕作次数和施肥量，就能加速土壤熟化，培肥地力，改善土壤结构和理化性状，协调果树根系分布区的水肥气热。地面有间作物覆盖，再加中耕薅锄，既抑制了白茅、蕾类、狗牙根等害草的孳生，又防止了水土的冲刷流失，避免了土壤板结。作物收获后，既增加了收入，茎秆又可作饲料或肥料，可具体收到提高土地、空间和光能的利用率，保持土壤疏松，改良土壤，培肥地力，抑制杂草，促进果树生长，增加收入，实现以短养长和以园养园。做法如下：

①作物选择。间作物品种，一定要因地制宜，适地适树，因园因树选种，才能扬长避短，利树增收。所种作物要植株矮小，生命周期短，不带果树病虫，不抑制果树生长。如豆类中的黄豆、京豆、绿豆、花生、豌豆、蚕豆等，薯类中的红薯、洋芋、芋头、魔芋等，蔬菜中的茄子、辣椒、白菜、青菜、苤蓝、萝卜等，药材中的口芪、百合、白芷、白芍、紫苏、紫胡、板蓝根等，绿肥中的苕子、苜蓿、箭舌豌豆等。不能种玉米、高粱、葵花等挡风遮光的高秆作物，南瓜、刀豆、四季豆、白芸豆等藤本缠绕植物，麦子、荞子、蓝花子等吸水吸肥力强的“三子”。据观察，种小麦，果树发叶开花迟，叶色淡，果小，桃呈蒜瓣果；种玉米、高粱或葵花，叶薄果小，枝细节长，发育不充实，花芽分化不良，玉米螟、天牛蛀害重；种油菜和蓝花子，蚜虫特别严重。冬季无水灌溉的果园，只种大春，不种小春。

②种行留盘。种时不能满栽满种，一定要“种行留盘”，即把间作物种在行间，留下树冠下直径1.5～2.0 m的树盘不种，以免间作物同果树争水夺肥和果树遮挡间作物风光的矛盾，才能使两者互不影响而顺利生长和利树增收。

③换茬轮作。由于作物种类和品种不同，而从土壤中吸收的营养元素种类和数量差异很大，因此间作时，一定要交换轮作，如今年种豆类，明年种薯类，后年种苜蓿，不能连作，以免造成土壤中某些元素奇缺或过剩，不利于果树和间作物的生长发育而影响产量和品质。

(2)翻园压绿

在雨水下透后的5月下旬至6月上旬，在行间播种苕子或苜蓿、箭舌豌豆。新建的山地果园，土壤瘦，保水力差，有机质少，根瘤菌缺乏。如种绿肥，应用行距30 cm开沟条播，或用行距30 cm、塘距20 cm打塘点播，并按种子1份、细过磷酸钙粉0.1份、根瘤菌0.002份比例拌种后播入，覆土厚3～4 cm，才能出苗整齐和生长良好，忌用撒播和播白籽；一定要土壤较肥沃后才能用撒播。到9—10月，绿肥即将开花而未开、养分含量最高时，结合深耕翻园施基肥，割来填入施基肥的坑中或直接翻埋土里，并随即耕细整平。由于豆科绿肥含氮磷钾和有机质丰富，固氮能力又强(1亩紫花苜蓿可固氮7.4千克)，所以对增加土壤养分、有机质和培肥地力，效果非常明显。

(3)树盘覆盖

在雨季接近结束或刚刚结束的10月下旬至11月中旬,中耕树盘,深15~20 cm,并以主干为圆心,培成直径1.2~1.5 m、四周高15~18 cm、中间平的盆形树盘,盘上盖8~10 cm厚绿肥或杂草、秸秆(切碎)、腐殖质土,其上再盖3~4 cm厚细土,就可有效地改善土壤水肥气热,提高保水保肥和保温能力,使果树顺利通过休眠。同时覆盖物腐烂后,又增加了土壤的养分和有机质,比覆盖地膜的效果好。但老鼠多的地方,主干脚四周需留出10 cm左右不盖草,以免老鼠藏匿其中啃食树皮,损伤果树。

2)案例分析

如何改善果树生长土壤环境?

(1)改良土壤

砂性土壤改良。砂土,颗粒间的孔隙大,毛细管作用弱,吸肥保肥性差。沙土的改良,要每年掏沙换土或加厚土层厚度,最低要保持40 cm厚;也可掺黏土,大量施腐熟有机肥料。

黏性土壤改良。黏土,黏重,颗粒间的孔隙小,通气透水性差。要深翻、熟化下层土壤,使20~60 cm的土层内通气透水性改善;结合深翻施入腐熟有机肥,增加腐殖质,形成土壤团粒结构。

(2)填施作物秸秆、杂草、落叶,增加土壤有机质

在果树休眠期,在树行间或株间开沟,沟深60~80 cm,沟宽酌定。混土填施作物秸秆、杂草、落叶等物,伴施适量的速效氮肥,覆土灌水。

(3)种绿肥改善土壤结构

有灌溉条件的果园,可在果树行间种植绿肥作物,进行绿肥压青,在绿肥生长期间,适时割刈绿肥的秆叶覆盖树下地面,减少土壤水分蒸发,并能使浅层土壤增加有机质。

(4)自然生草或种草

自然生草或种草,在草生长至30~40 cm高时,割草覆于树下。

(5)促进土壤微生物繁殖

土壤中的微生物,能分解各种不溶性的有机质和无机质,固定空气中的游离氮素,促进土壤疏松、气体流通,有利于果树生长。因此,应采取施腐熟的有机肥、绿肥压青、秸秆覆盖等措施,刺激土壤微生物繁殖。

(6)补充磷、钾肥

苹果果实膨大期及果实生长后期,如果磷、钾营养供给充足,果实着色好,含糖量高。因此,给土壤补肥应以磷、钾素为主,但不宜多用过磷酸钙补磷,连续不断施用酸性或生理酸性肥料,会引起土壤酸化,过磷酸钙最好施于中性和石灰质的土壤中。

4.2　果树营养与果园施肥

4.2.1　基础知识要点

1)果树的营养特点与施肥

(1)果树具有多年生与多次结果的特性

果树生命周期与草本植物相比要长得多,少则几年多则几十年甚至百年以上(银杏),它在一生中明显经历着营养生长、结果、衰老和更新的不同阶段,在不同阶段中果树有其特殊的生理特点和营养要求,如在幼树阶段果树以营养生长为主,此期主要任务是完成树冠和根系骨架的发育,此时氮肥应是营养主体以保证树体正常生长。此外,还要适当补充钾肥和磷肥,以促进枝条成熟达到安全越冬。至结果期,果树转入以生殖生长为主,结果量由少到多而后又由多变少,而营养生长逐步减弱。此期氮肥仍是不可缺少的营养元素,应随结果量增加而逐年增加,除氮外钾肥对果实发育作用明显,因此,也应随结果量增加提高钾肥施用量;磷对果实品质关系密切,为提高果实品质应注意磷肥使用,在盛果期果树容易出现微量元素的贫乏症,在肥料中应注意补充。至衰老期,为延缓其生长势明显衰退,此时应结合地上部更新修剪,增施氮肥,促进营养生长恢复,以延长结果寿命。

果树与草本植物相比具有多次结果特点,而多数果树在结果前一年就形成花芽,并在树体内部储备养分以备来年春季生长之需,所以头一年营养状况对翌年生长结果关系密切。故果树栽培既要注意采前管理,还要加强采后管理措施,为来年丰收打下基础。

(2)多数果树根深体大对立地条件要求严格

除草莓、香蕉、番木瓜等草本类型果树外,多数果树为根深、体大的木本植物,在发育过程中需要养分的数量都很大,因此,考虑果树立地条件时,须选择土层深厚、质地疏松、通气良好、酸碱适宜的土地进行栽培。同时在建园前还应进行园地土壤改良以改善其根系生长环境与营养条件。由于果树长期生长于一地,根系不断地从土壤中选择性吸收某些元素,常使土壤环境恶化,造成某些营养元素贫乏,因此,需要定期进行园地深翻并重视有机肥料以及富含多种营养元素的复合肥料施用，以不断改善土壤理化性状，创造果树生长与结果的良好环境条件。

(3)无性繁殖

多数果树属无性繁殖，砧穗组合与营养关系密切，为维持其原品种特性，多采用无性繁殖，嫁接是最常用的方法，不同砧穗组合会明显影响果树生长结果并能改变果树养分吸收。如温州蜜柑在海涂栽培时以枳为砧木常出现缺铁黄化症，而以酸橙为砧木时症状明显改善，显示出不同砧木对铁离子吸收的差异。同时，柑橘以枳、印度酸枳为砧木，地上部的含氮量比粗柠檬为砧木者低，而接在酸橙和粗柠檬上叶内含磷量比接在枳上的低。苹果用湖北海棠作砧木较耐微酸性土壤，八棱海棠为砧木较耐微碱或石灰性土壤，而山定子为砧则极易产生缺铁黄化。苹果用不同M系为砧木不但地上部生长量有显著差别，如 M_9 表现极矮化，M_7 则为半矮化，同时营养特性也不同，M_1 和 M_7 能使接穗品种具有较高营养浓度，而接在 M_{13} 和 M_{16} 上则养分含量较低。因此，选用高产、优质的砧穗组合不仅可以节省肥料，而且还可以减轻或克服营养元素缺乏症。

(4)果树梢、果平衡与施肥关系密切

在果树年周期中营养生长的同时进行开花、结果与花芽分化。为使果树连年获得高产，就必须注意营养生长与生殖生长的平衡，也就是在保证当年达到一定产量的同时，还要维持适量的营养生长，如结果过量，枝梢生长受到削弱，叶果比下降，果形变小，品质变劣，花芽形成减少，储藏养分降低，而导致大小年。

2)诊断施肥与平衡施肥

(1)营养诊断

欧美国家通过叶片分析来确定施肥量即在叶片成熟时进行分析，根据各种果树的标准(可以集中收集取平均值或沙培进行测试)。我国的服务体系不完善，无法进行，应加以改进。

(2)平衡施肥

主要依据果树元素吸收量及土壤供给能力来计算实现目标产量所需要的施肥指标。如柑橘4 000 kg/666.7 m^2，小苹果2 000 kg/666.7 m^2。

就果树作物而言，若要真正做到准确配方施肥，同样必须掌握目标产量、果树作物需肥量、土壤供肥量、肥料利用率和肥料中有效养分含量等五大参数，这是平衡法配方施肥的基础。事实表明，五大参数缺一不可。

①果树作物目标产量。根据树种、品种、树龄、树势、花芽及气候、土壤、栽培管理

等综合因素确定当年合理的目标产量。

②果树作物需肥量。果树在年周期中需要吸收一定的养分量，以构成自体完整的组织，表4.2所列的是不同果树每年每1.5亩生产1 000 kg产量所需的养分量(如表4.2)。

③土壤供肥量(天然供给量)。土壤中矿质元素的含量相当丰富，但如果长期不施肥，则果树生长发育不良。这是由于土壤中的矿质元素多为不可给态存在，根系不能吸收利用所致。土壤中三要素天然供给量大致如下：氮的天然供给量，约为氮的吸收量的1/3，磷为吸收量的1/2，钾为吸收量的1/2。

④肥料利用率。施入土壤中的肥料，由于土壤的吸附、固定作用和随水淋失、分解挥发的结果，因而不能全部被果树吸收利用。果树对肥料的利用率，由于树种、品种、砧木以及土壤管理制度等而有不同，例如苹果同品种用M_{12}砧木较M_9砧木，对氮、钾吸收量大；八云梨用杜梨砧较山梨砧吸收氮、磷量为高，树势旺盛。果树对肥料的利用率，根据各地试验结果为氮约为50%、磷约为30%、钾为40%。如改进灌溉方式，可提高肥料利用率。例如灌溉式施肥，氮的利用率为50%～70%，磷的利用率约为45%，钾的利用率为40%～50%；喷灌式施肥，氮的利用率为95%，磷的利用率约为54%，钾的利用率约为80%。

表4.2　不同果树每年每1.5亩吸收量

种类	树龄(年)	每1.5亩产量(kg)	全树每年每1.5亩吸收量(kg)			每1.5亩生产1 000 kg果的吸收量(kg)		
			氮	磷酸	氧化钾	氮	磷酸	氧化钾
梨(长十郎)	14.5	3 750	16.1	6.0	15.4	4.3(10)	1.6(4)	4.1(10)*
梨(二十一	18	2 092	9.7	4.8	9.7	4.7(10)	2.3(5)	4.8(10)
世纪)		6 000	36.0	6.7	23.6	6.0(10)	1.1(2)	4.0(7)
温州蜜柑	25	5 861	26.6	3.0	19.1	4.6(10)	0.5(1)	3.3(7)
温州蜜柑	22	1 425	8.6	2.2	7.5	6.0(10)	1.6(3)	5.3(11)
柿(次郎)	9	1 500	9.0	4.5	10.8	6.0(10)	3.0(5)	7.2(12)
葡萄(玫瑰露)	5	2 813	8.6	2.2	9.0	3.0(10)	0.0(3)	3.2(11)
苹果(固光)	成年树	2 250	11.6	4.5	15.0	5.1(10)	2.0(4)	6.6(13)
桃	13.4	1 875	9.0	3.7	14.2	4.8(10)	2.0(4)	7.6(16)
白桃	8	2 831	8.6	2.2	9.0	3.0		3.2
苹果								

⑤肥料中有效养分含量。在养分平衡法配方施肥中，肥料中有效养分含量是个重要参数。常用矿质肥料的种类及其有效养分含量列于表4.3。

表 4.3　主要矿质肥料的种类和有效养分含量

肥 料	氮/%	磷/%	钾/%	肥 料	氮/%	磷/%	钾/%
硫酸铵	20～21			磷矿粉		10～35	
硫酸钾			48～20	骨 粉	3～5	20～25	
碳酸氢铵	16～17			磷酸铵	17	47	
氯化钾			50～60	磷酸二氢钾		52	35
硝酸铵	23～35			草木灰		1～4	5～10
硝酸镁钙	20～21			复合肥(1)	20	15	20
窑灰钾肥				复合肥(2)	15	15	15
尿 素	46			复合肥(3)	14	14	14
氨 水	17						
氯化铵	24～25			硼砂	含硼　11.3		
硝酸钙	13			硫酸锌	含锌　23～25		
石灰氮	30			硫酸亚铁	含铁　19～29		
过磷酸钙	12～20	12～20		硫酸锰	含锰　24～28		
钙镁磷肥	含钙 10～30	12～20		硫酸镁	含镁　16～20		

3）果园绿肥

果园绿肥可以增加土壤可给态养分、有机质含量，改良土壤理化性质；促进根系发育，提高肥料利用率。

图 4.9　绿肥

果园间作绿肥，应根据绿肥种类（紫花苜蓿、绿豆、黄豆紫穗槐、三叶草），茎秆高矮以及根系分泌物等，与果树保持适当距离，以免影响果树生长发育。多年生深根性绿肥如苜蓿等，消耗水和养分较多，对果树影响较大，除注意肥、水管理外，不宜多年选种，当植株和根系生长量大时，及时翻耕，才能达到种植绿肥的目的。又如紫花苜蓿根系分泌皂角苷对苹果、核桃等根系生长不利，在果树行间种植时应加注意。土壤结构差的粉砂、黏重土壤，国外认为适当种植禾本科绿肥有良好的效果（如图 4.9）。

4.2.2 实训内容

1)土壤施肥技术

(1)环状施肥

又叫轮状施肥。是在树冠外围稍远处挖环状沟施肥。此法具有操作简便、经济用肥等优点。但易切断水平根,且施肥范围较小,一般多用于幼树。

猪槽式施肥:此法与环状施肥类同,而将环状中断为3~4个猪槽式。此法较环状施肥伤根少。隔次更换施肥位置,可扩大施肥部位。四川柑橘产区多采用此法。

(2)放射沟施肥

这种方法较环状施肥伤根少,但挖沟时也要少伤大根,可以隔次更换放射沟位置,扩大施肥面,促进根系吸收。但施肥部位也存在一定的局限性(如图4.10)。

(3)条沟施肥

在果园行、株间或隔行机械开沟施肥,也可结合土壤深翻进行(如图4.11)。

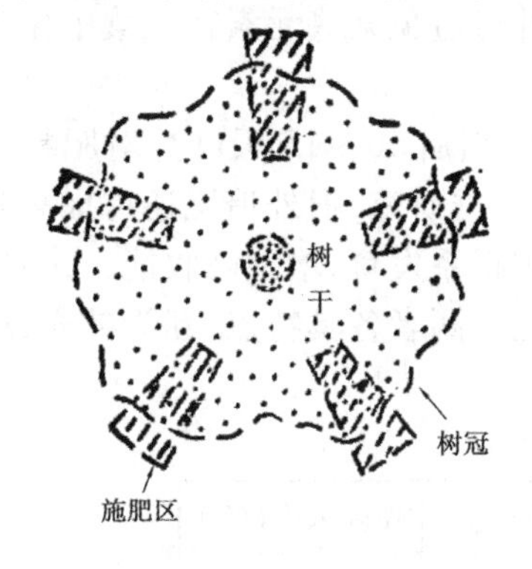

图4.10 放射状沟施肥

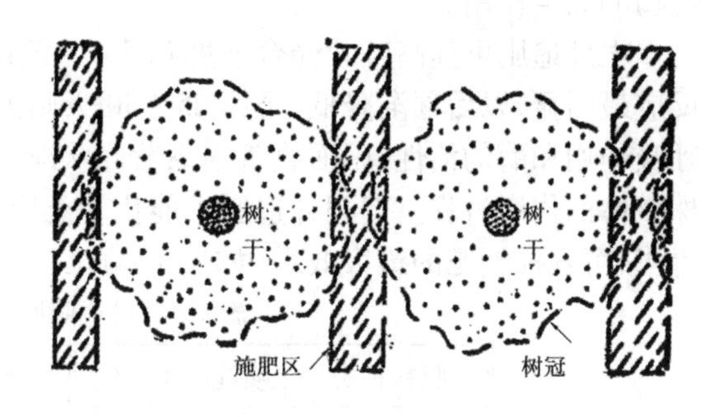

图4.11 条沟施肥

(4)穴施

挖穴进行施入肥料。

(5)全园施肥

成年果树或密植果园,根系已布满全园时多采用此法。将肥料均匀地撒布园内,再翻入土中。但因施入较浅,常导致根系上浮,降低根系抗逆性。此法若与放射沟施肥隔年更换,可取长补短,发挥肥料的最大效用。

(6)灌溉式施肥

近年来广泛开展灌溉式施肥研究,尤以与喷灌、滴灌结合进行施肥的较多。实践证明:任何形式的灌溉式施肥,由于供肥及时,肥分分布均匀,既不伤根系,又保护耕作层土壤结构，节省劳力，肥料利用率高，可提高产量和品质，降低成本，提高劳动生产率。灌溉式施肥对树冠相接的成年树和密植果园更为适合（如图4.12）。

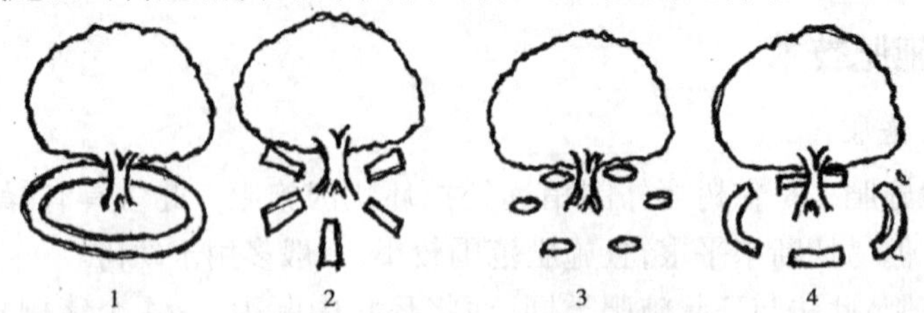

1. 环状施肥法　2. 放射状施肥法　3. 穴状施肥法　4. 半环状施肥法

图4.12　几种常用的施肥方法

总之，施肥方法多种多样，且方法不同效果也不一样；应根据果园具体情况，酌情选用。

2）叶片施肥技术

又称根外追肥，也可以采用点滴的办法。简单易行，用肥量小，发挥作用快，且不受养分分配中心的影响，可及时满足果树的需要，并可避免某些元素在土壤中化学或生物的固定作用。

根外追肥可提高叶片光合强度0.5～1倍以上，喷后10～15天叶片对肥料元素反应最明显，以后逐渐降低，至第25～30天则消失。据研究，根外追肥还可提高叶片呼吸作用和酶的活性，因而改善根系营养状况，促进根系发育，增强吸收能力，促进植株整体的代谢过程。但根外追肥不能代替土壤施肥。两者各具特点，互为补充，运用得当，可发挥施肥的最大效果（如表4.4）。

表4.4　叶面喷肥溶液浓度

肥料种类	喷施浓度（%）	肥料种类	喷施浓度（%）
尿　素	0.3～0.5	柠檬酸钾	0.05～0.1
硫酸铵	0.3	硫酸亚铁	0.05～0.1
销酸铵	0.3	硫酸锌	0.05～0.1
过磷酸钙	0.5～1.0	硫酸锰	0.05～0.1
草木灰	1.0～3.0	硫酸铜	0.01～0.02
硫酸钾	0.5	硫酸镁	0.05～0.1
磷酸二氢钾	0.2～0.3	硼酸、硼砂	0.05～0.1

4.2.3　实践应用

1)秋施基肥技术

(1)秋施基肥的好处

秋施基肥时间,一般在秋季9—10月施用。这是因为此时是根系的一次生长高峰,伤根易于愈合,能提高养分储备水平,另外,此时温度高,土壤温度适宜,有利于微生物繁殖,有利于有机肥的腐熟分解和根部吸收,增加肥料的利用率,增加抗逆性,特别是抗寒力,并且有助于花芽继续分化和充实,有机肥通过冬季的充分分解,能满足来年春季萌芽、开花、抽枝、展叶所需要的养分。同时秋施基肥,能改善土壤结构和培肥地力,是一项重要管理措施。

(2)施肥种类

主要以有机肥为主(圈肥、堆肥、烘干鸡粪、各种饼肥、草肥、绿肥)这些肥料中含有植物所需的多种营养元素,有机肥用量多的果园、微量元素丰富、不易发生缺素症,因此有机肥是果树丰产、稳产、优质的重要肥料。

(3)合理配备用量

秋施基肥,主要以有机肥为主,化肥为辅。做到改土与供养相结合,迟效与速效相结合,根据不同的树龄,化肥的氮磷钾的比例也不同,幼树氮肥要多,结果树磷钾肥要适当多一些。施肥量要根据单位面积、树龄、产量来确定。幼树株施有机肥15 kg、化肥1 kg;结果树根据产量来定,每亩产量在2 000 kg的果园,有机肥要达到斤果斤肥;每亩产量在3 000 kg以上的果园,有机肥应达到"斤果斤半肥"或"斤果二斤肥"。

在施有机肥的基础上亩施氮肥150 kg、磷肥100 kg、钾肥100 kg,秋季施肥量要占全年施肥量的80%以上。

(4)施肥的方法

幼龄树用环状沟施法,成龄树多采用条状沟施法、放射沟施法、穴施法或全园撒施法;山区旱地果园要多采用穴储肥水法,具体方法如下:

①环状沟施法。沿树冠外围,挖宽30~40 cm、深30~50 cm的环状沟,把肥料施入沟内,然后覆土(如图4.13)。

②条状沟施法。在树冠外围相对两侧各挖一条深50 cm、宽40 cm的沟,长度要稍短于树冠,将肥料施入沟里,然后覆土,来年换到另外两侧挖沟(如图4.14)。

③放射状沟施法。以树干为中心,距树干1 m处的地方水平方向挖3~5条宽40 cm左右、深30~50 cm的沟,由浅到深向外延伸到树冠外缘,此法伤根较少,且可隔年更换施肥位置,有利于肥料的吸收和利用。

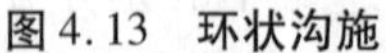

图 4.13　环状沟施

图 4.14　条状沟施

④穴施法。在树冠外围 30 cm 以内的树盘下、围绕树冠挖 4 ~ 6 个深坑，坑深 50 cm，直径 40 cm，施入肥料后覆土（如图 4.15）。

图 4.15　露地穴施化肥

⑤全园撒施法。将肥料撒施于果园，然后翻入土中，深度约 20 ~ 30 cm。

⑥穴储肥水法。沿树冠外缘靠内 50 cm 处，挖 4 个穴、穴径 30 cm、深 40 cm，穴下大上小，在穴的中央竖一捆浸过水的草把或秸秆，草把粗 20 cm、长约 30 cm，竖入草把后，每个穴混施有机、无机肥料（根据树大小而定量）草把周围要填实，随后浇水30 kg，最后再覆厚塑料薄膜，边缘用土压实，每穴薄膜上穿 3 ~ 5 个孔，以便施肥浇水和透雨水。穴的有效期 3 ~ 5 年，地膜每年换 1 次。

秋施基肥，是果品优质高产的基础，必须做好这项工作，才能使来年果品取得更好的收成。

2）夏施追肥技术

芒种时节是我国农业生产最繁忙的季节。夏熟作物要收获，秋收作物要播种，春种作物需要进行追肥管理，所以此阶段成为民间常说的夏收、夏种和夏管的“三夏”大忙季节。

芒种时节，北方的苹果树处于花芽分化期，需要追施含氮磷钾的复合肥，梨树处于果实膨大期需要追施氮钾肥，桃树处于硬核期需要追施氮钾肥，葡萄正是幼果膨大期，需要追施尿素和硫酸钾肥；南方的香蕉处于树体和果实孕育营养期，需要追施含高钾和中氮低磷的速效肥料，龙眼是幼果期，要追施含钾氮为主的复合肥。

对于初果期的果树追肥，要考虑氮、磷、钾养分均衡供应，一般选择施入高钾、中氮的肥料，如果基肥没有施过磷肥，这时也要补磷。注意施肥位置要在树冠外围的一定深度，切不可撒在地表。当前果树施追肥的目的，是为了促进果实膨大和花芽分化，保证当年的优质和高产，在氮磷钾的比例上，要供应较多的钾，其次是氮，可选用高钾、中氮、低磷的复合肥，也可选单质肥按比例用。在技术上，果树的施肥位置要在树冠外缘，开沟、多穴、槽式均可，要把肥料埋入一定深度，避免伤根或少伤根。利用根的趋肥性特点，把新根引入深层发育，还可增加果树抗旱性。果树追肥除了土壤施肥以外，还要考虑叶面施肥方式。通过根外追肥补充中、微量元素的不足，这对于高产优质果树来说很有必要。

4.2.4　扩展知识链接(选学)

1)肥料的类型及作用

果树上施用的肥料，包括化学肥料、有机肥料和果树专用复合肥料。各种肥料的性状和养分含量各不相同，必须根据肥料的性质和外界环境条件对肥料的影响进行合理施用，才能充分发挥肥料效果，提高肥料利用率。

(1)化学肥料

化学肥料又称无机肥料，其养分含量高、肥效快，但营养元素成分单一，后效短。

(2)有机肥料

有机肥料又称农家肥，是利用各种有机物质就地取材就地积存的一种自然肥料，其养分成分、养分含量因肥料种类不同差异很大。

植物必需的营养元素有16种，即碳(C)、氢(H)、氧(O)、氮(N)、磷(P)、硫(S)、氯(Cl)、钾(K)、钙(Ca)、镁(Mg)、铁(Fe)、锰(Mn)、硼(B)、锌(Zn)、钼(Mo)、铜(Cu)。这16种元素中，有些元素在植物组织中含量比较多，如碳、氢、氧、氮、磷、钾、钙、镁、硫等，称为大量元素，而硼、氯、铜、铁、锰、钼、锌等元素在植物组织中含量很小，称为微量元素。在必须元素中，碳、氢、氧三者是从大气与水中供给植物的，其余的元素都是从土壤中获得的，它们对产量与果实品质是十分重要和必需的，这也是果树为什么需要施肥的原因。

有机肥是天然有机质经微生物分解或发酵而成的一类肥料，我国又称农家肥。主要有机肥种类：

①粪尿肥类。粪尿肥类是指人、畜、禽的排泄物，含有丰富的有机质和各种作物所需的营养元素，属优质有机肥。

A.厩肥。指牲畜粪尿与各种垫圈材料混合堆沤后的肥料。由于垫圈材料和各地叫法习惯不同有圈肥、栏粪、土粪、草粪等不同的种类和名称。厩肥的数量很大,是农村的主要有机肥源,占农村有机肥总量的60% ~70%。

B.家禽粪肥。指鸡、鸭、鹅等家禽粪肥。由于家禽的饲料组成远高于牲畜的,这类有机肥所含的氮、磷、钾元素也较多,是用做高效作物如保护地蔬菜、果树等底肥的主要有机肥品种。

C.人粪尿。人类摄取的食物丰富,养分全面,因此,人粪尿的有效成分含量高。

②堆、沤肥类。堆肥和沤肥是利用垃圾、人畜粪尿、秸秆残渣、杂草等为原料混合后按一定方式进行堆沤的肥料。堆、沤肥的材料按性质不同分为三类:

A.不易分解的物质。如秸秆、杂草、垃圾等,这类物质含纤维素、木质素、果胶较多,碳氮比大,一般在60∶1至100∶1。

B.促进分解的物质。如人畜粪尿、污水、污泥和适量的化肥。其目的是补充足够的氮、磷、钾元素,调节碳氮比,增加各种促进腐熟的微生物。

C.吸收性强的物质。主要是加入一些粉碎的黏土、草炭、秸秆,用于吸附腐熟过程中分解出来的容易流失的氮、钾元素,形成高质量的有机肥。

堆肥是好气性发酵,易产生高温,有利于促进有机物充分腐熟,杀灭病虫、病菌;沤肥是通过加入过量的水(污泥、污水),使原料在淹水条件下进行发酵,是嫌气性常温发酵。

(3)秸秆类

各种作物秸秆含有相当数量的营养元素,具有改善土壤的物理、化学和生物学性状,增加作物产量的作用。作物秸秆因种类不同,所含营养元素的多少也不同,一般来说,豆科作物秸秆含氮元素较多,禾本科作物秸秆含钾元素较丰富。秸秆直接还田的方式:

①翻压还田。将秸秆粉碎后撒施在土壤表面,然后耕翻入土,或将残茬直接翻压入土。

②覆盖还田。将作物秸秆直接覆盖于土壤表面,或在作物收获时适当留高茬。

(4)绿肥

绿肥作物大多具有较强的抗逆性,能在条件较差的土壤环境中生长,是改良障碍性土壤的“先锋作物”。绿肥的种植与翻压,对于减少土壤养分损失,保护生态环境具有特殊意义;种植绿肥,还可以改善农作物茬口,为农作物生长提供必要的养分。

(5)饼肥和糟渣肥

包括豆饼、棉子饼、花生饼、芝麻饼、蓖麻子饼、葵花子饼和酒糟、酱油渣、醋渣、味精渣、粉渣等。饼肥中含有大量的有机质、蛋白质、油脂和维生素等成分,营养元素丰

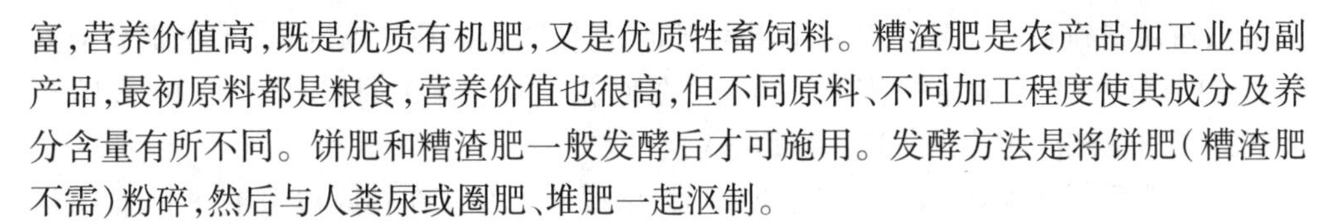

富，营养价值高，既是优质有机肥，又是优质牲畜饲料。糟渣肥是农产品加工业的副产品，最初原料都是粮食，营养价值也很高，但不同原料、不同加工程度使其成分及养分含量有所不同。饼肥和糟渣肥一般发酵后才可施用。发酵方法是将饼肥（糟渣肥不需）粉碎，然后与人粪尿或圈肥、堆肥一起沤制。

（6）土杂肥

土杂肥包括各种土肥（炕土、熏土、硝土）、泥肥（河泥、湖泥、塘湾泥、渔业养殖场淤泥等）、草木灰、生活垃圾等。这类肥料养分含量相对较低，所含成分比较复杂，收集施用应根据农田环境保护的有关标准。

（7）海肥

海肥是以海洋生物为主要成分的有机肥料，包括植物性海肥、动物性海肥和矿物性海肥。

（8）腐殖酸类肥料

腐殖酸含有多种功能团，有机质含量丰富并含有一定数量的各种植物所需的营养元素。腐殖酸经铵化作用，可形成腐殖酸铵，具有良好的保氮作用。腐殖酸可与固磷物质如钙、镁、铁、铝等形成络合物，可以活化磷素、减少其固定；可与土壤中的微量元素锌、铜、锰、钼等金属离子络合，促进其被作物吸收利用。腐殖酸具有生物活性，可以活化植物体及微生物体内各种氧化酶、转化酶，加强植物的呼吸作用，促进细胞分裂，提高养分吸收能力，具有生长刺激作用。腐殖酸可加工成腐殖酸铵、硝基腐殖酸及腐殖酸钠施用。近几年将腐殖酸作原料加工商品有机肥料或有机无机复混肥有较快发展。

2）苹果果树配方施肥技术

根据苹果养分理论吸收量（每1 000 kg苹果吸收N、P_2O_5、K_2O分别为3.0 kg、0.8 kg、3.2 kg）和当前栽培实践，在中等肥力土壤上，每1 000 kg苹果产量推荐施用N 7～9 kg，N、P_2O_5、K_2O施用比例为1.0∶0.5∶1.1。在土壤某一养分含量过高或者过低的情况下，可以适当调节N、P_2O_5、K_2O三者的施用比例。

第一次施肥（秋季基肥）：年全部有机肥，全年N的20%，P_2O_5的20%，K_2O的20%，微肥可以与基肥一起施入（微肥一次施用可以持续2～3年有效）。

第二次施肥（次年春季萌芽前）：全年N的50%，P_2O_5的30%。

第三次施肥（花芽分化前）：（5月底）全年N的30%，P_2O_5的30%，K_2O的40%。

第四次施肥（果实膨大期）：（7月初）P_2O_5的20%，K_2O的40%。

在需要施用钙肥的情况下，可以在果实膨大期喷洒硝酸钙，一般喷3～4次，浓度为0.3%。需要施用镁肥时硫酸镁的喷洒浓度为0.08%～0.15%。硝酸钙和硫酸镁也可以作基肥施用。在基肥没有施用微肥时,初花期和盛花期喷洒0.3%的硼砂溶液(可加1%的糖或者少量蜂蜜)2～3次;在盛花期后2～3周,每隔7～10天喷洒0.2%～0.3%硫酸锌溶液1次,共喷洒3次。

一般选用厚度为0.01 mm的透明地膜,增温效果好。在相同覆盖条件下,覆盖透明地膜的土温比覆盖黑色薄膜高3 ℃左右。另外,要根据种植作物的畦宽度,选用幅度适当的地膜。

4.2.5 考证提示

果树施肥方法的种类:

1)环状施肥法

按树冠大小,以主干为中心挖环状沟,沟的深度依根系分布的深浅而定,一般深20～30 cm,宽30 cm。幼树及肥料较少的情况下常用。

2)放射施肥法

在树盘挖放射状沟5条,沟宽30 cm,靠近树干处宜浅,向外渐深。

3)条沟状施肥法

在行间和株间开挖条状沟,深宽各30 cm,施肥后覆土填平,适用于成年柑橘园。

4)盘状沟施肥法

以主干为中心将土耙开成圆盘状,靠近主干处宜浅,向外渐深,耙出的土堆在盘外,将肥均匀撒入盘内,然后覆土填平,适用于幼树施肥。

5)全园撒施法

将肥均匀撒布全园,然后结合秋末冬初或早春深耙把肥翻入土中。适用于根系已布满全园的成年果园,但不能长期应用。

任务后

1)考证练习

土壤施肥技术、叶片施肥技术。

2)案例分析

以梨为例,阐述果树施肥的时期、肥料种类、作用及施肥方法。

(1)沟施

在树冠滴水线位置开施肥沟,形状可开成环形、弧形、长方形等,沟深40～50 cm,沟宽则应视施肥量的多少而定,如施肥量多,沟则宽。沟底宜平,淋上水肥后,再把干性肥料撒于沟内,待水干后立即盖土。在施肥前应将露出沟内的根沿沟墙剪平,剪口要平滑,防止发霉腐烂,以利于其伤口早日愈合和新根的发生。若是酸性土,在每一层草肥上撒施石灰,以降低土壤酸度和加速肥料的分解。下肥时应将粗肥如树枝、树叶、草等放在底层,最上层应放有机肥等。每施一层肥覆上一层土,最后一次覆土应高出地面30～35 cm,以防肥料腐熟后下陷积水,造成烂根。从开沟至覆土相隔的时间,应视情况而定,如遇高温天气,宜早不宜迟,一般2～3天后覆土。

(2)盘施

在成年果园里,树冠已经封行,根群交错密布于整个果园的土层。具体操作是每次施肥,在植株的一侧,沿株距或行距,把表土耙开,耙土时近树干处宜浅(8～10 cm),远距树干处宜深(40～50 cm)。如遇秋旱,应先淋水肥,再均匀地撒干肥,待水干后再覆土。

4.3　果园灌水和排水

4.3.1　基础知识要点

1)果树需水特性

作物需水的规律,是合理安排灌排工作,科学调节果园水分状况,适时适量地满足果树需水要求,确保优质、高产稳产的重要依据。果树需水情况,具有下列一些特点:

(1)果树种类不同对水分的要求不同

不同种类的果树,其本身形态构造和生长特点均不相同,凡是生长期长,叶面积大,生长速度快,根系发达,产量高的果树,需水量均较大;反之,需水量则较小。苹果、梨、桃、葡萄、柑橘等比枣、柿、栗、银杏等果树的需水量大。水果中梨比桃的需水量大,而干果中的柿又比栗需水量大。同一果树种类不同品种间需水量也有差别,苹果中的红富士比小国光需水量大,柑橘中的本地早比椪柑的需水量要大,葡萄中的藤稔比巨峰需水量大。

按需水量大小,可将果树划分成3大类:柑橘、苹果、梨、葡萄等需水量大;桃、柿、杨梅、枇杷等需水量中等;枣、栗、无花果、银杏等需水量较小。

(2)同一果树不同生育阶段和不同物候期,对需水量有不同的需求

保证果树前半期生长,水分供应充足,以利生长与结果,而后半期要控制水分,保证及时停止生长,使果树适时进入休眠期,作好越冬准备。根据各地的气候状况,在下述物候期中,如土壤含水量低时,必须进行灌溉。

①发芽前后到开花期。此时土壤中如有充足的水分,可以加强新梢的生长,加大叶面积,增加光合作用,并使开花和坐果正常,为当年丰产打下基础。春旱地区,此期充分灌水更为重要。

②新梢生长和幼果膨大期。此期常称为果树的需水临界期。此时果树的生理机能最旺盛,如水分不足,则叶片夺取幼果的水分,使幼果皱缩而脱落。如严重干旱时,叶片还将从吸收根组织内部夺取水分,影响根的吸收作用正常进行,从而导致生长减弱,产量显著下降。南方多雨地区,此期常值梅雨季节,除注意均匀供给土壤水分外,还应注意排水。

③果实迅速膨大期。就多数主要落叶果树而言,此时既是果实迅速膨大期,也是花芽大量分化期,此时及时灌水,不但可以满足果实肥大对水分的要求,同时可以促进花芽健壮分化,从而达到在提高产量的同时,又形成大量有效花芽,为连年丰产创造条件。

④采果前后及休眠期。在秋冬干旱地区,此时灌水可使土壤中储备足够的水分,有助于肥料的分解,从而促进果树翌春的生长发育。在南方对柑橘而言,此时灌水结合施肥,有利于恢复树势,并促进花芽分化。在北方对多数落叶果树来说,在临近采收期之前不宜灌水,以免降低品质或引起裂果。寒冷地区果树在土壤结冻前灌一次封冻水,对果树越冬甚为有利。

(3)地区自然条件不同果树作物需水量不同

不同果树生长地区其气候、地形、土壤等不同,其需水状况也不一致。气温高、日照强、风大、空气干燥叶面蒸腾和株间蒸发加大,需水增多。

(4)农业技术措施对果园需水量也有影响

合理深耕、密植和多肥条件下,需水增多,但不成比例。

2)果园灌水类型

我国是一个水资源十分贫乏的国家,全国人均水资源年占有量为2 700 m^3,居世界第127位,仅相当于世界人均占有量的1/4。

果树节水栽培一方面应减少有限水资源的损失和浪费,另一方面要提高水分利用率。

果园灌水以软水为宜,避免用硬水。

(1)河水

最好用河水(富含养分,水温较高)。

(2)池塘水和湖水

其次是用池塘水和湖水。

(3)井水

可以用不含碱质的井水(井水温度较低,对植物根系发育不利,应先抽出储于池内。)

(4)自来水

可用自来水,但费用较高。且自来水要放置两天以上再用。

3)果园灌水方法

有沟灌、分区灌溉(水池灌溉、格田灌溉)、盘灌(树盘灌水、盘状灌溉)、穴灌、喷灌、滴灌、渗灌。

(1)地面灌溉

畦灌:北方多用此法。吸取井水,经水沟引入畦面(如图4.16)。

图4.16　畦灌

优点:设备费用较少,灌水充足。

缺点:易土壤板结,整地不平时,灌溉不均。

(2)地下灌溉

将素烧的瓦管埋在地下,水经过瓦管时,从管壁渗入土壤。

优点:一是不断供给根系适量的水分,有利于果树的生长;二是水流不经过土面,不会使土面板结;三是表面干土可以阻止水分的蒸发,节省水。

缺点:需有足够水量不断供给;管道造价高;易淤塞;表层土壤不太湿润。

(3)滴灌

用低压管道系统,使灌溉水成点滴状,经常不断的湿润植株根系附近的土壤(如图4.17)。

优点:控制水量,节省用水。抑制杂草生长,土面干燥。

缺点:投资大,管道和滴头容易堵塞,在接近冻结气温时不能使用。

(4)喷灌

用机械力将水压向水管和喷头,喷成细小的雨滴进行灌溉(如图4.18)。

优点:省工、省水、不占地面;保水、保肥;地面不板结;防止土壤盐碱化;提高水的利用率;改善小气候,使冬季温度升高,夏季温度降低。

缺点:投资较大。

图 4.17　滴灌

图 4.18　喷灌

4.3.2　实训内容

开沟排水灌溉

表 4.5　考核项目及评分标准

序号	测定项目	评分标准	满分	检测点					得分
				1	2	3	4	5	
1	沟的规格	畦沟:沟宽 60 cm,沟底宽 40 cm,沟边呈 60°,深近 20 cm。横沟:沟宽 80 cm,沟底宽 50 cm,深近 30 cm,沟边呈 60°。畦沟端头与横沟中间相连。	30						
2	沟的质量要求	沟壁斜面一致,沟底平整,而有一定斜面倾向低处。畦沟与横沟连接自然平整。	40						
3	文明操作与安全	开沟挖出的土均匀平分两边,与邻近操作者密切配合,工程完工、现场清理干净,正确执行安全规程。	10						
4	工效	畦沟 12 m,横沟 6 m,按时完成,超时扣分。	20						

4.3.3　实践应用

1)果树灌水量

灌水量应根据树种、品种、树冠大小、土质、土壤湿度、降雨情况和灌水方法来决定。耐旱果树(如桃、枣等)的灌水量可少些;而需水多的果树(如苹果、梨、柑桔、蒲萄等)灌水量要多些。大树比幼树灌水要多些,沙地果园灌水宜少量多次,以免水分和养分流失。降雨量和蒸发情况也影响果树的灌水量。最适宜的灌水量,应以在一次灌水中,使果树根系分布层的土壤湿度达到田间最大持水量的60% ~80%为原则,过多或过少均不利于果树的生长发育。

2)果园开沟排水(以上海桃园为例)

上海处于长江下游、东海之滨,每年初夏又有一段时间的黄梅季节,年雨量在1 000 mm左右,所以与果树上半年枝叶生长期,即需水时期正好吻合但由于水量供大于求,所以上半年以排水为主。下半年,以生态需水为主,为适应高温,度过炎夏,桃树必须以旺盛的水分沸腾来降低树体温度,同时,果实膨大也需要较多水分,所以下半年必须立足于抗旱、灌水。

开沟方法:开挖能灌、能排的两用沟道。畦沟即纵向在两畦中间开出水沟,也是操作沟、横头沟即横向开沟,横沟比畦沟深。

要求:沟的沉降比为0.1%。尽量要求沟底斜向平坦,以利排水。速度和沟大小,可按考核时具体情况定(一般横沟每小时新开沟为15 m,畦沟新开每小时20 m)。

4.3.4　扩展知识链接(选学)

果园排水系统的规划与设计

一般平地果园的排水系统,分明沟排水与暗沟排水两种,明沟排水是在地面挖成的沟渠,广泛地应用于地面和地下排水。地面浅排水沟通常用来排除地面的灌溉储水和雨水。这种排水沟排地下水的作用很小,多单纯作为退水沟或排雨水的沟,深层地下排水沟多用于排地下水并当作地面和地下排水系统的集水沟。

暗管排水多用于汇集地排出地下水。在特殊情况下,也可用暗管排泄雨水或过多的地面灌溉储水。当需要汇集地下水以外的外来水时,必须采用直径较大的管子,以便排泄增加的流量并防止泥沙造成堵塞,当汇集地表水时,管子应按半管流进行设计。不同土壤类型排水管道埋置深度和排水管之间的距离可参照表4.6。

采用地下管道排水的方法,不占用土地,也不影响机械耕作,但地下管道容易堵塞,成本也较高,一般国外多采用明沟除涝,暗管排除土壤过多水分,调节区域地下水位,成为全面排水的发展体系。

表4.6 不同土壤类型常用的排水管道间距与埋深

土 壤 类 型	导水率(cm/d)	排水管间距(m)	排水管的埋深(m)
黏 土	0.15	10~20	1~1.5
黏土壤	0.15~0.5	15~25	1~1.5
壤 土	0.5~2.0	20~35	1~1.5
细砂质土壤	2.0~6.5	30~40	1~1.5
砂质壤土	6.5~12.5	30~70	1~2.0
泥 炭 土	12.5~2.5	30~100	1~2.0

4.3.5 考证提示

果园灌水技术、果园排水技术。

任务后

1)考证练习

果园灌水技术、果园排水技术

(1)灌水

水是植物生长的命脉,是一切器官活动必不可少的组成成分。在果树的生命活动中,水起着维持细胞膨压,保证气孔开张和二氧化碳进入的作用。体内的一切化学变化都要在有水的条件下才能进行。土壤中的养分只有溶于水的条件下方能被吸收利用。更重要的是水是光合作用的必要原料,是形成产量的基础。另外,只有在有水的条件下才能维持果树蒸腾,调节树体温度,保证光合产物及矿质营养的运输。所以在果树栽培中,适时浇水是保证早产、丰产、优质的重要措施。

①灌溉时期。灌溉应在果树未受缺水影响之前,绝不能在果树已有旱情(如萎蔫、果实皱缩)时再浇水。判断是否需要浇水主要看土壤湿度。一般以土壤最大持水量的60%~80%最适合果树的生长发育,火龙果长期生长在沙漠地区,对缺水的忍耐力较强。在国外,一般用测量仪器测定土壤湿度来指导灌溉。确定灌溉时期除根据

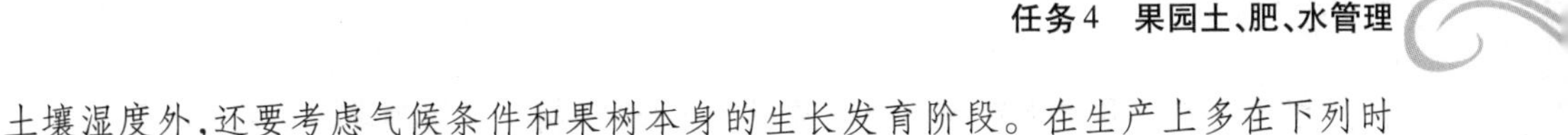

土壤湿度外，还要考虑气候条件和果树本身的生长发育阶段。在生产上多在下列时期浇水。

发芽前后至开花期。此时土壤中如有足够的水分，可以加强新梢的生长，加大叶面积，增强光合作用，并使开花坐果正常，为当年丰产打下基础。春旱地区，此次灌水尤为重要。

新梢生长和幼果膨大期。此期常称为果树的需水临界期。这时果树的生理机能最旺，如果水分不足，叶片会夺去幼果的水分，使幼果皱缩而脱落。

果实迅速膨大期。这次浇水可满足果实膨大对肥水的要求。但这次浇水要掌握好浇水量。

采果前后及休眠期。在秋冬干旱地区，此时灌水，可使土壤中储备足够的水分，有助于肥料的分解，从而促进果树翌春的生长发育。火龙果秋冬最后一批果采收后，进入休眠期，此时如有适当的灌水，可促进植株的生长，促使枝条尽快成为结果枝。

②灌水方法及灌水量。

漫灌。在水源丰富、地势平坦的地区，常实行全园灌水。但本方法对土壤结构有一定的破坏，费工费时，又不经济，现已逐步减少采用。

畦灌。以植株为单位修好树盘，或顺树行做成长畦，灌水时引水入树盘或畦。这种方法节约用水，好管理，广为采用。但同样会对树畦土壤结构产生破坏，造成吸收根死亡。

穴灌。当水源缺乏时，可在树冠滴水线外缘开8～12个直径30 cm左右的穴，穴的深度以不伤根为宜，将水注入穴中，水渗后填平。

沟灌。在2行树之间每隔一定距离开灌水沟，沟深20～30 cm，宽50 cm左右。一般每行开2条，矮化密植园开一条也可，把水引进沟中，逐步渗入土壤。该方法既节约用水，又少破坏土壤结构，应提倡。

滴灌。滴灌是近年来发展起来的机械化与自动化的先进灌溉技术，是以水滴或细小水流缓慢地施于植物根域的灌水方法，现逐步被生产上采用。滴灌有许多优点：滴灌仅湿润作物根部附近的土层和表土，大大减少水分蒸发；此系统可以全部自动化，将劳力减至最低限度；而且能经常地对根域土壤供水，均匀地维持土壤湿润，使不过分潮湿和过分干燥，同时可保持根域土壤通气良好，如果滴灌结合施肥，则能不断供给根系养分，最有利于果树的生长发育，起到一举两得的作用。据国外资料报道，滴灌可使果树增产20%～50%。但滴灌系统需要管材较多，投资较大，需具有一定压力的水塔和滤水系统，和把水引入果园的主管道和支管道，以及围绕树株的毛管和滴头。并且管道和滴头容易堵塞，对过滤设备的要求较高。

不管采用哪种灌溉方法，一次灌水量都不能太多或太少，以湿透主要根系分布层的土壤为适宜。具体确定灌水量还要考虑土质、果树生长发育期、施肥情况及气象状况等,理论灌水量计算,以土壤湿度来确定最为常用,一般认为最低灌水量是土壤湿度为土壤最大持水量的60%,理想水量则为最大持水量的80%。另外根据果农和技术人员长期积累经验,在灌水时认为灌透了,实际就是最适宜的灌水量。

(2)排水

火龙果根部最怕缺氧,忌积水,土壤水分过多,透气性能减弱,有碍根的呼吸,严重时会使活跃部分窒息而死,引起落果,降低果实风味,甚至引起植株死亡。因此,除了做好保水和适时灌溉外,同时还应做好防洪防涝等排水工作,建好排水沟、排洪道等,为多雨季节做好防洪排水准备。果园内排水沟的数量和大小,应根据当地降雨量的多少和土壤保水力的强弱及地下水位的高低而定。一般情况下,火龙果果园排水沟深约1 m。

2)案例分析

冬季果园如何灌水

(1)浇水时间要适宜

果园冬季浇水时间,以果树落叶后到土壤封冻前为适期。浇水过早,气温较高,水分蒸发量大,不利于保湿,从而降低抗寒能力;过晚,气温偏低,土壤冻结,果树根系易遭冻害。具体时间以5 cm内平均地温3~5 ℃为宜。这时即使夜间气温降到零度以下,土壤上冻,但白天气温回升后,仍可解冻。因此,此时为果树冬浇的最佳时期。

(2)浇水方式要适当

对于水源充足、浇水设备齐全的果园,可采用畦浇或环状沟浇法;对于水源充足、浇水设备条件差的果园,可围绕树冠外围,垒起盘状土埂浇水。

(3)浇水要适量

果园冬季浇水的水量,以浇水后当天水分全部渗入土壤,渗到根系分布层为宜,一般青年果树渗到60 cm左右,成年果树渗到100 cm左右,田间土壤湿度以保持最大持水量的60%~80%为宜。

任务 5　果树整形修剪

任务目标:了解果树的主要树形,掌握整形修剪的主要方法。

重　　点:修剪的双重作用及修剪方法。

难　　点:修剪方法的综合应用。

教学方法:直观、实践教学。

建议学时:10 学时。

5.1 整形修剪的概念、作用及其依据

5.1.1 基础知识要点

1)整形修剪的概念

(1)整形

人为地把树体造成一定的形状,使其形状要符合其自身的生长发育特点。整形的目的是使主侧枝在树冠内配置合理,构成坚固的骨架,能负担起丰产的重量,并充分利用空间和光照,减少非生产性枝,缩短地上部与地下部的距离,使果树立体结果,生长健壮,丰产优质。

(2)修剪

对树体枝条进行剪裁(机械、化学、物理方法),凡是能够控制果树枝干生长的方法都可以称为修剪。修剪是调节果树生长与结果关系的措施,它除了完成整形的任务外,还应使各类枝条分布协调,充分利用光照条件,调节养分分配,以使果树早结果、早丰产、稳产丰产,延长盛果期和经济寿命。

由此可知整形、修剪是两个相互依存,不可截然分割的操作技术。整形是通过修剪来实现的,修剪又必须在整形的基础上进行;两者既有区别又紧密联系,并互相影响,不可偏废。

2)整形修剪的作用

整形修剪可以调节果树与环境的关系,合理利用光能,与环境条件相适应;调节树体各局部的均衡关系及营养生长和生殖生长的矛盾;调节树体的生理活动。

(1)调节果树与环境的关系

整形修剪的重要任务之一是通过调节个体与群体的结构,改善通风透光,充分合理地利用空间和光能,调节果树与温度、土壤、水分等环境因素之间的关系,使果树适应环境,环境更有利果树的生长发育。

在土壤瘠薄、缺少水源的山地和旱地,宜用小树冠并适当重剪控制花量,使之有利于旱地栽培;在寒冷地区,苹果、桃等采用匍匐整形,葡萄采用无主干扇形整枝便于冬季埋土防寒;北方果树易受冻旱危害的地方,秋季摘心充实枝芽和冬前剪去未成熟部分枝梢减少蒸腾,是防冻旱的有效方法之一;在春季易遭晚霜危害的地方,苹果和梨适当高定干和多留腋花芽,杏树通过夏剪形成副梢果枝等,都能在某种程度上减轻晚霜对产量的影响;日本多台风,梨树采用水平棚架整形有利抗风。以上举例说明,通过适当的整形和修剪,能在一定程度上克服土壤、水分、温度、风等不利环境条件的影响。

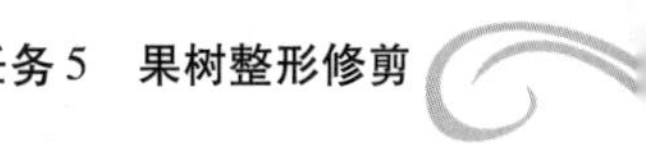

整形和修剪可调节果树个体与群体结构，改善光照条件，使树冠内部和下部有适宜光照，树体上下内外，呈立体结果。从树形看，开心形比有中心干树形光照好。有中心干的中、大型树冠，一定要控制树高和冠径，保持适宜的叶幕厚度，通常可将叶幕分为2～3层，叶幕间距保持1 m左右，光能直接射到树冠内部，尽量减少光合作用无效区（即处在光补偿点及其以下的区域）。

增加栽植密度，采用小冠树形，有利提高光能利用率，表面受光量增大，叶幕厚度便于控制。如果密度过大，株行间都交接，同样也会在群体结构中形成无效区。此外，通过开张角度，注意疏剪，加强夏季修剪等，均可改善光照条件。

增加光合面积主要是提高有效的叶面积指数，幼树阶段，由于树冠覆盖率低和叶面积指数小，不利于充分利用光能，因此，适度密植，采用轻剪，开张角度。加强夏剪，扩大树冠，提高覆盖率和叶面积指数，充分利用光能，是幼树阶段整形修剪的主要任务之一。成年树则应维持适宜的叶面积指数，果树产量在一定限度内与叶面积指数成正比例关系。

光合时间是指每天和一年中光合时间的长短，通过合理的整形和修剪，使树体各部分叶片在一天中有较长时间处于适宜的光照条件下。落叶果树一年中春季形成的叶片比夏、秋季的光合作用时间要长，所以，修剪和其他栽培措施均应有利于促进夏季叶面积的增长。

(2)调节树体各局部之间的关系

果树植株是一个整体，树体各部分和器官之间经常保持相对平衡。修剪可以打破原有的平衡，建立新的动态平衡，向着有利人们需要的方向发展。

①地上、地下的关系。利用地上地下的平衡关系调节树体的生长。

果树地上部与地下部存在着相互依赖、相互制约的关系，任何一方增强或削弱，都会影响另一方的强弱。地上部剪掉部分枝条，地下部比例相对增加，对地上部的枝芽生长有促进作用；若断根较多，地上部比例相对增加，对其生长会有抑制作用；地上部和地下部同时修剪，虽然能相对保持平衡，但对总体生长会有抑制作用。移栽果树时必然切断部分根系，为保持平衡，对地上部也要截疏部分枝条。

主干环剥、环切等措施，虽然未剪去枝叶，但由于阻碍地上部有机营养向根系输送，抑制新梢生长，必然使根系生长受到强烈抑制，进而在总体上抑制全树生长。

根系适度修剪，有利树体生长，但断根较多则抑制生长。断根时期很重要，秋季地上部生长已趋于停止，并向根系转移养分，适度断根既有利根系的更新，对地上部影响也小；在地上部新梢和果实迅速生长时断根，对地上部抑制作用较大。

②生殖生长与营养生长之间的关系。

生长和结果是果树整个生命活动过程中的一对基本矛盾，生长是结果的基础，结果是生长的目的。从果树开始结果，生长和结果长期并存，两者相互制约，又可相互转化。修剪是调节营养器官和生殖器官之间均衡的重要手段,修剪过重可以促进营养生长,降低产量;过轻有利结果而不利于营养生长。合理的修剪方法,既应有利营养生长,同时也有利生殖生长。在果树的生命周期和年周期中,首先要保证适度的营养生长,在此基础上促进花芽形成、开花坐果和果实发育。

对幼年果树的综合管理措施应当有利于促进营养生长,适时停长,壮而不旺。整形修剪可以通过开张角度、采用夏剪、促进分枝、抑制过旺新梢生长等措施,创造有利于向结果方面适时转化。

盛果期果树花量大、结果多,树势衰弱和大小年结果是主要矛盾。通过修剪和疏花疏果等综合配套技术措施,可以有效地调节营养生长和生殖生长的矛盾,克服大小年结果,达到果树年年丰产,又保持适度的营养生长,维持优质丰产的树势。

③调节同类器官间均衡。

枝条与枝条、果枝与果枝、花果与花果之间也存在着养分竞争,果农中有"满树花半树果,半树花满树果"的说法,表明花量过大座果率并不高,通过细致修剪和疏花疏果,可以选优去劣,去密留稀,集中养分,保证剪留的果枝、花芽结果良好。

(3)调节生理活动

修剪有多方面的调节作用,但最根本的是调节果树的生理活动,使果树内在的营养、水分、酶和植物激素等的变化,有利果树的生长和结果。

①调节树体的营养和水分状况。大量试验表明,冬季修剪能明显改变树体内水分、养分状况。短截修剪、重剪新梢中含水量、全氮含量增加,淀粉、全碳水化合物减少,有利新梢的生长;生长季节摘心可增加植株新稍的生理活性。

②调节果树的代谢作用。酶在植物代谢中十分活跃,修剪对酶的活性有明显影响。周克昌等(1964)报道,地上部修剪促进苹果叶片中过氧化氢酶的活性,生长初期表现特别强烈,生长后期作用减弱,而对根系则多数起抑制作用(如表5.1)。

表5.1 修剪对25年生国光苹果叶片及根内过氧化氢酶活性的影响

(周克昌等,1964)

测定部位	处 理	5月19日	8月3日	11月2日
叶 片	轻剪	1.08(100)	4.20(100)	0.680(100)
	中剪	1.95(180)	4.90(117)	0.745(109)
	重剪	2.17(200)	4.45(106)	0.755(111)
根 系	轻剪	0.510(100)		0.820(100)
	中剪	0.445(87)		0.798(97)
	重剪	0.700(139)		0.780(95)

环割前后苹果抗坏血酸氧化酶和过氧化氢酶的活性在环割后1个月左右都显著高于对照,此时正处于苹果花芽生理分化期。这两种氧化酶广泛存在于植物体内,都在呼吸代谢中起一定的作用。而抗坏血酸氧化酶的增加,则会使抗坏血酸氧化,从而削弱新梢生长势,有利成花。

重短截的植株叶绿素含量较多,但到生长末期差别消失。植株光合作用的强度、蒸腾强度和呼吸强度,也以修剪处理表现较强烈,在7月枝梢生长特别旺盛时最高,生长末期下降,其变化较对照缓和。随着叶片的衰老,多酚氧化酶活性提高,表现对照植株中多酚氧化酶比修剪的多,因此其叶片衰老快,植株停止生长早。

③调节内源激素。内源激素对植物生长发育、养分运输和分配起调节作用。不同器官合成的主要内源激素不同,通过修剪改变不同器官的数量、活力及其比例关系,从而对各种内源激素发生的数量及其平衡关系起到调节作用。

经过冬季短截的树,其骨干枝及一年生枝梢中的细胞分裂素、生长素和赤霉素含量均高于未修剪树,使修剪树新梢生长旺,叶面积大。在5月至7月,修剪树的细胞分裂素逐渐下降,而未修剪树在持续上升后才下降,生长素和赤霉素含量均较低,未修剪树成花率明显高于修剪树。

夏季摘心去掉了合成生长素和赤霉素多的茎尖和幼叶,使生长素和赤霉素含量减少,相对增加细胞分裂素含量,因而促进侧芽萌发,有利于提高座果率。葡萄花前或花期摘心,在短期内控制了结果新梢生长的同时,使花序中的小花内的细胞分裂素含量升高。若生长早期摘心,树体内细胞分裂素水平高,成熟叶片少,抑制物质含量低,摘心后反应较强;生长后期摘心,树体内细胞分裂素下降,成熟叶片多,抑制物质含量增多,则不利副梢萌发。

夏季对发育枝反复短剪后20~60 h内使乙烯出现高峰,这个效应可能与促进成花有关。

环剥、环割可以明显控制生长而促进花芽分化,原因在于环剥、环割可以抑制IAA向基部运输,乙烯、脱落酸积累。枝条拉平、弯曲可以提高乙烯水平,且呈剃度分布(尖端多基部少,背下高背下少);弯枝转折处细胞分裂素水平提高,有利于上侧芽的分化、抽枝。

3)整形修剪的依据

整形修剪必须根据树种特性、树势花芽量和环境条件等因素来决定。

(1)环境条件

土壤、地形、气候和栽培条件不同,所采用的整形修剪方法也不同。如山地、风口处,树形宜矮,不但要求矮干,而且层次要少,修建时多行剪截,促使多发枝。土地肥沃,株行距要加大,树形也可高些,瘠地则反之。

(2)树种和品种特性

①干性强、分支角度小的果树宜采用主干形、疏散分层形等树形,如苹果、梨、核桃、板栗、枣子、柿子、香榧、杨梅、银杏等。

②干性弱,分支角度大的果树宜采用开心形树形,如桃、梅、李、杏、石榴等。

③蔓性的果树宜采用棚架栽培,如葡萄、猕猴桃等。

(3)树龄、树势和花芽量

如幼年树的树势强,修剪量要小,应多留抚养枝。成年树的树冠已形成,就考虑平衡树势,保持树体的从属关系;老年树的树势转弱,应重修剪,注意更新复壮。

5.1.2 实训内容

1)主要果树树体结构分析

我国果树生产中,仁果类多采用疏散分层形及其类似的树形,核果类常采用各种形式的开心形,蔓性果树则以棚架或篱架形为主,常绿果树主要是各种形式的圆头形。随着果园矮化密植的发展,树形变化很大,各类适宜密植的树形层出不穷,应用较多的是纺锤形、树篱形及篱架形,在超密植栽培中又有圆柱形和无骨干形。目前,随着栽培密度的增加,树形变化的趋势是:树冠由大变小,由单株变为群体,由自然形变为扁形,树体结构由复杂变简单,骨干枝由多变少、由分层变为不分层,甚至单株变成只有1~2个枝组的无骨干形,现将苹果树形如图5.1所示。

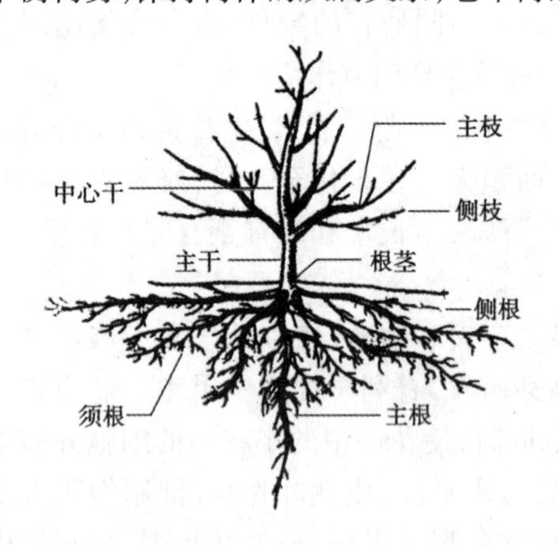

图5.1 苹果树形

(1)树体结构

为了便于管理,人们在生产过程中,根据不同品种的生长结果习性及立地条件,将其整修成一定的形状。为了整形和修剪的需要,对树体各部位规定了统一的名称。

(2)树体各部位名称

果树的树体,可分为地上和地下两大部分:地下部分包括整个根系,主要有主根、侧根和须根;地上部分包括干、枝、芽、叶、花、果实等。了解果树树体及各部器官,特别是枝、芽的特性,是为了更好地利用这些特性,进行修剪调节和控制,获得优质高产果品,增加经济效益。

①根是果树树体的重要组成部分。根系除有吸收、储存营养和水分的功能外,还

有固定整个树体的作用。所以,根系的大小,生长的好坏和入土的深浅,对地上部各器官的生长发育、产量高低和寿命长短,都有直接影响。当然,地上部生长的好坏,也会影响根系的生长发育和吸收。

②由主干向下垂直生长的大根,叫作主根;由主根分生出来的根,叫作侧根;由侧根分生出来的根,叫作须根。在须根的先端密生根毛,根毛有吸收水分和养分的功能,所以,根毛越多,吸收水分和养分的功能也就越强,反之就弱。在果树生长期间,须根上可以不断地分生大量根毛。根毛的寿命很短,一般只有15~20天。但由于须根的不断伸长,根毛也就不断地随之形成,所以,在果树生长期间,能使地上部经常不断地获得水分和养分的供应。

③根颈。根与地上部的交界处,也就是主干与主根相接的地方,叫作根颈。根颈是全树最敏感的部位,秋季停止生长最晚,春季解除休眠最早,所以,在冬、春季比较寒冷的地区,根颈比其他部位容易遭受冻害。

(3)树干

从根颈以上到着生第一个分枝的地方,叫作树干,也就是主干。

主干除支撑整个树冠的枝系以外,由根部吸收的水分和养分,需要经过主干运送到地上部的各个器官中去,由地上部的叶片所制造的碳水化合物,也要经过主干输送根部。所以,树干也是地上和地下部营养输送和交换的交通要道。树干的高低,是否健壮和完整,对地上部的枝叶和地下部根系的生长,都有重要作用。

(4)树冠

在树干以上着生的枝条,统称为树冠。树冠是由多种枝条所组成,这些枝条,因其着生部位、长势以及功能等的不同,又可分为:中心领导枝、主枝、侧枝、延长枝和辅养枝等,这些枝条又根据其是否结果而分为营养(发育)枝和结果枝。

①中心领导枝,也称中央领导枝或中央领导干,或简称中干,是树冠中心直立或弯曲向上生长的骨干枝条。中干位于全树的中央,是树体的主轴。主枝、侧枝、裙枝、辅养枝及部分枝组,都着生在中干上。中干的长短,决定树冠的高低。中干与主枝,既相互促进,又相互制约。

②主枝,是从中心领导枝上分生出来的大枝,是树冠的主要骨架。根据主枝在中干上的着生位置,又把离地面最近的主枝,称为第一主枝,依次向上则称为第二主枝和第三主枝。在生产中,习惯上又把第一、第二、第三个主枝,称为第一层主枝。由于各主枝的着生位置不同,而构成多种不同的树形。所以,在修剪过程中,应按预定树形,选留着生位置、距离、角度、方位都比较适宜,而且长势较强的枝条作为主枝。

③侧枝,是从主枝上分生出来的枝条,在侧枝上再分生出的枝条,则称为副侧枝。侧枝和副侧枝是扩大树冠,着生各类枝条和结果枝组的部位。因此,在修剪过程中,

要根据树形的要求,有意识地选留和培养侧枝,并使这些侧枝均匀地着生于主枝上,以利于各类枝组的配置和结果。

④中心领导枝、主枝和侧枝,是构成树冠的骨架,所以,这几种枝条,又统称为骨干枝。在骨干枝上或两个骨干枝中间所着生的枝条,是暂时用于补充空间、辅助骨干枝生长用的,所以叫作辅养枝,而有些是长期保留,用于结果和扩大结果面积的,称为结果枝组。在苹果幼树和初果期的树上,适当多留些辅养枝,有利于骨干枝的健壮生长、增强树势、扩大树冠和早期结果,所以,辅养枝是初果期苹果树的主要结果部位。随着树冠的扩大和结果部位的增多,树冠出现郁闭、内膛光照不良时,有些辅养枝可以疏除,而有些辅养枝仍需保留,但要根据空间大小,逐步改造为结果枝组。

⑤营养枝,也称发育枝,就是没有着生花芽和果实的枝条,是培养各级骨干枝和结果枝组的基础。着生在各级枝条先端的发育枝,可使各级枝继续延长生长,所以称为更长枝;着生在中、下部的发育枝,也称为侧生枝,可用于培养侧枝、副侧枝或结果枝组。发育枝又因其长短和质量的不同而分为:长枝、中枝、短枝、叶丛枝和徒长枝5种。长度在35 cm以上,且具有春、秋梢的枝条,为长枝;5.1~35 cm的为中枝;0.6~5.0 cm的为短枝;0.5 cm以下的为叶丛枝;由隐芽和不定芽萌发的、组织不充实的枝条为徒长枝。

在苹果树上,短枝是形成花芽的主要枝类,丰产树,多是健壮短枝多,长枝、弱枝少;苹果树在盛果期以前,徒长枝一般没有利用价值,所以应该及早从基部抹除,以节省营养;进入衰老期的苹果树,需要利用徒长枝进行更新时,应及早摘心,促其充实、健壮。

当年抽生并带有叶片的枝条,称为新梢。由于新梢形成的时间不同,又可分为春梢和秋梢。春季萌发,夏季停止生长的部分,叫作春梢;秋季抽生的部分,称为秋梢。春梢组织充实,芽体饱满,叶片肥厚,光合效能高;秋梢组织不充实,叶片小而薄,芽体也多不饱满,冬季较易遭受冻害。春梢和秋梢交界的地方,有一段生长缓慢,节间很短,叶片很小、芽体也不充实的部分,称为"环痕"。修剪时在此处短截,或者发枝很弱,或者根本不发枝,所以,此处又称为"盲节"。修剪中称为"戴帽"修剪,也就是在此处(盲节)短截。

新梢上着生的叶片,是果树进行光合作用,制造营养物质,供给地下根系和地上各部生长发育的主要器官,是树体生长发育所必不可少的部分,因此,促进新梢的健壮生长,是苹果优质丰产的基础。

有些长势较旺的品种,或土层深厚,土质肥沃,肥水充足的苹果园,在新梢加长和加粗生长的同时,其叶腋间的侧芽,有时也能在形成的当年萌发成为新梢,这种由当年生枝所抽生的新梢,一般称为副梢,或者称为二次枝。

⑥结果枝。凡着生花芽能够开花结果的枝条,称为结果枝。品种不同,结果枝上花芽着生的部位也不完全一样。多数苹果品种的花芽,着生在结果枝的顶端,所以叫作顶花芽,有些品种如富士系、金冠系及小叶子等,在新梢的叶腋间,也能形成花芽,因这种花芽着生在叶腋间,所以又称腋花芽。

由于结果枝的长短不同,又可分为长果枝、中果枝和短果枝。长度在5 cm以下的果枝,称为短果枝;长度在5.1 ~15 cm的果枝,称为中果枝;长度在15.1 cm以上的果枝,称为长果枝。

苹果的品种不同,树龄不同,长势强弱不同,长、中、短果枝的比例是不一样的。乔砧苹果树和幼树,一般长果枝较多;矮砧苹果和短枝型品种,中、短果枝较多。各种果枝的结果能力也不一样。因此,在进行修剪之前,先要弄清不同品种、各种果枝的着生情况,并据此采取相应的修剪措施。

每个花芽所着生的花,其开放的先后,都有一定的顺序。苹果树是中心花先开,在正常情况下,先开的花结果最好,所以,疏花疏果时,应尽量选留中心花中心果。

2)主要果树生长结果习性的观察

梨生长结果习性的观察

(1)目的要求

通过实习,了解梨的生长结果习性,学会观察生长结果习性的方法。

(2)材料用具

①材料。梨的幼树和结果树。

②用具。钢卷尺,卡尺,刀片,镊子,记载用具。

(3)实习内容

主要观察如下内容:

①树姿、干性。树姿直立或开张,干性强弱。

②枝条类型。识别长、中、短梢。梨春梢、夏梢及其分界部位。长梢停止生长后能否形成顶芽。春梢、秋梢分界处芽的充实程度。

③成枝力、枝类变化。幼树延长枝剪口下发长枝数。幼树随树龄的增加,总树枝逐年增加,主要是中、短枝比例增加,但长枝比例下降。

④花芽和果枝类型。花芽为混合芽。剥除芽鳞片,观察花瓣、花丝等花器。花芽在果枝上的位置,有无腋花芽。长、中、短果枝的划分。幼树开始结果的年龄和果枝类型。

⑤花数、开花。每花序花数,同一花序各花的开花顺序和坐果率高低。

⑥果台副梢、枝组。花序下有果台副梢。果台副梢的长短,多少,副梢成花能力。单一果枝连年结果或隔年结果。

⑦结果枝组的类型、组成和分布

(4)实习提示和方法

①实习可在生长期或休眠期进行。有些内容可与物候期观察实习结合进行。

②实习时按前述内容,逐项观察记载。某些不能观察到的内容,留待以后观察。

(5)作业

总结梨生长结果习性。

5.1.3 实践应用

1)调节生长强弱的修剪

(1)从修剪时间上看

加强修剪,要冬重夏轻,提早冬剪时间;减弱修剪,要冬轻夏重,延迟修剪时间。

(2)从树梢、树势强弱来看

旺树或旺枝,加强修剪要长放多留;减弱修剪,要短剪少留。对弱树或弱枝,加强修剪,要短剪少留;减弱修剪,要长放多留。

(3)从枝、芽去留方面来看

加强修剪,要减少枝干,去弱留强,去平留直,少留果枝,特别是顶枝不留。减少枝干要在充分利用空间与光照的前提下,尽量少留枝干。减弱修剪,要增加枝干。可采用去强留弱、去直留平、多留果枝等办法,以果压树。

(4)从修剪方法方面来看

加强修剪可使枝条直线延伸,抬高芽位;减弱修剪,可使枝条弯曲延伸,降低芽位。

(5)从局部与整体的关系上来看

加强局部生长,可通过削弱树体其他部分生长的方法来实现,如控上促下,控强促弱;减弱局部生长,则加强树体其他部分生长。

(6)可利用生长调节剂调节生长强弱

加强生长可用生长促进剂,如GA;减弱生长可用生长调节剂,如维生素 B_9、CCC、乙烯利、整形素等。

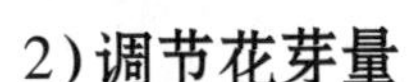

2)调节花芽量

(1)增加花芽量的措施

①减少无效枝梢,改善光照条件。

②缓和树势,促进中短枝大量形成,其技术措施有:小树旺树轻剪长放、疏剪;冬轻夏重,休眠期晚剪;拉枝、扭枝、破顶芽、弱芽弱枝领头;应用生长抑制剂等。

③多留芽位为花芽形成准备条件。如大年树在多留叶芽改善有机营养的同时又为花芽分化准备了物质条件。

④采用环割、扭梢、摘心等措施,使处理的枝梢局部,在花芽分化期增加营养积累,有利于花芽形成。

⑤花芽形成后尽量多留花芽,为防止错剪花芽可延迟至现蕾期再剪。

(2)减少花芽量(其对象为老年树、衰弱树、大年树)的措施

①加强树势、减少中短枝形成;采用重剪短截,冬重夏轻,休眠期早剪,促进枝梢生长,减少花芽形成。

②应用生长促进剂,减少中短枝形成,使花芽分化减少。

③花芽形成后疏剪花芽。

5.1.4　扩展知识链接(选学)

果树的生命周期

种子植物在其个体发育过程中,都要经历萌芽、结实、衰老、死亡这一过程,这个过程包含了全部的生命活动,因此称之为生命周期。通常,实生果树个体发育的生命周期中包括两个明显不同的发育阶段,即幼年阶段和成年阶段。当果树从幼年阶段进入成年阶段时,果树实现质的飞跃和转变,称为阶段变化,它是从枝梢顶端分裂最旺盛的分生组织细胞内开始,顺枝干向上延伸,而逐渐发生并积累阶段发育物质的实生树发育到成年阶段,树干上部处于成年阶段,树干基部仍然保持在幼年阶段,其间存在一个过渡阶段,这样,树冠上部和下部由于阶段发育年龄不同而存在着质的差别。一般实生树树冠上部的枝、芽、叶表现栽培性状,而下部的枝、芽、叶表现幼年和野生性状。

在现代果树生产中,以实生苗为繁殖材料者甚少,大多栽培种通过无性繁殖得到的营养系苗木,由于这些苗木不是种子实生,而是成龄母体的延续,因此,不是一个真正的个体,它们的生命周期所包含的发育阶段与实生树不同,没有真正的幼年阶段,只有以营养生长为主的“幼年”阶段,这个阶段通常称为营养生长阶段,也称

幼树期。

了解果树的生命周期,并通过各种农业措施缩短实生树的幼年阶段或营养繁殖树的营养生长阶段,尽量延长成年阶段,推迟衰老期的到来,对果树育种及果树栽培工作具有十分重要的意义。

(1)实生树的生命周期

实生树是由种子萌发长成的果树个体,从栽培实用出发,可将实生树个体发育的生命周期划分为幼年阶段、成年阶段和衰老阶段。

①幼年阶段。从种子萌发经历一定的生长阶段到具备开花潜能这段时期称为幼年阶段。在这一时期,植株只有营养生长而不开花结果,各种果树的幼年期长短不同,这是由遗传属性决定的,如俗话说"桃三杏四梨五年"、"隔年核桃"就是果树属性的反映。但幼年期长短又受栽培条件影响,生长在土层浅而瘠薄条件下的实生树的幼年期要长于在较好条件下生长者。

据科学研究表明,欲使果树幼年期缩短,最主要是提供良好的环境条件和提高管理水平,促进营养积累并使之合理分配,以加速植株生长发育,促进代谢物质及激素在体内的平衡以促进性成熟。

②成年阶段。实生果树进入性成熟阶段(具开花潜能)后,在适宜的外界条件下可随时开花结果,这个阶段称为成年阶段,根据结果的数量和状况又可分为结果初期、结果盛期、结果后期 3 个阶段。结果初期坐果率低,果实较大,品质较差;结果盛期果实大小、形状及风味达到本品种的最佳状态,产量逐年增加并达到最高水平;结果后期树势衰弱,产量不稳,大小年结果现象明显,果实变小,含水量少,含糖较多。

③衰老期。其特点是树势明显减退,枝条生长量小,细小纤弱,结果枝越来越少,结果量少,果实小且品质差。

(2)营养繁殖树的生命周期及其调控

营养繁殖树是指通过压条、扦插、嫁接、根插等营养器官繁殖法获得的果树植株,这种树在个体发育的生命周期中,没有种子萌芽这一生命活动。由于营养繁殖树先要经历一个营养生长为主的阶段才进入开花结果阶段,所以它们的个体发育生命周期通常分成幼树期、结果期和衰老期 3 个阶段。

①幼树期。幼树期通常是指从苗木定植到开花结果这段时期,幼树期的特征是树体迅速扩大,开始形成骨架,枝条生长势强并显直立状态,因而树冠多呈圆锥形或塔形。幼树期的长短因树种、品种和砧木不同而异。树姿开张、萌芽力强的品种也常表现出早果性;使用矮化砧或作扭枝、环剥处理,也可提早结果。另外,与栽培技术也有密切关系,注意深耕熟化,改良土壤,诱导根系向深度和广度伸展,尽快扩大营养面

积，增进营养物质的积累是提早结果、缩短幼树期的中心措施。

②结果期。营养繁殖树可根据结果状况分为3个阶段：

A.结果初期。指从开始结果到大量结果（盛果期）前这段时期，这一时期树体结构已经建成，营养生长从占绝对优势向与生殖生长平衡过渡，根系树冠继续扩大，主枝继续开张，侧枝结果增加，结果部位多在树冠内部和下部，所结果实单果重、大，水分含量高，品质较差。结果初期的时间长短主要决定于树种和栽培技术，栽培管理的主要任务仍是深耕扩穴，扩大根系；轻剪、重肥，着重培养结果枝组，防止树冠旺长。

B.结果盛期。指果树进入大量结果的时期，此期根系和树冠不再有明显扩张。这个时期经历大量结果到高产稳定再到出现大小年和产量开始下降这样一个过程。果实大小、形状、品质完全显示出该品种特性，树冠内部和下部的荫蔽枝开始衰老，结果部位逐渐移向树冠中、上部和外部，如忽视修剪易形成内部光秃，产生较明显的局部交替结果现象，由于大量结果，营养消耗大，树体对不良环境的抵抗力逐渐减弱。

盛果期持续的时间因树种、品种和砧木不同而有很大的差异。自然条件及栽培技术也会产生重要的影响。在盛果期期间，应调节好营养生长和生殖生长的关系，保持新梢生长、根系生长、结果和分化花芽之间的平衡。主要的调控措施为：加强肥水供应，适当增加氮肥施用量，配合适当的磷钾肥和适当的根外追肥，实行细致的更新修剪，及时回缩光秃大枝，均衡配备营养枝、结果枝和结果预备枝（育花枝），保持树冠内外结果枝和营养枝的健壮生长，尽量维持较大的叶面积，控制适宜的结果量，防止大小年结果现象过早出现。

C.结果后期。这个时期从高产稳产到开始出现大小年直至产量明显下降。主枝先端开始干枯，侧枝较大量枯死，树冠逐渐缩小，主枝上发生徒长性的更新枝，果实逐渐变小，含水量少而含糖较多。

生产上常用如下措施延缓衰老期的到来：大年要注意疏花蔬果；配合深翻改土；增施肥水更新根系；适当重剪回缩和利用更新枝条；小年促进新梢生长和控制花芽形成量，以平衡树势。

5.1.5　考证提示

整形修剪的概念及其作用。

任务后

1)考证练习

整形修剪的概念及其作用

自然生长的果树,树冠郁闭,枝条密生,交叉、重叠,内膛空虚,树势衰弱;光照和通风不良,病虫严重;产量不高,易出现大小年结果现象,果实品质低劣;不便于果实采收、疏花疏果和病虫害防治。通过合理整形修剪,幼树可以加速扩展树冠,增加枝量,提前结果,早期丰产,并培养能够合理利用光能、负担高额产量和获得优良品质果实的树体结构;盛果期通过整形修剪,可使树体发育正常,维持良好的树体结构,生长和结果关系基本平衡,实现连年高产,并且尽可能延长盛果期年限;衰老树通过更新修剪,可使老树复壮,维持一定的产量。

通过整形修剪,可培养成结构良好、骨架牢固、大小整齐的树冠,并能符合栽培距离的要求。合理修剪可使新梢生长健壮,营养枝和结果枝搭配适当,不同类型、不同长度的枝条能保持一定的比例,并使结果枝分布合理,连年形成健壮新梢和足够的花芽,产量高而稳定。合理修剪能使果树通风透光,果实品质优良、大小均匀、色泽鲜艳。

整形修剪是果树栽培技术中一项重要的措施,但必须在良好的土、肥、水等综合管理的基础上,才能充分发挥整形修剪的作用,而且必须根据树种、品种、环境条件和栽培管理水平,灵活运用整形修剪技术,其作用才能发挥出来。

2)案例分析

整形修剪的依据

整形修剪应以果树的树种和品种特性、树龄和长势、修剪反应、自然条件和栽培管理水平等基本因素为依据,以进行有针对性的整形修剪。

果树的不同种类和品种,其生物学特性差异很大,在萌芽抽枝、分枝角度、枝条硬度、结果枝类型、花芽形成难易、坐果率高低等方面都不相同。因此,应根据树种、品种特性,采取不同的整形修剪方法,做到因树种、品种修剪。

同一果树不同的年龄时期,其生长和结果的表现有很大差异。幼树一般长势旺,长枝比例高,不易形成花芽,结果很少;这时要在整形的基础上,轻剪多留枝,促其迅

速扩大树冠,增加枝量。枝量达到一定程度时,要促使枝类比例朝着有利于结果的方向转化,即所谓枝类转换,以便促进花芽形成,及早进入结果期。随着大量结果,长势渐缓,逐渐趋于中庸,中、短枝比例逐渐增多,容易形成花芽,这是一生中结果最多的时期。这时,要注意枝条交替结果,以保证连年形成花芽;要搞好疏花疏果并改善内膛光照条件,以提高果实的质量;要尽可能保持中庸树势,延长结果年限。盛果期以后,果树生长缓慢,内膛枝条减少,结果部位外移,产量和质量下降,表明果树已进入衰老期。这时,要及时采取局部更新的修剪措施,抑前促后,减少外围新梢,改善内膛光照,并利用内膛徒长枝更新;在树势严重衰弱时,更新的部位应该更低、程度应该更重。

不同树种、品种及不同枝条类型的修剪反应,是合理修剪的重要依据,也是评价修剪好坏的重要标准。修剪反应多表现在两个方面:一是局部反应,如剪口下萌芽、抽枝。结果和形成花芽的情况;二是整体反应,如总生长量、新梢长度与充实程度、花芽形成总量、树冠枝条密度和分枝角度等。

自然条件和管理水平对果树生长发育有很大影响,应区别情况,采用适当的树形和修剪方法。土壤瘠薄的土地和肥水不足的果园,树势弱、植株矮小,宜采用小冠、矮干的树形,修剪稍重,短截量较多而疏间较少,并注意复壮树势。相反,土壤肥沃、肥水充足的果园,果树生长旺盛、枝量多、树冠大,定干可稍高、树冠可稍大,后期可落头开心,修剪要轻,要多结果,采用“以果压冠”措施控制树势。

此外,栽植方式与密度不同,整形修剪也应有所变化。例如,密植园的树冠要小,树体要矮,骨干枝要少。

5.2　果树整形

5.2.1　基础知识要点

1)果园群体的类型

根据果园群体的发展,采取相应的整形措施,按动态的群体结构,使果园群体在一生中发挥最大的生产效能和经济效益。

因栽植地点、制度、方式、树种特性不同,果园群体类型有:

(1)按植株的栽植方式分

①单株均匀栽植:以单株树来进行整形。

②丛栽:把一丛内几株树作为一个单位来进行整形。

③篱栽:以整行树篱或几行树作为一个整体进行整形。

④蔓性果树:群体结构依架式而定。

(2)按株间群体叶幕的连续性分

①叶幕不连续 :单株整形为主,栽植密度不大。

②叶幕连续:单行篱栽、双行篱栽、多行篱栽、草地果园(苹果、桃,每亩几百至几千株)。

此外,还有一穴栽数株、水平棚架等。

图 5.2 主干形

2)主要树形及特点

(1)有中心干形

①主干形。由天然形适当修剪而成,中心干上主枝不分层或分层不明显,树形较高。枣、香榧、银杏、核桃、橄榄等树种栽培时应用(如图 5.2)。

②疏散分层形。主枝 5 ~7 个,在中心干上分 2 ~3 层排列,一层 3 个,二层 2 ~3 个,三层 1 ~2 个,各层主枝间有较大的层间距,此形符合果树生长分层的特性。是苹果、梨等树种上常采用的大、中冠树形,应用较多。类似树形还有基部三主枝小弯曲半圆形、四大主枝十字形等。为了改善光照条件和限制树高,成年后顶部多落头开心,减少层次,如二层五主枝延迟开心形(如图 5.3)。

③纺锤形。又名纺锤灌木形、自由纺锤形。由主干形发展而来,在欧洲广泛应用。树高 2.5 ~3 m,冠径 3 m 左右,在中心干四周培养多数短于 1.5 m 的近水平主枝,不分层,下长上短。适于发枝多、树冠开张、生长不旺的果树,修剪轻,结果早。纺锤形应用于矮化或半矮化砧的苹果时,由于根系浅,需立支柱、架线和缚枝。若控制树高 2 ~2.5 m,冠径 1.5 ~2 m 的叫矮纺锤形。在更高密度情况下,中心干上分生的侧枝生长势相近、上下伸展幅度相差不大,分枝角度呈水平状,树形瘦长,则称为细纺锤形(如图 5.4)。

④圆柱形。与细纺锤形树体结构相似,其特点是在中心干上直接着生枝组,上下冠径差别不大,适用于高度密植栽培。欧洲目前用于矮化和易结果的苹果砧穗组合,如 M_9 砧的金冠,但需要立支柱、架线和缚枝。

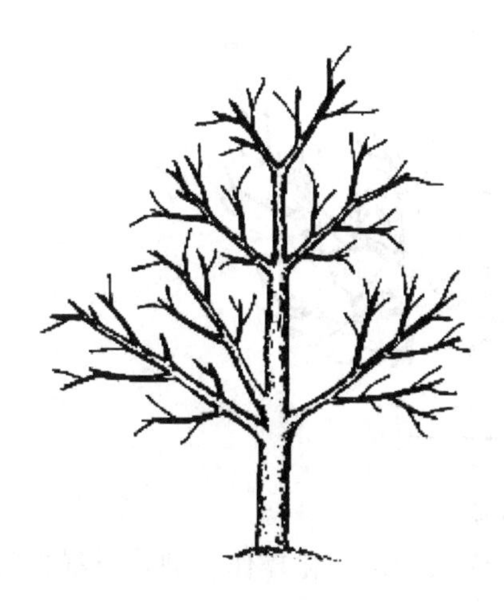

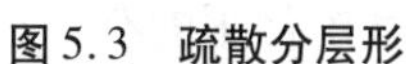
图5.3　疏散分层形

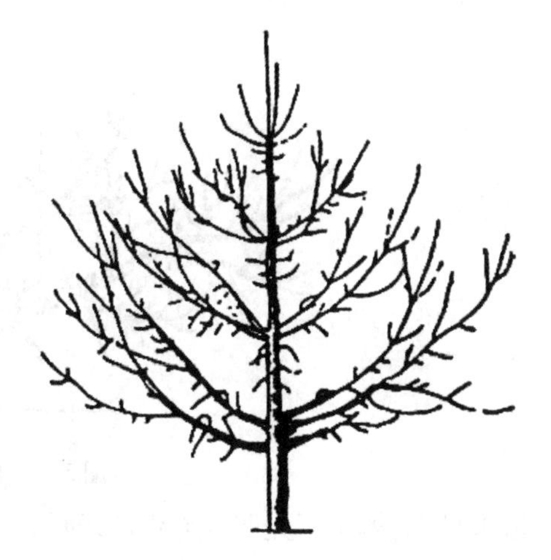
图5.4　纺锤形

(2)无中心干形

①自然圆头形。又名自然半圆形。主干在一定高度剪截后,任其自然分枝,疏除过多主枝,自然形成圆头。此形修剪轻,树冠形成快,造形容易。缺点是内部光照较差,树冠内有一定的无效体积。此形适用于柑橘等常绿果树,梨、栗等果树粗放栽培时也有应用。

②主枝开心圆头形。又名主枝开心半圆形。自主干分生3个主枝后,最初使其开展斜生,至长达1~1.4 m时,使与水平线成80°~90°角直立向上,而于其弯曲处保留侧枝,使向外开展斜生,利用周围空间。就主枝的配置来说,树冠是开心的,但中心长满小枝组,树冠仍为圆头形。常用于温州蜜橘。

③多主枝自然形。自主干分生主枝4~6个,主枝直线延长,根据树冠大小,培养若干侧枝。此形构成容易,树冠形成快,早期产量高。缺点是树冠上部生长壮,下部易光秃,树冠较高而密,管理较不方便,常用于核果类。

④自然杯状形。主枝在主干上一分为三,再三分为六,以后则直线延伸,在其外配置侧枝,为开心形。幼树主枝多,整形容易,枝量增加快,早期产量高。多用于核果类果树。

⑤自然开心形。三个主枝在主干上错落着生,直线延伸,主枝二侧培养较壮侧枝,充分利用空间。此形符合桃等干性弱、喜光性强的树种,树冠开心,光照好,容易获得优质果品。缺点是初期基本主枝少,早期产量低些。梨和苹果上也有应用,同样有利生产优质果实(如图5.5)。

(3)树篱形

其特点是株间树冠相接,果树群体成为树篱。此形自然直立,无需篱架支撑,在

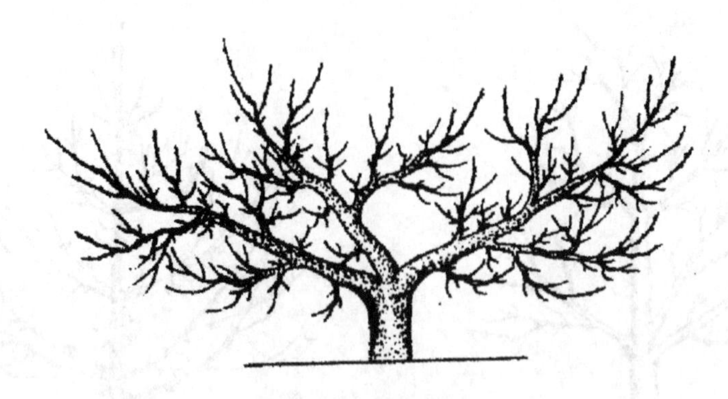

图5.5　自然开心形

密植条件下,解决了光照与操作的矛盾,有利丰产优质和机械化操作。缺点是横向操作不便和冷空气流通不畅。此形是矮化密植的主要树形,其中常用的有:

①自然树篱形。果树树体任其自然生长,根据树篱横断面的形状有长方形、三角形、梯形和半圆形之分,其中以三角形或近似三角形的表现好。常用于柑橘栽培,在国外采用机械化篱剪或顶剪。

②扁纺锤形。是纺锤形的一个变型,下层只留两个骨干枝,沿行向生长,其余枝尽可能沿行向压至水平,树篱宽1.5~2 m。常用于苹果、梨等的矮化密植园。

③自然扇形。与棕榈叶形相似,但不设篱架。主枝斜生,在行向分布不完全成千面。干高20~30 cm,主枝3~4层,每层两个,与行向保持15°夹角,第二层主枝与行向保持和第一层相反的15°夹角,与上下相邻两层主枝左右错开,主枝上留背后或背斜枝组,冬季留长1 m左右,生长季达2 m。此形也常用于苹果、梨等矮化密植园。

④篱架形。其特点是需设置篱架,以固定植株和枝梢,整形较方便,常用于蔓性果树。随着果树生产的发展,欧洲、澳洲和美国在苹果、梨等树种上广泛应用,如棕榈叶形、双层栅篱形、Y形等,纺锤形也是篱架常采用的树形。

A. 棕榈叶形。树形种类较多,但其基本结构是中心干上沿行向直立平面分布6~8个主枝。按中心干上主枝分布规则程度分为规则式和不规则式;按骨干枝分布角度,分为水平式、倾斜式、烛台式等。目前应用较多的是斜脉式、扇状棕榈叶形。前者在中心干上配置斜生主枝6~8个,树篱横断面呈三角形;后者无中心干,骨干枝顺行向自由分布在一个垂直面上,有的可以分叉,成为扇形分布(如图5.6)。

B. 双层栅篱形。主枝两层近水平缚在篱架上,树高约2 m,结果早,品质好,适宜在光照少、温度不足处应用。

C. Y型。又名塔图拉形(Tatura)。篱架行向南北,每株仅两个骨干枝,分向东西成Y形,与地面成60°夹角。一般株距0.75~1 m,行距4.5~6 m,每亩111~200株,用于桃、梨和苹果上(如图5.7)。

图5.6　棕榈叶形

图5.7　Y型

⑤棚架形。主要用于蔓性果树如葡萄、猕猴桃。在日本梨栽培中,为防御台风和提高品质,也多采用。

⑥丛状形。其特点是无主干,着地分枝成丛状,主要适用于灌木果树。

⑦匍匐形。将果树倾斜匍匐于地表,在冬季严寒地区以便埋土防寒。

⑧无骨干形。全树只有1~2个枝组,不设骨干枝,枝组不断回缩更新,用于桃、苹果等果树的草地果园。

5.2.2　实训内容

1)疏散分层形整形过程

5~6年时间能够完成(如图5.8)。

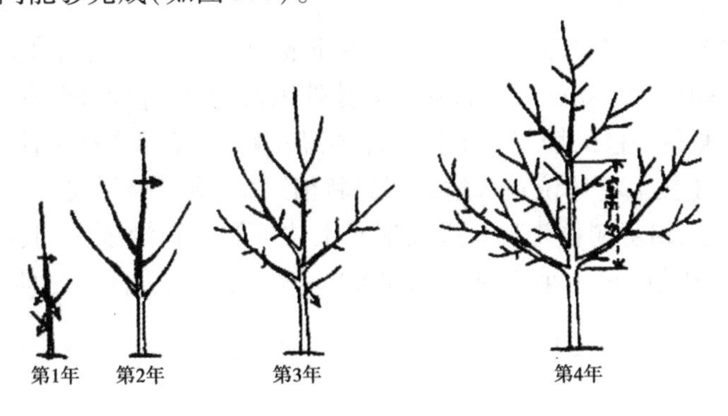

图5.8　核桃树疏层形整形示意图

第一年:定植后定干(定植后确定主干的高度)。仁果类40~60 cm。要求:定干后上部20~30 cm要有10~20个好芽(可以生枝,培养主干)。

第二年:①选第一层的三个主枝进行培养(枝条角度50°~70°,层内距20~40 cm,枝在中心干周围分布均匀—120°左右)。选定的进行短截,促进分支;未选定的枝条,弱小的留下、强壮的去掉,增加光合作用。

②选择中央领导干:选择处于中间位置、长势强壮的枝条,选后进行短截,留下的高度略高于第一层的枝条。未选好的应进行重截,有利于发枝和第一层的三枝进行生长。

第三年:①选好中央领导干的延长枝,短截促进分枝,其他同第二年操作一样。

②选留辅养枝:去强留弱。

③选择第一层上的侧枝:侧枝数量,第一层每个主枝留2~4个侧枝。选择原则:

A.第一侧枝离主干40~50 cm,选定的短截。

B.侧枝间距离40 cm。选定的侧枝、延长枝都要短截。

C.三个主枝上的侧枝要长在一个方向上,防止抢占空间或空间未被利用。

D.开始选留结果枝组。

第四年:重复第三年的工作,主要是选留第二层的主枝(2~3个主枝)。要求:层间距70~120 cm,层内距20~30 cm。第二层的主枝落于第一层主枝的间隙内。

第五年:选定第三层主枝。重复上一年的工作。

第六年:培养结果枝组、培养树形结构(如图5.4)。

2)桃树开心形整形过程

2~3年时间能够完成(如图5.9和图5.10)。

①定干。苗木定植后在离地50~60 cm处短截,剪口下留5~7个饱满芽,离地30~40 cm以内的芽抹除。

②主枝的选留。在整形带内选留3个生长健壮、分布均匀、角度方向适宜的新梢作主枝培养,冬剪时留50 cm左右,在饱满芽处短截,剪口芽留外侧芽。

③主枝延伸和侧枝的培养。主枝顶部选留外侧芽,培养主枝延伸枝,冬季留60~70 cm处短截;主枝上选留位置合适的背斜新梢短截,培养成侧枝。

④扩大树冠,培养树体骨架。继续培养主枝延伸枝和侧枝,一般每个主枝培养2~3个侧枝,各侧枝距离不小于60 cm,呈60°~80°开张角度向外延伸。

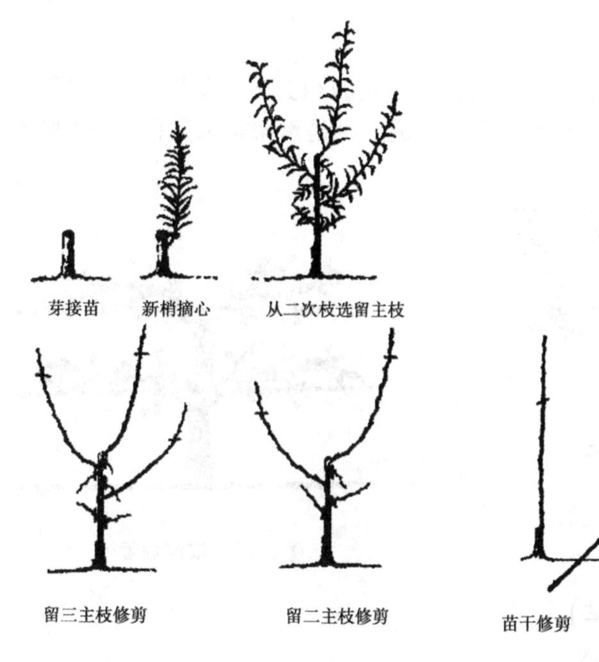

图5.9　开心形的整形(芽苗,桃)

苗干修剪　以竹竿绑缚弯曲苗干　一年生长后留3个主枝

图5.10　开心形的整形培养(桃)

经过4年左右的培养,形成主干高50 cm,3个主枝均匀分布延伸,各主枝配置2~3个侧枝的自然开心形,各类结果枝组分布均匀,主次关系明显。

5.2.3　实践应用

1)自然开心形

此形符合桃等干性弱、喜光性强的树种,树冠开心,光照好,容易获得优质果品。缺点是初期基本主枝少,早期产量低些。梨和苹果上也有应用,同样有利生产优质果实。

2)疏散分层形

苹果、梨等树种上常采用的大、中冠树形,应用较多。

3)棚架形

主要用于蔓性果树如葡萄、猕猴桃。在日本梨栽培中,为防御台风和提高品质,也多采用(如图5.11)。

4)篱架形

常用于蔓性果树。随着果树生产的发展,欧洲、澳洲和美国在苹果、梨等树种上广泛应用。如棕榈叶形、双层栅篱形、Y 形等。纺锤形也是篱架常采用的树形(如图5.12)。

图 5.11　棚架

图 5.12　双层栅篱形

5.2.4　扩展知识链接(选学)

1)果树的年生长周期

果树一年中随外界环境条件的变化出现一系列的生理与形态的变化,并呈现一定的生长发育规律性,果树这种随气候而变化的生命活动过程称为年生长周期。从总体看,果树的年生长周期可分为生长期与休眠期。落叶果树这两个时期非常明显;常绿果树冬季不落叶也能安全越冬,在年生长周期中没有一个明显的冬季休眠期,但常因秋冬的干旱及低温而减弱或停止营养生长,属相对休眠性质。

果树在年生长周期中所表现的生长发育的变化规律,通常由器官的动态变化反映出来,这种与季节性气候变化相适应的果树器官动态变化时期称为物候期。物候期是果树长期在一定综合外界环境条件下形成的,所以它是适应环境的结果。成年果树大体可分为根系生长、萌芽、开花、枝梢生长、花芽形成、果实发育和成熟、组织成熟、落叶和休眠等八个物候期,了解物候期是制订栽培措施的重要依据。

(1)落叶果树的年生长周期及其调控

落叶果树可明显地分为生长期和休眠期。

①生长期。落叶果树进入生长期后,地上部分各器官及地下部分的根系分别开始活动,在生长发育过程中出现的物候期及其顺序大致如下:

叶芽:膨大期、萌芽期、新梢生长期、芽分化期、落叶期;

花芽:膨大期、开花期、坐果期、生理落果期、果实生长期、果实成熟期;

根系:开始活动期、生长高峰期(多次)、停止活动期。

②休眠期。果树的芽或其他器官生长暂时停顿,仅维持微弱的生命活动的时期称为休眠期,果树的休眠是在系统发育过程中形成的,是一种对逆境的适应特性,又分为自然休眠和被迫休眠。

(2)常绿果树的年生长周期及其调控

常绿果树的年生长周期是由生长期和相对休眠期组成的,由于常绿果树没有自然休眠,各器官在年生长周期中就主要以生长和分化为主了。

5.2.5 考证提示

主要树形及特点。

任务后

1)考证练习

主要树形及特点。

2)案例分析

苹果幼树如何定干?

一年生的苹果苗木,栽植后按规定高度剪裁叫作定干。幼树定干高矮要因地势、土壤、气候和品种等条件而定。

定干时要留出整形带。如果干高选为50~60 cm,加上20 cm整形带的高度,应在70~80 cm高处剪截定干。在整形带内要有8~10个饱满芽。

定干可分两次进行,称为二次定干。栽后先进行一次定干,剪裁部位要比预定部位高出10 cm。枝顶萌发出3~4个嫩芽时,再把萌发的一段(10 cm)剪去。这样破坏其顶端优势,下部的芽能大量萌发,一般能发生6~8个枝条,1年内选出3个主枝就容易了。采用二次定干法,土壤要肥沃,管理条件要好,苗木的根系要发达,饱满芽的数量要多,效果才显著。否则,达不到促进多发枝的目的,即使能多发几个枝条,而长势不良,利用率较低,选不出好的主枝。

5.3 果树修剪

5.3.1 基础知识要点

1)果树修剪的生物学基础

依据果树的形态特点和立地条件,人为地培养成一定的树冠形状,称为整形;对果树的某部分进行剪切或施以某种手术,称为修剪。整形是对整个植株而言,实质上也是修剪。整形可形成一定的果树骨架,控制树冠大小,使树体结构合理,枝条稀密适度,较好地调节生长与结果的矛盾。改善通风透光条件,提高果品产量和质量。修剪则是局部的,是对某枝条或某枝组而言,当树形确定以后,整形即告结束,而修剪工作则要延续到果树生命的结束,整形修剪是果树上具有特色的一项栽培技术措施,历来受到果树生产者的重视。

2)修剪时期

果树一年中的修剪时期,可分为休眠期修剪(冬季修剪)和生长期修剪(夏季修剪)。生长期修剪可细分为春季修剪、夏季修剪和秋季修剪。为提高修剪效果,除应重视冬季修剪外还应重视生长期修剪,尤其对生长旺盛的幼树更为重要。

(1)休眠期修剪

指落叶果树从秋冬落叶至春季芽萌发前,或常绿果树从晚秋梢停长至春梢萌发前进行的修剪。由于休眠期修剪是在冬季进行,故又称为冬季修剪。

(2)生长期修剪

指春季萌芽后至落叶果树秋冬落叶前或常绿果树晚秋梢停长前进行的修剪,由于主要修剪时间在夏季,故常称为夏季修剪。

①春季修剪。主要内容包括花前复剪、除萌抹芽和延迟修剪。花前复剪是在露蕾时,通过修剪调节花量,补充冬季修剪的不足。除萌抹芽是在芽萌动后,除去枝干的萌蘖和过多的萌芽。为减少养分消耗,时间宜早进行。延迟修剪,亦称晚剪,即休眠期不修剪,待春季萌芽后再修剪,此时储藏养分已部分被萌动的芽梢消耗,一旦先端萌动的芽梢被剪去,顶端优势受到削弱,下部芽再重新萌动,生长推迟,因此能提高萌芽率和削弱树势。此法多用于生长过旺、萌芽率低、成枝少的品种。

②夏季修剪。指新梢旺盛生长期进行的修剪。此阶段树体各器官处于明显的动态变化之中,根据目的及时采用某种修剪方法,才能收到较好的调控效果。如为促进分枝,摘心和涂抹发枝素宜在新梢迅速生长期进行。

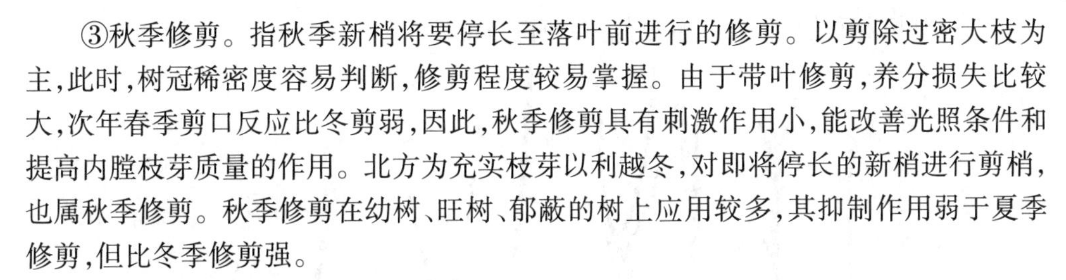

③秋季修剪。指秋季新梢将要停长至落叶前进行的修剪。以剪除过密大枝为主,此时,树冠稀密度容易判断,修剪程度较易掌握。由于带叶修剪,养分损失比较大,次年春季剪口反应比冬剪弱,因此,秋季修剪具有刺激作用小,能改善光照条件和提高内膛枝芽质量的作用。北方为充实枝芽以利越冬,对即将停长的新梢进行剪梢,也属秋季修剪。秋季修剪在幼树、旺树、郁蔽的树上应用较多,其抑制作用弱于夏季修剪,但比冬季修剪强。

3)修剪方法及作用

果树基本修剪方法包括短截、缩剪、疏剪、长放、曲枝、刻伤、除萌、疏梢、摘心、剪梢、扭梢、拿枝、环剥等多种方法,了解不同修剪方法及作用特点,是正确采用修剪技术的前提。

(1)短截

亦称短剪。即剪去一年生枝梢的一部分。短截可分为轻、中、重和极重短截,轻至剪除顶芽,重至基部只留1～2个侧芽,其反应随短截程度和剪口附近芽的质量不同而异。短截反应特点是对剪口下的芽有刺激作用,以剪口下第一芽受刺激作用最大,新梢生长势最强,离剪口越远受影响越小;短截越重,局部刺激作用越强,萌发中长梢比例增加,短梢比例减少;极重短截时,有时发1～2个旺梢,也有的只发生中、短梢。短截对母枝有削弱作用,短截越重,削弱作用越大(如图5.13)。

方法:

①轻短截。1/4～1/3剪掉;易发枝形成花芽,截后形成中短枝。

②中短截。剪掉1/2～1/3;芽萌发率高,长势强壮,形成中长枝。

③重短截。剪掉2/3～3/4;芽可以萌发,形成几个强枝,促进营养生长。

④超重短截。留下枝条基部的2～3个芽,其他部分去掉;削弱枝条的生长势发芽时母体枝条变小。

其作用有:

①枝梢密度增加,树冠内膛光线变弱,短波光减弱更重,利于枝条伸长,而不利于组织分化。为增加分枝,常用短截。

②缩短枝轴,使留下部分靠近根系,缩短养分运输距离,有利于促进生长和更新复壮。

③改变枝梢的角度和方向,从而改变顶端优势部位,为调节主枝的平衡,可采取“强枝短留,弱枝长留”的办法。

④短截可增强顶端优势,故强枝过度短截,往往顶端新梢徒长,下部新梢变弱,不能形成优良的结果枝。

⑤控制树冠和枝梢,尤其重短截,会使树冠变小。

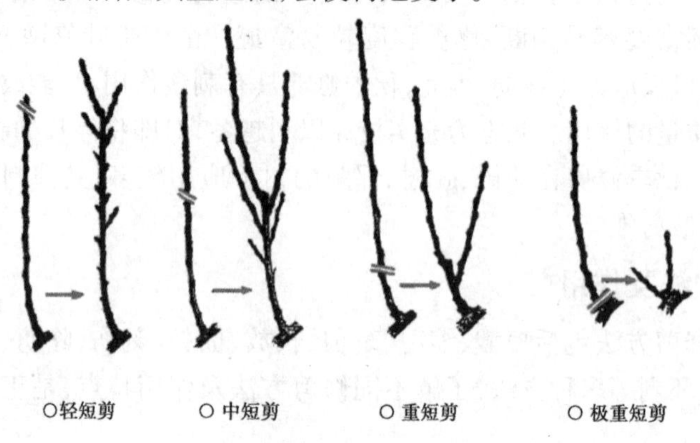

图 5.13　短截

(2)缩剪

缩剪亦称回缩。即在多年生枝(2 年以上)上短截。缩剪反应的特点是对剪口后部的枝条生长和潜伏芽的萌发有促进作用,对母枝则起到较强的削弱作用。其具体反应与缩剪程度、留枝强弱、伤口大小有关。如缩剪留强枝,伤口较小,缩剪适度,可促进剪口后部枝芽生长;过重则可抑制生长。缩剪的促进作用,常用于骨干枝、枝组或老树复壮更新上,削弱作用常用于骨干枝之间调节均衡、控制或削弱辅养枝上(如图 5.14)。

(3)疏剪

疏剪亦称疏删。即将枝梢从基部疏除(如图 5.15)。其作用有:

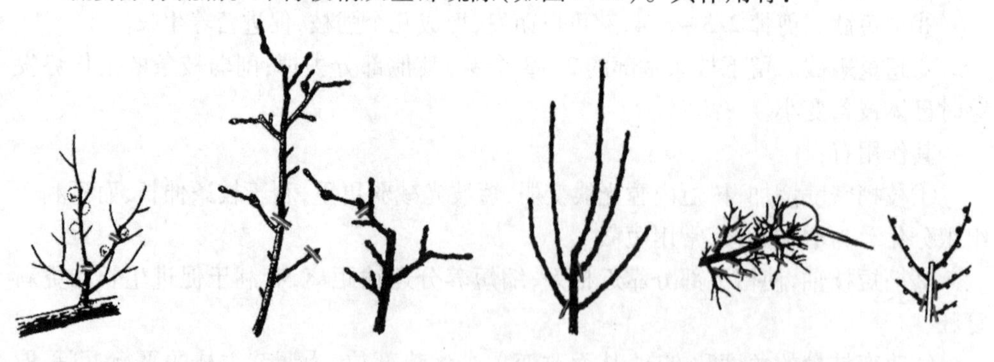

图 5.14　缩剪　　　图 5.15　疏剪

①减少分枝,使树冠内光线增强,尤其是短波光增强明显,利于组织分化而不利于枝条伸长,为减少分枝和促进结果多用疏剪。

②疏剪对母枝有较强的削弱作用，常用于调节骨干枝之间的均衡，强的多疏，弱的少疏或不疏。但如疏除的为花芽、结果枝或无效枝，反而可以加强整体和母枝的势力。

③疏剪在母枝上形成伤口，影响水分和营养物质的运输，可利用疏剪控制上部枝梢旺长，增强下部枝梢生长。

疏剪反应特点是对伤口上部枝芽有削弱作用，对下部枝芽有促进作用，疏剪枝越粗，距伤口越近，作用越明显。对母枝的削弱较短截为强，疏除枝越多、枝越粗，其削弱作用越大。

(4)长放

长放亦称甩放，即一年生长枝不剪。中庸枝、斜生枝和水平枝长放，由于留芽数量多，易发生较多中短枝，生长后期积累较多养分，能促进花芽形成和结果。背上强壮直立枝长放顶端优势强，母枝增粗快，易发生“树上长树”现象，因此，不宜长放。如要长放，必须配合曲枝、夏剪等措施控制生长势(如图5.16)。

(5)曲枝

即改变枝梢方向。一般是加大与地面垂直线的夹角，直至水平、下垂或向下弯曲，也包括向左右改变方向或弯曲。加大分枝角度和向下弯曲的作用有：

①削弱顶端优势或使其下移，有利于近基枝更新复壮和使所抽新梢均匀，防止基部光秃。

②开张骨干枝角度，可以扩大树冠，改善光照，充分利用空间。

③减缓枝内蒸腾液流呈单方面运输速度。生长素、类似赤霉素含量减少，含氮少而碳水化合物增多。乙烯含量增加，因而曲枝有缓和生长、促进生殖的作用(如图5.17)。

图5.16　缓放

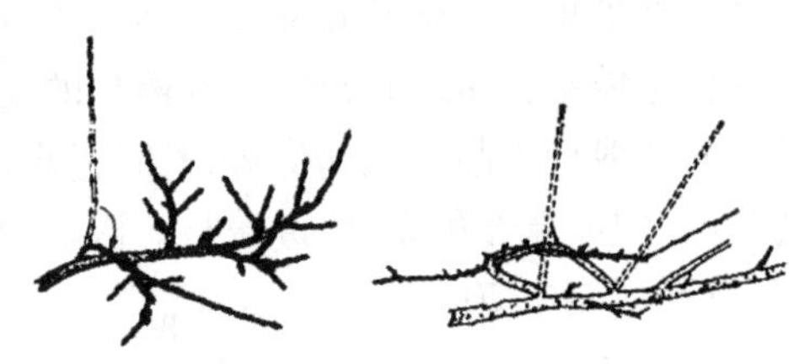

图5.17　曲枝

(6)刻伤和多道环刻

在芽、枝的上方或下方用刀横切皮层达木质部，叫刻伤，宽度为枝条的1/8～1/5。时间6月下旬至7月上旬。春季发芽前后在芽、枝上方刻伤，可阻碍顶端生长素向下运输,能促进切口下的芽、枝萌发和生长。

多道环刻,亦称多道环切或环割,即在枝条上每隔一定距离,用刀或剪环切一周,深至木质部,能显著提高萌芽率。单芽刻伤多用于缺枝一方;而多芽刻伤和多道环刻,主要用于轻剪、长放的辅养枝上,缓和枝势,增加枝量(如图5.18)。

(7)除萌和疏梢

芽萌发后抹除或剪去嫩芽为除萌或抹芽;疏除过密新梢为疏梢。其作用是选优去劣,除密留稀,节约养分,改善光照,提高留用枝梢质量(如图5.19)。

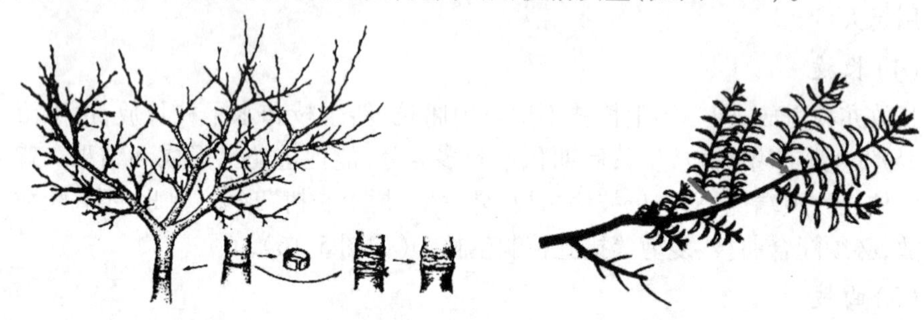

图5.18　主干还剥　　　　图5.19　疏梢

柑橘的芽具有早熟性,一年能发生几次梢,常采用抹芽放梢的办法,培养健壮整齐的结果母枝。葡萄通过抹除夏芽副梢,逼冬芽萌发进行多次结果。

(8)摘心和剪梢

摘心是摘除幼嫩的梢尖,剪梢包括部分成叶在内。其作用是:

①削弱顶端生长,促进侧芽萌发和二次枝生长,增加分枝数。

②促进花芽形成。如苹果幼树,对直立枝、竞争枝长到15~20 cm时摘心,以后可连续摘2~3次,从而能提高分枝级数,促进花芽形成,有利提早结果。

③提高坐果率。葡萄花前或花期摘心,可显著提高坐果率。

④促进枝芽充实。秋季对将要停长的新梢摘心,可促进枝芽充实,有利越冬。

摘心和剪梢可削弱顶端优势,暂时提高植株各器官的生理活性,改变营养物质的运转方向,增加营养积累,促进分枝。因此,摘心和剪梢必须在急需养分调整的关键时期进行(如图5.20)。

(9)扭梢

在新梢基部处于半木质化时,从新梢基部扭转180°,使木质部和韧皮部受伤而不折断,新梢呈扭曲状态。苹果树进行扭梢后,枝梢淀粉积累增加,全氮含量减少,有促进花芽形成的作用(如图5.21)。

图5.20　摘心

图5.21　扭梢

(10)拿枝

亦称捋枝。在新梢生长期用手从基部到顶部逐步使其弯曲,伤及木质部,响而不折。在苹果春梢停长时拿枝,有利旺梢停长和减弱秋梢生长势,形成较多副梢,有利形成花芽。秋梢开始生长时拿枝,减弱秋梢生长,形成少量副梢和腋花芽。秋梢停长后拿忮,能显著提高次年萌芽率(如图5.22)。

(11)环状剥皮

简称环剥。即将枝干韧皮部剥去一圈。环割、环状倒贴皮、大扒皮等都属于这一类,只是方法和作用程度有差别。绞缢也有类似作用。环剥在枣、苹果、梨、柿、柑橘等多种果树上都有应用(如图5.23)。

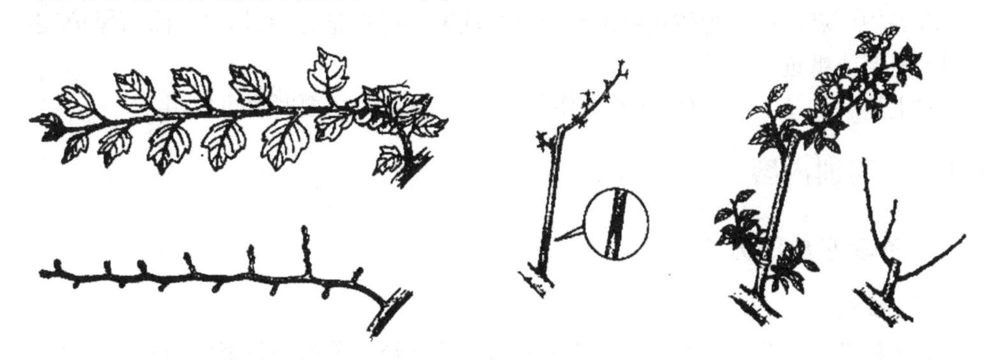

图5.22　拿枝

图5.23　辅养枝环剥

植物体内有机物质,虽能沿着任何组织的活细胞向任何方向转移,但速度很慢,只有韧皮部才是有机物质沿着整个植物长距离上下运输的主要通道。此外,韧皮部也负担一部分矿质元素运输。

环剥暂时中断了有机物质向下运输,促进地上部分碳水化合物的积累,生长素、赤霉素含量下降,乙烯、脱落酸、细胞分裂素增多,同时也阻碍有机物质向上运输。环剥后必然抑制根系的生长,降低根系的吸收功能,同时环剥切口附近的导管中产生伤害充塞体,阻碍了矿质营养元素和水分向上运输。因此,环剥具有抑制营养生长、促进花芽分化和提高坐果率的作用。

根据环剥特点,操作时应注意以下几点:

①环剥时间。环剥时间与环剥目的有关,为促进花芽分化,宜在花芽分化前进行,提高坐果率宜在花期前后进行。

②环剥宽度与深度。环剥的适宜宽度,是在急需养分期过后即能愈合为宜。过宽长期不能愈合,抑制营养生长过重,甚至造成植株死亡。环剥过窄,愈合过早,不能充分达到目的。苹果环剥宽度,一般为枝直径的1/8~1/10。

环剥适宜深度为切至木质部,切得过深,伤及木质部,会严重抑制生长,甚至使环剥枝梢死亡,过浅,韧皮部有残留,效果不明显。对环剥敏感的树种和品种,可采用绞缢、多道环割,也可采用留安全带的环剥法,留下约10%部分不剥。

③环剥效果与剥口以上的叶面积。环剥效果与其树或枝上的叶面积大小有关,幼树或春季环剥过早,由于总体叶面积小,光合产物不多,积累不足,效果差甚至无促花效果。因此,幼树和春季不宜过早环剥。

④部分环剥与主干环剥。主干环剥对树整体作用强,对根抑制作用大;部分枝环剥,只对部分枝产生抑制,促进成花或坐果,未环剥枝能继续供给根养分,并能增强光合效率。因此,在不需要控制整株生长的情况下,宜对部分枝实行环剥。

⑤保护环剥切口。为防止病虫对切口的危害和促进愈合,对切口可涂药保护,也可用塑料布或纸进行包扎。

除上述各种基本方法外,还有击伤芽、断根、折枝等,需要时也可应用。

5.3.2 实训内容

1)冬季修剪的方法

(1)短截

剪去枝条一部分,称为短截,又称为短剪。枝条经短剪后,可刺激生长,抽生较多的枝条,一般近剪口的几个芽抽枝较长,特别是剪口下的第一个芽生长最强,但如剪口过于接近剪口芽,则影响剪口芽发枝,而第二个芽则生长旺盛。有时为防止剪口芽

生长过旺或为了培养第二个芽的生长，往往采用此种剪法。

短截的强弱（即长或短），所产生的反应也不同。

①轻短截：只剪除枝条的不充实部分或顶芽。一般只剪除秋梢部分及盲芽，对枝条的刺激不大，抽生的枝条较弱，可缓和树势。

②中短截：于饱满芽处剪截，剪后能抽生中、长枝条，保持原有的生长势，适用于延长枝、骨干枝及腋花芽结果的枝条的修剪。

③重短截：剪去枝条的1/2～2/3，剪后抽生1～2个强枝，一般用以培养结果枝组。

④超重短截：仅于枝条基部留1～2个弱芽剪截，剪后一般只有抽生1～2个弱枝，也可能抽生一个强枝，可控制和改造直立的旺枝和竞争枝。

(2)疏枝

将枝条从基部剪除，称为疏枝，又称为疏剪。经过疏枝可改善树体的通风透光条件，增强同化作用，降低养分消耗，促进花芽形成，增强伤口下部枝条的生长能力。

一般均疏除过密枝、病虫枝、下垂枝、骑马生枝、平行枝、轮生枝、把门枝、徒长枝、竞争枝等。

(3)长放

对枝条不进行剪截，称为长放。长放可缓和枝条和生长势，对生长势强的树多采用。经长放的枝条，容易形成中、短果枝，桃的长果枝长放后，坐果明显增加。

长势过旺的树，可连续长放，以形成花芽结果。但一般第一年长放后，第二年应行回缩修剪。

(4)回缩

对多年生枝进行短截，称为回缩。对伸展过长，生长势较弱的多年生枝条，选留其上较强的枝条处剪截，以达到复壮的目的。有的则剪除先端较强部分，起到控上促下的作用，所以，回缩的目的主要是为了恢复和平衡树势。

(5)角度调整

为了缓和树势，调整主枝间的平衡关系，改变主枝的延伸方向，改善通风透光条件等，调整开张角度是行之有效的措施。具体方法有：

①拉枝与撑枝。如枝条的开张角度较小，可用绳拉开树枝或木棒撑开，较大的枝条用绳拉，较小的枝条用修剪下来的树枝（要留枝丫，以利于固定）撑开。有些树种（如梨）的枝丫处易裂开，拉枝前可在分叉处绑一个8字结，然后再拉。

②吊枝与支撑。如枝条的角度开张过大，可行此法。对位于树冠中、上部的开张枝条，可用绳吊；对下部开张的大枝可用木棍支撑。

③里芽外蹬。即剪口芽朝里,第二个或第三个芽朝外,第二年将剪口抽生的枝条剪除,则第二芽抽生的枝条角度较大,如角度还不够大,可留第三芽抽生的枝条,以获得较大的开张角度,这样的修剪方法称为里芽外蹬。多用于是骨干枝的延长枝的角度开张。

④转头换主。原主枝的开张角度不合适,可选其下生长较强、角度合适的枝或枝组代替,并将选留枝的上部枝或枝组去掉。也可分 2 年进行,第一年去强枝留弱枝,这样的操作方法,称为转头换主。

休眠期树体内储藏养分较充足,修剪后枝芽减少,有利于集中利用储藏养分。落叶果树枝梢内营养物质的运转,一般在进入休眠期前即开始向下运入茎干和根部,至开春时再由根茎运向枝梢。因此,落叶果树冬季修剪时期以在落叶以后、春季树液流动以前为宜。常绿果树叶片中的养分含量较高,据 Cameron(1945 年)报道,结果柑橘树上叶片的含氮量约占全树的 1/2,磷在叶片和新梢中含量仅次于花,钾在叶片中的含量仅次于果实,叶片中氮、磷、钾含量均随叶龄增长而下降,尤其在落叶前下降最快,大都被重新利用,光合效能也随叶片老化而下降。因此,常绿果树的修剪宜在春梢抽生前、老叶最多并将脱落时进行,此时树体储藏养分较多而剪后养分损失较少。

冬季修剪还要综合考虑树种特性、修剪反应、越冬性和劳力安排等因素。不同树种春季开始萌芽早晚不同,如杏、李、桃较早,修剪应早些进行,苹果稍晚,而柿、枣、栗更晚,修剪相应也可延迟。葡萄在北方寒冷地区需埋土防寒,修剪必须在埋土前进行。落叶果树进入休眠期后早修剪可以促进剪口附近芽的分化和生长,加强顶端优势,减少分枝;晚修剪相反,可缓和树势,增加分枝。对于大面积的果园,多从劳力合理利用考虑,根据树种和树龄的不同,修剪安排有前有后。

2)夏季修剪的方法

整个生长期的修剪和对果树施行一定的手术,均称为夏季修剪。

(1)花前复剪

花前复剪可弥补冬季修剪的不足,如仁果类果树的花芽与中间芽,冬季常分辨不清,可于春季花芽膨大时再根据花量补剪。其他树种的花芽,经核查如过多也应疏剪,对花量少的树,可疏除和剪截一部分密集的营养枝。

(2)摘心

摘除枝条顶端的幼嫩部分,称为摘心。摘心能抑制新梢生长,促进萌芽分枝,并可减少养分消耗,有利于花芽形成和提高坐果率。

摘心的时间,因树种、品种以及摘心的目的不同而不同。在生理落果前对苹果果台的副梢摘心可提高坐果率,坐果后摘心可增进果实膨大、提早成熟和提高品质。葡

萄在花序以上留8～10叶摘心，可提高坐果率和促进冬芽发育充实。桃于5月对生长枝新梢摘心，可促发二次枝形成花芽。

(3)刻伤

用快刀横割枝条的皮层，深达木质部，称为刻伤，又称为木伤。

刻伤的位置不同，所起的作用也不同。生长期在芽或枝的下部刻伤，可阻止叶片光合作用时所制造的有机养分向下运送，积累于刻伤上部的芽或枝上，促进花芽形成和枝条充实并可提高坐果率。

如对枝条进行纵割，深达木质部，可使枝条增粗。

(4)扭梢

对生长过旺、直立而不结果的枝条，在其基部扭伤，并置于水平或下垂状态的方法，称为扭梢，又称为拿梢。经扭伤的部位，木质和皮层均已受损，这样就暂时阻止了水分和养分的运送，减缓了枝条的生长势，促使枝条充实和花芽分化。

扭梢较短截和摘心的刺激性小，不致萌发二次枝。一般于5—7月在枝条木质化时进行。方法是用手握住新梢基部，缓缓扭转180°，使皮层和木质部稍有裂痕，但不能使枝条折断。

(5)曲枝与圈枝

曲枝就是将直立的枝条弯向水平或下垂方向生长。圈枝是将生长旺盛的长枝弯曲成圆环，或将两个枝相互结成圆环。

曲枝和圈枝都能缓和生长势，促进花芽分化，但对枝条向上部分萌发的芽和强枝要去除，使其发生中、短枝。

(6)环状剥皮

在枝干上剥去一圈树皮，称为环状剥皮，简称为环剥。环剥的宽度，一般为直径的1/10，直立旺盛枝可适当加宽，一般为0.3～1 cm。

通过环剥可有效地阻止伤口以上有机养分向下运送，增加养分积累，有利于花芽分化，可于5—6月进行。

(7)抹芽除梢

抹除刚萌发的芽，称为抹芽，或称为除萌。在新梢旺盛生长时，疏除过密新梢，称为除梢。

抹芽除梢可选优去劣、节省养分、改善光照、减少生理落果，并避免造成较大伤口。所以，抹芽除梢可起到事半功倍的效果。

果树的夏季修剪工作如果做好了，冬季的修剪工作就省力得多，并可减少生长期养分的徒劳消耗，改善通风透光条件，促进果树的生长和发育。所以，夏季修剪十分必要，也是冬季修剪所不能代替的。

5.3.3 实践应用

1)幼年树修剪

幼树主要是培养骨干枝、平衡树势、调节枝条生长、迅速形成树冠和促使早结果、早丰产。所以，应轻剪密留，多留辅养枝，骨干枝中上部及延长枝上不能结果，辅养枝过强影响骨干枝生长，应及时疏除，同时还要注意保持各主枝间的生长平衡，防止上强下弱的现象发生，以免影响树势。如发生上强下弱现象，应对上面的强枝转头换主，留长势稍弱、角度较大的枝条作为延长枝，并多留辅养枝，对下面生长弱的主枝进行较强修剪，刺激多发枝条，尽量减少结果量，如主枝伸展长而近于水平，则可回缩至较强部位。

对上弱下强的现象，可对下面的强枝进行拉枝，对上面的弱枝进行吊枝，并进行较重修剪。

2)成年树修剪

此期生长势已趋缓和，生殖生长转强，需要消耗较多的养分。因此，修剪量要比初果期大，不宜过多地长放，并防止花量过多，以调节生长和结果的关系，防止发生大小年现象。如花量过多要疏除，保持树冠内、中、外的均匀分布，防止集中于外围结果，老弱枝组要回缩。

树冠封顶后，要剪去延长枝，以免无效地向外延伸和影响邻树的生长发育。

3)衰老树修剪

主要是回缩修剪，以更新树势，延长结果寿命，但修剪量一次不可太大，以免造成地上部分和地下部分的营养失调而加速衰老。对所发生的徒长枝，应适当利用，以填补内膛空秃。

果树衰老后，产量显著下降，当产量下降至常年的30%时，已失去经济意义，应及时更换新株为宜。所以更新复壮应从盛果期着手，以延长果树的经济寿命。

5.3.4 扩展知识链接(选学)

1)果树修剪的基本操作原则

(1)先看后剪，先整大枝

修剪前的第一步先要观察全树，根据枝条上下左右的关系，再决定需要剪除的部分，然后进行修剪。修剪时应先剪除不适宜的大枝及枝组，这样不但可提高工效，更

重要的是可均衡树势，并避免因随意修剪时将不应剪除的小枝也剪除掉，而这些小枝是主要的生产性枝条。

(2)从属分明，均衡树势

修剪时应注意枝条的从属关系，以形成牢固的树冠骨架。如副主枝影响主枝生长、侧枝影响副主枝生长等现象，则应对副主枝、侧枝采取疏枝、回缩等方法加以控制，以利于枝条均匀分布和保持全树平衡。

(3)大枝要少，小枝宜多

大枝也即骨干枝，应根据造形标准选留，不应多留，以免骨干枝上抽生的枝条相互碰头，影响生长和通风透光。根据造型标准，骨干枝之间应有一定的距离，这样小枝多些也不致相互碰头，而这些小枝又是结果的主要单位，所以应尽量多留。

(4)长长短短，伸伸缩缩

有放有缩的意思是使被放和被缩的枝都有合理的空间。长与伸、短与缩，在本文中是同义词，长则为放，短则为缩。修剪时，除被疏除的枝条或枝组外，对同一侧或同一平面上邻近而相类似的枝条或枝组，应掌握一放一缩的原则，使被放的枝条有良好的生长和结果条件，而被缩的枝条或枝组也有一定的空间，以抽生良好的预备枝或达到复壮的目的。如对结果枝和生长枝的修剪，长放主要是为了结果和扩大树冠，保留主要是为了培养预备枝和培养枝组。

长长短短，伸伸缩缩的修剪方法，可较好地克服大小年现象和达到更新复壮的目的。

(5)控上促下，注意更新

由于枝条的顶端优势，一般树冠上部的枝条生长势强旺，第二年继续抽生较强枝条，这样会影响下部枝条的生长发育，造成下部空秃。所以，适当去除上部强枝，可改善中、下部的光照条件和养分分配，有利于中、下部枝条的萌芽抽枝和形成花芽结果，同时中下部一些枝组，由于多年结果后，造成结果部位上移和下部空秃，必须选适当部位回缩更新。对空秃部位抽生的强枝应加以利用，培养结果枝组。

(6)冬夏并重，调节生长

冬季修剪和夏季修剪的作用不同，但具有同等重要的地位。冬季修剪虽是造形的基础，但如果没有夏季修剪加以补充，就会造成枝条紊乱、通风透光不良和养分的徒劳消耗，影响花芽的形成，同时还容易发生病虫为害。所以，冬剪和夏剪是相辅相成、缺一不可的。

2)修剪技术的综合应用

合理培养和修剪枝组，是提高产量、克服大小年和防止结果部位外移的重要措施。

(1)先放后缩

对当年生的强旺枝不进行短截,待结果后再回缩。

(2)先截后再放缩

先对当年生枝进行较重短截,促进靠近骨干枝分枝后,再去强留弱,去直留斜,将留下的枝条缓放,以后再逐年控制回缩培养成为大、中型枝组。这种方法多用于直立枝或背上旺枝。

(3)先截后缩

第一年短截,第二年去强留弱,去直留斜,将留下的回缩至有弱枝的分枝处。

(4)先截后放

第一年短截,第二年去强留弱,去直留斜,将留下的采取缓放不剪。

(5)连截

第一年短截,以后对其延长枝继续短截,直至培养成大、中型枝组。

(6)连放

第一年和第二年都不剪,任其自然生长,分生中、短枝,即可培养小型枝组。

(7)改造辅养枝

在大枝过多时,可采用扣(如扣头、挖心)、压(压低角度)、疏(疏过密枝、旺枝)、缩、曲、圈、缓、环剥、环割等方法,把辅养枝改造为大、中型枝组。当辅养枝影响骨干枝生长时应及时处理。

(8)冬剪夏剪相结合

冬季短截,翌年夏季对抽生出来的强枝采取摘心、环剥、环割、曲枝、拿枝软化、扭梢、圈枝等方法,即可培养成中、小型枝组。

5.3.5 扩展知识链接(选学)

1)果树器官的生长发育

(1)根系

根系是植物的基础,能使植株固定并吸收土壤中的水分和养分供植株生长,还能合成和储存养分,合成某些激素,如生长素、细胞分裂素等,有的还能产生萌蘖,起繁殖作用。多数研究表明,果树根系垂直分布范围主要是在 20 ~100 cm 的土层内,水平分布约有 60% 左右的根系分布在树冠正投影之内,尤其是粗根更是如此。在土壤

管理较好的果园中根群的分布主要集中在地表以下 10 ~ 40 cm 范围内,所以耕作层和树盘管理至为重要。

果树的根系通常由主根、侧根和须根组成。

研究表明,在正常条件下,超过50%的光合产物用于果树的根系生长、发育和吸收,草本植物甚至超过75%,这些养分主要是用于新根生长。不论年龄、品种和植株类型,吸收根的60% ~80%发生在表层,0 ~ 20 cm 表层吸收根的发根量远比 20 ~ 40 cm图层中为多,这种现象被称为“表土效应”。

(2)芽、枝、叶的生长与发育

果树的地上部分由根颈以上的树干、主枝、侧枝和叶组成,统称树冠,树干和主枝构成树冠的骨架。

①芽的特性。

芽分为叶芽、花芽和混合芽。叶芽一般瘦小而尖,花芽通常肥胖钝圆,核果类花芽为纯花芽,仁果类的花芽为混合芽,萌发后先抽生新梢,并在新梢上开花结果。

在每个芽鳞痕和过渡性叶的腋间都含有一个潜伏芽(隐芽),在秋梢和春梢基部1 ~3 节的叶腋中也有隐芽,称为盲节。在果树衰老和强刺激作用下(如短截修剪),潜伏芽也能萌发。凡潜伏芽寿命长的树种,易于更新复壮,树冠内膛不易空虚,另外,有的芽具有一定早熟性。

②枝的生长发育。

当年抽生的带有叶片、并能明显地区分出节和节间的枝条称为新梢,不易区分节间的称为缩短枝或叶丛枝。新梢秋季落叶后叫一年生枝,着生一年生枝的枝条称为二年生枝,等等。有些果树一年中可多次抽梢,如桃、柑橘等一年可抽梢 3 ~4 次,多次抽生的枝条,根据季节不同,可称为春、夏、秋梢等。一年生枝有的为结果枝,有的为生长枝。

结果枝。在枝梢上着生花芽或混合芽的称结果枝。

生长枝。枝条的生长分为加长生长和加粗生长。多年生枝只有加粗生长而无加长生长。枝条生长有顶端优势现象,顶端优势是活跃的顶部分生组织、生长点或枝条对下部的腋芽或侧枝生长的抑制现象。通常情况下,木本果树都有较强的顶端优势,表现为枝条上部的芽萌发后能形成新梢,愈向下生长势愈弱,最下部芽处于休眠状态。顶端枝条沿母枝枝轴延伸,愈向下枝条开张角度愈大。顶端优势和芽的异质性共同作用造成树冠层性,因为中心干上部的芽萌发为强壮的枝条,愈向下生长势愈弱,基部的芽多不萌发,随着年龄的增长,强枝愈强,弱枝愈弱,形成了树冠中的大枝呈层状结构,这就是层性。枝的生长势可以用生长速率表示,直立或先端的枝条生长势强,下部、侧生的生长势弱。分枝角度指枝条与母枝的夹角,分枝角度越大,生长势越弱,越有利于结果。

③叶的生长发育。

叶的主要功能—光合作用、呼吸、蒸腾、吸收等多种生理功能,能制造养分和部分储藏物质。

叶面积指数是指单位面积上所有果树叶面积总和与土地面积的比值,多数果树的叶面积指数为 4~5 比较合适。果树不仅要求合理的叶片数量,也要求叶片在树冠中分布合理。

果树叶幕是指同一层骨干枝上全部叶片构成的具有一定形状和体积的集合体。适当的叶幕厚度和叶幕间距,是合理利用光能的基础。果树的产量主要是通过叶片的光合作用形成的,所以,必须保护叶片的完整和健壮,使之有合理的密度,以制造更多的有机物质,满足树体的需要,才能达到丰产的物质。研究表明,主干疏层形的树冠第一、二层叶幕厚度 50~60 cm,叶幕间距 80 cm,叶幕外缘呈波浪形是较好的丰产结构。

(3)*花芽分化及调控途径*

果树芽轴的生长点经过生理和形态的变化,最终构成各种花器官原基的过程,叫花芽分化。为了使实生苗尽早开花、结果,研究花芽分化的规律在果树栽培学中具有十分重要的意义。

①花芽分化的过程。

多数果树花芽形态分化初期的共同特点是:生长点肥大高起,略呈扁平半球体状态,从而可以与叶芽区别开来。花芽开始形态分化以后,花萼、花瓣、雄蕊和雌蕊的分化速度和程度因树种、品种和外界条件而异。虽然不同种类果树花芽分化时期很不一致,但在一定条件下,花芽分化期又相对集中和稳定。

②影响花芽分化的环境因素。

光照。光是花芽形成的必需条件,光照不足会导致花芽分化率降低。

温度。温度对果树新陈代谢产生影响,如光合、呼吸、吸收和激素变化等,当然也会对花芽分化产生作用。

水分。果树花芽分化期适度的水分胁迫可以促使花芽分化,因为干旱使营养生长受抑制,碳水化合物等营养物质易于积累,有利于花芽分化。当然过分干旱也不利于花芽的分化与发育。

土壤养分。土壤养分的多少和各种矿质元素的比例影响花芽分化,一般增施 P、K 肥,花芽形成率增加。

重力作用也可影响成花,通常水平枝比直立枝易成花。

③花芽分化的调控途径。

调控的时间。调控措施应在主要结果枝类型花芽诱导期进行,进入分化期效果

就不明显。

平衡果树生殖与营养生长。这是控制花芽分化的主要手段之一，如大年加大疏果量，拉枝缓和生长势，因地制宜选择矮化砧等。

控制环境条件。通过修剪，改善树膛内的光照条件；花芽诱导期控制灌水和合理增施P肥、K肥均能有效增加花芽数量。

应用激素。目前应用最为广泛的是B_9和多效唑，由于这些物质可抑制茎间GA的合成，使枝条生长势缓和，从而促进成花。

(4)果树器官间生长发育的相互关系

植物各器官之间是相互联系、相互抑制或相互促进的，因此存在着一定的相关性。某一部分或某一器官的生长发育常会影响另一部分或另一器官的生长发育，这主要是由于树体营养的供求关系和激素等调节物质的作用所致，这种相互依赖又相互制约的关系，也是植物有机体整体性的表现。

①根系和地上部的关系。

根系需要利用地上部经韧皮部送来的有机养分、GA和生长素等。同样，根系也由木质部向地上部提供无机营养、氨基酸和细胞分裂素，两者的活动必须正常，才能维持各自活动的相互需要，如一方失去平衡，必然影响另一方的正常生命活动。根系和地上部各器官的关系也表现相互促进和调节，地上部和根系的生长高峰交互出现。另外，损伤根系会抑制地上部的生长，此时会有更多有机物下运帮助根系恢复。生产者在不同时期分别对根系和地上部进行干预(如冬剪、夏剪、根系修剪和疏果等)，可以达到栽培的目的。

②营养生长与生殖发育。

营养生长是生殖生长的基础，生殖器官的数量和强度又影响营养生长，营养生长和生殖发育的相互依赖、竞争和抑制主要表现在营养物质的分配上。枝条生长、花芽分化和果实生长三者存在着密切关系，果树的花芽分化多在新梢生长缓慢期或停止生长以后开始。枝条健壮，单叶面积大，为果实生长和花芽分化提供了物质基础，但生长过旺反而不利于果实生长和花芽分化。

③有机营养与产量形成。

果树的组织和器官中的干物质中90%～95%以上来源于光合产物，称有机营养。

5.3.6 考证提示

表5.2 果树休眠期修剪考核项目及评分标准

序号	测定项目	评分标准	满分	检测点					得分
				1	2	3	4	5	
1	工具检测	刀口、锯口锋利。	5						
2	树形选择	选择恰当,主枝明确,通风透光,树冠圆整均匀。	20						
3	疏枝、留枝、截枝	要根据树种特性及树势确定修剪量,乔木类主要疏去徒长枝、交叉枝、并生枝及其他病、虫、枯枝;灌木类要以枝叶繁茂,分布均匀为度,花灌木要促进短枝及花芽形成。	20						
4	剪口	剪口要靠节,在剪口芽反侧呈45°倾斜,剪口平整;粗大截口要用分段截枝法,并涂抹防腐剂。	15						
5	修剪程序	一般情况下,遵循“先上后下,先内后外,去弱留强,去老留新”的原则。	10						
6	辅助	能灵活运用拉枝、扭枝技术,以使树形开张与扩充。	10						
7	文明操作与安全	修剪无遗漏,无枯枝烂头,工完场清。严格执行安全操作规程。	10						
8	工效	按树木种类及规格的不同分别制定,超时扣分。梨树1 h修剪3株,超时扣分。	10						

任务后

1)考证练习

表5.3 果树冬季修剪的方法、夏季修剪的方法

序号	考核项目	考核要点	考核方法	评分标准	备注
(1)	冬季整形修剪	实际操作	实际操作	优:判断正确,方法得当,程度较合理,操作较熟练。 良:判断基本正确,方法得当,程度较合理,操作较熟练。 及格:判断无明显失误,方法较得当,程度略有轻重,熟练程度一般。 不及格:判断有明显失误,方法不合理,程度明显偏重或偏轻,操作不熟练。	①幼树每人1~2株。 ②结果树每人1~2个主枝。 ③常绿果树与落叶果树兼顾。
(2)	夏季整形修剪	夏季修剪的主要方法	实际操作	优:判断正确,方法得当,程度合理,操作熟练。 良:判断基本正确,方法得当,程度较合理,操作较熟练。 及格:判断无明显失误,方法较得当,程度略有轻重,熟练程度一般。 不及格:判断有明显失误,方法不合理,程度明显偏重或偏轻,操作不熟练。	①幼树每人1~2株。 ②结果树每人1~2个主枝。 ③常绿果树与落叶果树兼顾。

2)案例分析

桃树冬季修剪

桃树的冬季修剪必须根据不同的树龄、不同的生长势及不同品种和结果能力，实施修剪的方法、或者是确定修剪量的轻重。合理的修剪能使幼树尽快成形；使旺树缓和生长势力达到提早结果；使成年树生长健壮，保持生长和结果的平衡；能使衰弱树恢复生长延长有效的结果年限。

(1)主侧枝的修剪

主侧枝的培养、调整必须掌握分布合理，使其逐年粗壮，达到应有的覆盖率，同时不断提高承受枝叶和果实的重压。通过冬季修剪必须调整主侧枝间的从属关系，不断调节主侧枝的着生角度，应用换枝变位改变延长枝的枝势及主侧枝的腰部和梢部的角度，从而达到主侧枝各占一方，各主侧枝间的势力相对一致，形成良好的通风透光格局。

主侧枝的分布必须株距不交叉、不重叠，大枝的株距通过冬剪相互避让互不影响，行距间应有光路，至少行间有0.5 m的空间，切实达到通风透光，形成操作方便，枝叶、果实良好生长条件。

(2)枝组的培养及更新

枝组是果实生产的基本单位，枝组的培养和及时更新复壮贯穿于桃树的整个生长周期，因此，每年冬季修剪应该注重于枝组的不断更新修剪，使枝组内抽生足够的中长果枝，为连年丰产优质提供根本条件。

枝组的培养方法有两种：一是先放后缩法，二是先截后放法。枝组的着生及大小必须因树而宜，因部位而宜。一般来说，枝组应分布在主侧枝的两侧，着生状态应水平及斜生，主侧枝的背上应留中小型的枝组，高度不超过0.4 m，中下部位、空间大的适当安排较大型的枝组。整棵树的枝组应各类枝组相互搭配，枝组也不能交叉、重叠。通过合理的回缩、短截、长放等方法的运用使枝组保持各占一处、错落有致。经过冬剪使其树体各部生长相对平衡，促进整棵树生长和结果的平衡，为获得优质果奠定基础。

(3)结果枝的修剪

结果枝的剪留要按照树的生长势、各类果枝的分布状态进行剪切。结果枝的长、中、短标志结果的性能和果子质量有相对的差异。上海郊区的品种大多以长果枝为好的结果对象，其次是中、短果枝。结果枝中的长果枝应留在枝组的侧边、斜生状态为好，背上或直立的长果枝少留，树冠上部徒长性结果枝坚决不留，以免造成徒长扰

乱树势,影响光照。

初结果树和生长过旺不易结果的树以疏剪长放为主,枝组轻缩少截多留果枝,促进树势缓和提高结果能力。成年树应以长放截缩配合的方法,一般长果枝剪去梢部不充实段,剪去梢部1/4~1/3长度。中果枝以长放为主,短果枝需保留的绝不能剪截。老年树或衰弱树应少疏多截控制结果量,加强枝组的更新,促进树势恢复。

总之,通过修剪,使树冠各部果枝分布均匀,稀密有度,各果枝间不密挤、不交叉,各类果枝合理搭配,既能保证结果,又能抽生良好的长中果枝,达到生长和结果的基本平稳。

任务6　花果管理与采收

任务目标:掌握疏花疏果及果实套袋的时期及方法。
重　　点:提高果实内在和外在品质的技术措施。
难　　点:负载量的确定。
教学方法:直观、实践教学。
建议学时:6 学时。

6.1 花果管理

6.1.1 基础知识要点

1)花果数量的调节

现代果品生产的主要目的是获得优质、高产的商品果实。加强果树的花期和果实管理,对提高果品的商品性状和价值,增加经济收益具有重要意义,也是实现优质、丰产、稳产和壮树的重要技术环节。

花果管理,主要指直接用于花和果实上的各项技术措施。在生产实践中,既包括生长期中的花、果管理技术,又包括果实采收后的商品化处理。

果树花果数量过少,产量不足,使果树应有的潜力得不到充分发挥,造成整体上的损失;花果过多过量负载,不仅造成树体营养消耗过大,果实不能进行正常生长发育,严重影响果实的商品品质,而且易引发果树大小年结果现象。

(1)适宜负载量的含义

确定某一树种的适宜负载量是较为复杂的,因为它依品种、树龄、栽培水平、树势和气候条件的不同而不同。通常确定果实的适宜负载量应考虑3个条件:①保证当年果实数量、质量及最好的经济效益;②不影响翌年必要花果的形成;③维持当年的健壮树势并具有较高的储藏营养水平。

(2)过量负载的不良后果

产量不足使果树应有的生产潜力得不到充分发挥,造成经济上的损失,过量负载同样会产生严重的不良后果。

首先,结果过多易造成树体营养消耗过大,果实不能进行正常的生长发育,导致果实偏小,着色不良,含糖量降低,风味变淡,严重影响果实的商品品质。

其次,在超量负载的情况下,易引发果树大小年结果现象。由于结果过多,树体营养物质积累水平低,同时,源于种子和幼果内的抑花激素物质GA、IAA等含量增加,在树体内激素平衡中占优势,不利于当年花芽形成,导致第二年或第三年连续减产而成为小年。

再次,过量结果的果树,树势明显削弱。树体内营养水平低,新梢、叶片及根系的生长受抑制,不利于同化产物的积累和矿质元素的吸收。超量负载的苹果大年树,其根系第二、第三次生长明显减弱,或缺乏第二次生长高峰,活跃的吸收根数量较小年树少70%~75%。中国农业科学院柑橘研究所(中国果树栽培学,1988年)对柑橘不同负载量植株的枝条测定结果表明,过量结果树其全氮、磷及可溶性糖的含量最少,同时,其叶片数量、干重、面积及厚度分别为小年树的91.0%、74.0%、81.5%和83.3%。

此外,过量负载还会加剧风害和加重果树病害的发生。

2)提高坐果率的总体措施

(1)加强综合管理,提高树体营养水平

良好的肥水管理条件、合理的树体结构和及时防治病虫害,是保证树体正常生长发育,增加果树储藏养分积累,改善花器发育状况,提高坐果率的基础措施。

(2)创造良好的授粉条件

对异花授粉品种,应合理配置授粉树,并辅之以下措施,以加强授粉效果,提高坐果率。

①人工辅助授粉。

②花期放蜂。大多数果树为虫媒花,花期放蜂对提高坐果率有明显作用。据山东乐陵小枣区调查,放蜂枣园的坐果率比不放蜂园可提高20%左右,西南农学院调查,放蜂后可使柳橙、香水橙较对照增产24%~26%。苹果、梨园放蜂,可提高坐果率8%~20%。即使风媒花的核桃、杨梅等,花期放蜂也有提高坐果率的明显效果。通常每5~6亩果园放一箱蜂即可,放蜂期间果园切忌喷农药,阴雨天气影响放蜂效果。

(3)喷施植物生长调节剂和矿质元素

落花落果的直接原因是果柄离层的形成,而离层形成与内源激素(如生长素)不足有关。此外,外界条件如光照、温度、湿度、环境污染等都可引起果柄基部产生离层而脱落。应用生长调节剂,可以通过改变果树体内内源激素的水平和不同激素间的平衡关系,以提高坐果率。在生理落果和采收前是生长素最缺乏的时期,这时在果面和果柄上喷生长调节剂,可防止果柄产生离层,减少落果。但使用生长调节剂种类、用量、时间等,应按照具体条件和对象进行必要的预备试验。

用于提高座果率的生长调节剂有GA、维生素B_9、PP_{333}和BA等。防止果树采前落果的生长调节剂主要有NAA(萘乙酸)、2,4-DP(2,4-滴丙酸)、MCPB(2-甲基-4-氯丁酸钠)、PR-04、HOK-813(酚噻嗪)等,具体应用方法和作用对象可参考相关生长调节剂使用说明。

目前,在应用生长调节剂保花保果方面,已由单一种类向多种类混合及调节剂与矿质元素混合使用的趋势发展,旨在增加提高坐果率的效果,同时增进果实品质的改善,现已取得某些研究进展。

用于喷施的矿质元素主要有尿素、硼酸、硼酸钠、硫酸锰、硫酸锌、钼酸钠、硫酸亚铁、醋酸钙、高锰酸钾及磷酸二氢钾等,生长季节使用浓度多为0.1%~0.5%,一些微

量元素与尿素混喷，有增效作用。喷施时期多在盛花期和6月落果以前，以1～3次为宜。

(4)高接授粉花枝或挂罐插花枝

当授粉品种缺乏或不足时，可在树冠内高接带有花芽的授粉品种枝组，以提高主栽品种的坐果率。对高接枝于落花后需做疏果工作，以保证当年形成足量的花芽，不影响来年授粉效果。也可以在开花初期剪取授粉品种的花枝，插在水罐或瓶中，挂在需要授粉的树上，用以促进授粉，达到坐果目的，此法简便易行，但只能作为局部补救措施。

(5)其他措施

通过摘心、环剥和疏花等措施，引导树体内营养分配转向开花坐果，使有限的养分优先输送到子房或幼果中去，以促进坐果。

此外，及时防治病虫害，预防花期霜冻和花后冷害，避免旱、涝等，也是保花保果的必要措施。

3)果实管理

果实管理主要目的是提高果实的品质(内在、外观)。

①果实大小及果形。

②果实色泽。

③果实光洁度。

④果实的采后处理:采收时期、采收方法、采后处理、包装、储运加工。

6.1.2　实训内容

1)保花保果的措施——人工授粉技术

在缺乏授粉品种或花期天气不良时，应该进行人工授粉，其常用方法有:

(1)蕾期授粉

在花前3天，可用花蕾授粉器进行花蕾授粉。将喷嘴插入花瓣缝中喷入少量花粉，花蕾授粉对防治花腐病(Monilia)有效。

(2)开花授粉可采用如下方法

①人工点授。将花粉人工点在柱头上。为了节省花粉用量，可加入填充剂稀释，一般比例为1(花粉并带花药外壳):4填充剂(滑石粉或淀粉)。

②机械喷粉。此法比人工点授所用花粉量多，喷时加入50～250倍填充剂，用农用喷粉器喷，宜现配现用。

③液体授粉。把花粉混入10%的糖液中(如混后立即喷授,可不加糖),用喷雾器喷洒,糖液可防止花粉在溶液中破裂,为增加花粉活力,可加0.1%的硼酸,配制比例为水:砂糖:花粉10 kg:1 kg:50 mg,使用前加入硼酸10 g。配好后应在2小时内喷完,宜在盛花期喷洒。

④掸授粉。在长杆一端用稻草绑成掸子状,外面用白毛巾包紧,用毛巾端于盛花期在授粉品种和主栽品种之间交替滚动,以达授粉目的。此法简便易行,速度快,但效果不及人工点授。

2)果实套袋

果实套袋技术除能改善果实色泽和光洁度外,还可减少果面污染和农药的残留,预防病虫和鸟类为害,避免枝叶擦伤。

(1)纸袋选择

纸袋的纸质需是全木浆纸,无污染,具有耐水性较强、耐日晒、不易变形、经风吹雨淋不易破裂等优点。纸袋若经过药剂处理,还可防止病虫为害果实。

(2)套袋时间和方法

套袋时间在定果后宜早进行于15日内完成套袋工作。套袋前应向果面喷一次杀虫杀菌剂。套袋时,袋口置于果柄顶端,然后缩紧袋口,用细铁丝捏住袋口即可。

(3)除袋

时间多在果实采收前30天左右。可将纸袋撕成伞状,保留在果实上3~5天,当果实已适应外界条件时,再将纸袋全部除掉,防止一次除袋过时发生日烧。一天中除袋时间以果面温度较高时进行为宜。

6.1.3 实践应用

1)疏花疏果的方法

在花量过大、坐果过多、树体负载量过重时,就需疏花疏果,它是控制坐果数量,使果树负担合理,避免大小年出现,提高果实品质的主要手段。

(1)留果依据

桃的叶,果比应为40:1,梨的叶、果比应为40:1,柑橘的叶、果比应为(40~45):1。

(2)疏果依据与原则

大果型幼果先纵向生长,果实外形比较长;而小果型的幼果先长横径,果实外观矮胖。为此,疏果时应挑选相对矮胖者疏去,疏花和疏果,均看枝条的强弱情况,如强

枝、壮枝，可留花果在枝条顶部或中上部；如弱枝，则留花果于枝条基部。对于花器，则留大花型的为好。花器中有几朵花的，如梨、草莓，应留边缘的花器，疏去中心花器，柑橘则留有叶花枝，葡萄掐穗尖，枇杷疏去顶头果等。

(3)方法

①人工疏花疏果：可从花前复剪开始，以调节花芽量，开花后可疏花和疏幼果。疏果应于幼果第一次脱落后及早进行。

②化学疏花疏果：常用西维因、石硫合剂、萘乙酸及萘乙酸铵等。

2)果实负载量的确定

负载量应根据果树历年产量和树势以及当年栽培管理水平确定，生产实践中，人们经多年的研究探索，积累了较为丰富的经验，并提出一些指标依据，指导应用于生产。

(1)经验确定负载量法

辽宁省苹果产区提出“因树定产，按枝留果，看枝疏花，看梢疏果”的方法。山东苹果产区对苹果留果量有“满树花，半树果；半树花，满树果”的谚语，要求在花期树冠上叶与花应达到绿中见白、白绿相间，结果枝和发育枝错落分布的留花量标准，对花芽过多的植株和枝组，进行适当调整，疏除弱花芽或花序，坐果后，再根据坐果量多少，进行适当调整果量。

(2)综合指标定量法

河北省农林科学院昌黎果树研究所安宗祥(1988年)研究认为，鸭梨适宜留果量的综合指标是：坐果果枝量与总枝量比为0.4～0.5，发育枝生长量不低于30～40 cm，叶片含氮量在2%左右。《中国果树栽培学》(1988年)介绍，山东成龄金冠苹果树，发育枝年均生长量不低于30 cm，并占总枝量的5%～8%，叶片含氮量不低于2.3%，果枝与发育枝比例为1∶1～1.5；甜橙适宜负载量的指标应保证翌年春梢发育枝占一半以上，平均长度达到10 cm左右，叶片含氮量维持在3%左右。

(3)干周法或干截面积定量法

据中国农业科学院果树研究所汪景彦等(1993年)研究，苹果树干的粗度可作为苹果确定留果量的指标，并提出$Y(\text{中})=0.2C^2$计算公式。式中Y为单株留果数；C为树干周长(cm)。河南省农业科学院园艺研究所杨庆山等(1992年)依成龄苹果树干截面积提出留果指标，即健壮树0.4 kg/cm^2；中庸树0.25～0.4 kg/cm^2；弱势树0.20 kg/cm^2。对于初果期梨树每平方厘米干截面积可留果0.6～0.75 kg。

(4)叶果比法或枝果比法

按叶果比、枝果比确定留果量，是我国多年应用的保证树势、防止大小年和增进果实品质的方法。如红富士苹果留果标准为叶果比(50~60)∶1或枝果比(5~6)∶1为宜。温州蜜柑为20~25片叶留一果,早生温州蜜柑40~50片叶。华南农业大学研究指出,甜橙以50片叶留一果为好。盛果期鸭梨的留果指标是:叶果比15∶1,百枝留果量50~70个,每3个新梢留一果,果台间距20~25 cm,这样产量可稳定在3 500 kg/666.7m^2。日本(1990—1993年)则多以苹果顶芽为指标,生长势强者每4~5个顶芽留一果,中庸树每5~6个顶芽留一果,弱树6~7个顶芽留一果,叶果比以(50~60)∶1为宜,果实间距20~25 cm。

总之,各地从不同的角度提出了留果方法和指标,作为指导当地生产,调节留果量的依据。在实际应用中,尚需结合当地的具体情况做必要的调整,使负载量更加符合实际,达到连年优质丰产。

6.1.4 扩展知识链接(选学)

1)果树开花、坐果与果实发育

(1)开花

花由叶片演化而来,它是果树的繁殖器官,由花梗、花托、花萼、雌蕊、雄蕊六个部分组成。花的寿命较短,一部分器官(如花瓣、雄蕊、蕊片)很快衰老,另一部分(如子房或花托)转化为果实或种子。

两性花是雌蕊和雄蕊存在同一花朵中的花,单性花是一朵花中仅有雄蕊或雌蕊的花。多数果树的花是两性花,及雌雄同株异花(如粟、核桃)和雌雄异株类型(如猕猴桃、银杏等)。

果树的两性花多半由花萼、花瓣、雄蕊和雌蕊构成,但各部分数量的多少因种类而异,而且某些种类或花种,花器官的一部分常发生退化。

温度与光照是影响花器开放的关键环境因子,晴朗和高温时开花早,开放整齐,花期也短;阴雨低温时开花迟,花期长,花朵开放参差不齐。

花粉从花药传到柱头上称为授粉,精核与卵核的融合称为受精。同一品种授粉属于自花授粉,自花授粉后能结果的称为自花结实,枣、杏和葡萄的某些品种均能自花结实。许多果树种类和品种表现自花不实,苹果和梨的绝大多数品种为自花不实品种,需要配置授粉树才能正常结果。

雌雄同株或异株的果树往往有雌蕊和雄蕊不能同时成熟的特性,称为雌雄异熟。核桃、板栗等都有这种现象,常引起授粉不良。

(2)坐果

不经授粉,或虽经授粉而未完成受精过程而形成果实的现象叫作单性结实,许多

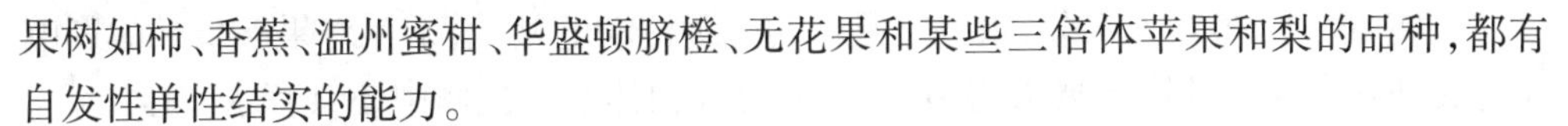

果树如柿、香蕉、温州蜜柑、华盛顿脐橙、无花果和某些三倍体苹果和梨的品种，都有自发性单性结实的能力。

果树开花多、坐果少是果树为了适应不良环境和营养条件的多种方式之一，减少落花落果的措施主要是通过改善外界条件，提高树体营养水平，增加激素含量和提早疏除晚期花果等途径加以解决。

(3)果实生长发育

果树学中果实主要指被子植物子房及其包被物发育而成的多汁或肉质可食部分，仅由子房形成的果实称真果(桃、杏、李等)；由子房、花托或花被共同形成的果实称假果(苹果、梨等)；由单花中多个离生雌蕊和花托形成的果实称聚合果(草莓)；由许多花构成的果实称复果(无花果、菠萝)。

果实的体积增长大体与重量的增长同步，其增长的原因主要是细胞的分裂与膨大。多数果实有两个分裂期，即花前子房期和花后幼果期。果实细胞分裂期只占整个果实发育期的1/5左右，大体在6月落果之前基本结束。细胞分裂期的果实体积虽小，但果实结构和基本形状已基本形成。

细胞分裂之后体积膨大，膨大的倍数常达百倍之巨，细胞的数目和大小是决定果实最终体积和重量的两个最重要因素。

果实在细胞分裂期大量合成蛋白质以形成新细胞，同时呼吸率增强，这时树体储藏物质及N、P元素是主要的限制因子。进入细胞膨大期虽然单果呼吸率较大，但按单位重量计算还是大大下降了，此时主要的限制因子是当年树体的营养状况和叶果比。

种子含有很多的生长素(IAA)、赤霉素(GA)和细胞分裂素(CTK)，它们刺激种子周围组织的生长，并控制着果实的脱落，种子中含有的激素具有营养调运中心的作用。

影响果实生长发育的因素，凡是有利于果实细胞加速分裂和膨大的因子都有利于果实的生长发育。

①充足的储藏养分与适当的叶果比，有利于果实生长发育。

②无机营养和水分。缺磷会造成果肉细胞数减少，钾对果实的增大和果肉干重的增加有明显的作用。氮素营养水平低，钾对果实的效应不显著；氮素营养水平高，钾多则效果明显，大果含钾百分比也高。钾主要是促进细胞增大，主要原因是由于钾提高了原生质活性，促进了糖运转流入，因而干重增加。钾还与水合作用有关，钾多，果实鲜重中水分百分比也增加，钾对果实后期增大有良好作用。钙与果实细胞结构的稳定和降低呼吸强度有关，缺钙会引起果实生理病害，如苹果的苦痘病、木栓斑点病、红玉斑点病和水心病等。

果实80%～90%为水分,水分又是一切生理活动的基础,干旱对果实增长的影响比对其他器官生长的影响要大得多,果实水分在树体水分代谢中还具有水库作用。

③温度。每种果实的成熟都需要一定的积温,过低或过高的温度都能促使果实呼吸强度上升,影响果实生长。

④光照。试验证明遮阳影响果实的大小和品质,光照不足影响叶片的光合效率,使光合产物供应降低,果实生长发育受阻。

(4)果实品质的形成

果实的品质由外观品质(果形、大小、整齐度和色泽等)和内在品质(风味、质地、香气和营养等)构成,发展果树生产或市场果品应注意果实的综合品质。

①果实成熟。果实的发育达到该品种固有的形状、质地、风味和营养物质的可食用阶段,称为成熟。

②果实的色泽发育。果实色泽的浓淡和分布受环境影响较大。决定果实色泽的主要物质有叶绿素、胡萝卜素、花青素和黄酮素等。

③果实的内在品质。果实的内在品质包括的项目很多,主要有硬度、风味和营养成分。风味是许多物质含量的综合影响,其汇总最重要的是糖酸比、纤维素、淀粉和其他营养成分,各种物质综合形成了每种果实的独特风味。

2)植物生长调节剂的应用

近二三十年来,由于人们对植物激素在植物生长发育过程中的生理作用的不断深入了解,应用植物生长调节剂(Plant Growth Regulators,缩写成PGRs)控制果树生长发育的研究日益受到重视,并取得了重大的进展。在果树生产实际中,尤其是现代集约化栽培管理中,植物生长调节剂已获得了广泛的应用。在促进生根;加快幼树生长成形、实现早果丰产;控制成年树过旺营养生长、维持树体的营养生长和生殖生长的平衡;促进和抑制花芽分化、从而实现调控花芽形成数量及克服生产大小年现象;提高坐果率和防止采前落果或疏花疏果;调节果树负载量;辅助果实的机械采收;完成花芽分化或开花的人工诱导;改变果实的成熟期,延长鲜果的供应时期或实现鲜果的周年供应;打破或延长休眠,增加树体的抗逆性及除草等诸方面起到了重要作用,并获得了巨大的经济效益。

(1)生长调节剂种类

植物生长调节剂是指从外部施用于植物,在较低浓度下,能够调节植物生长发育的非营养物质的一些天然或人工合成的有机化合物的通称。植物生长调节剂和植物激素这两个概念往往容易被混淆。植物激素(Plant Hormone),一般指植物内源激素,是植物正常代谢产物,可以由合成部位移动到作用部位,调节植物体自身的生长发育

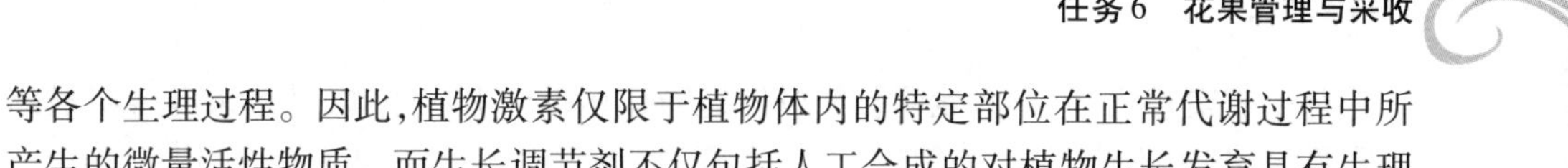

等各个生理过程。因此,植物激素仅限于植物体内的特定部位在正常代谢过程中所产生的微量活性物质。而生长调节剂不仅包括人工合成的对植物生长发育具有生理作用的化合物,而且还包括一些天然的化合物以及植物激素。其中有的可以从植物内提取,有的是模仿植物激素的结构人工合成,也有的在化学结构上与植物内源激素毫无相似之处。当它们被施于植物体上或施于土壤中被根系吸收进入植物体后,具有调节植物生长发育的生理活性作用。

①生长素类。

这类生长调节剂可分成如下3类:

A.吲哚乙酸及其同系物。在植物体内天然存在的主要是吲哚乙酸(IAA),此外还有吲哚乙醛(AAId)、吲哚乙腈(IAN)等。人工合成的主要有吲哚丙酸(IPA)、吲哚丁酸(IBA)、吲哚乙胺(IAD)。其中,吲哚丁酸活力强,比较稳定,不易降解,因此,在果树上应用最多,吲哚乙酸也可以人工合成,因容易被植物中的吲哚乙酸氧化酶分解,故在生产上应用不多。

B.萘乙酸及其同系物。萘乙酸(NAA)生产容易,价格低廉,生物活性强,是使用最为广泛的生长素类物质。萘乙酸有α和β两种异构体,以α异构体的活力较强。萘乙酸不溶于水,但溶于酒精等有机溶剂,而其钾盐或钠盐(KNAA,NaNAA)以及萘酰胺(NAD或NAAm)溶于水,且与萘乙酸的作用相同。此外,人工合成的还有萘丙酸(NPA)、萘丁酸(NBA)、萘氧乙酸(NOA)等。

C.苯酚化合物。主要有2,4-二氯苯氧乙酸(2,4-D),2,4,5-三氯苯氧乙酸(2,4,5-T),2,4,5-三氯苯氧丙酸(2,4,5-TP),4-氯苯氧乙酸(4-CPA)等。2,4-D和2,4,5-T的活性强,比吲哚乙酸高100倍。

②赤霉素类。

到目前为止,从高等植物和真菌内已经分离出84种不同的赤霉素(GAs)异构物,其中72种的特征已获得了较深入的研究,并且根据其被发现的时间早晚,分别被命名为$GA_{1\sim72}$。按其结构,可将GAs划分成两大类型:C_{20}-GAs和C_{19}-GAs。C_{20}-GAs有20个碳原子,是C_{19}-GAs代谢前体。不同树种和品种含有赤霉素的种类不同,在植物不同器官、不同发育期的赤霉素的种类和含量也有差异。

作为商品用于生产的主要是GA(Gibberellic Acid),国外生产上使用的还有GA_{4+7}及GA_{1+2}。目前,我国除了能大量地生产GA_3外,也开始少量生产GA_{4+7}。

由于作物种类不同或使用目的有差别,不同的赤霉素所表现的活性也不同。在香蕉保鲜上,GA_{4+7}的活性是GA_3的10倍,但用于葡萄单性结实上,GA_3的效果大于GA_{4+7}。不同的品种对赤霉素的反应具有特异性。如用GA_{4+7}使去雄的元帅苹果坐果,但对金冠无效。

与生长素相比,赤霉素无明显的极性运输。在果树上应用时,其效果具有明显的局限性,即基本不移动。

赤霉素只溶于醇类、丙酮等有机溶剂,难溶于水,不溶于苯和氯仿。

③细胞分裂素类。玉米素(Zeatin)是最早从植物体内分离出的细胞分裂素,至目前为止,已知在高等植物体内含有玉米素、玉米素核苷(Zeatinriboside)、二氢玉米素等近20种天然细胞分裂素。除了这些天然细胞分裂素之外,还人工合成了很多具有细胞分裂素活性的化合物。生产上常用的为6-苄基氨基嘌呤(苄基腺嘌呤,或称为BA、6BA、BAP)和6-(苄基氨基)-9-(2-4羟基吡喃基)-9-H嘌呤苯并咪唑(或称为PBA)。激动素(Kinetin)也是一种重要的人工合成的细胞分裂素类化合物,但目前主要在组织培养等方面使用。

PBA比BA的活性高,它的溶解度及进入植物组织能力和在植物体内的移动性都比BA高。

20世纪70年代中期,美国开始生产由BA和GA_{4+7},配制成的复合剂(有效成分各1.8%)普洛马林(Promalin)以及80年代曾骧和孟昭清等研制的以BA为主要有效成分的发枝素,已在生产上广泛应用。近几年来,一种比BA的生物活性高得多的细胞分裂素类化合物N-(2-氯-4吡啶基)-N-苯基脲(又称CPPU或KT-30s)在葡萄和猕猴桃上应用获得很好的效果,受到广大研究者的重视。

④乙烯发生剂。作为外用的生长调节剂,是一些能在代谢过程中释放出乙烯的化合物。主要为乙烯利(Ethrel),即2-氯乙基膦酸,又叫乙基膦(Ethephon,CEPA)。乙烯利化合物为结晶状,溶于水,其作用受pH值的影响,pH在4.1以上时即行分解产生乙烯,其分解速度随pH值的升高而加快。不同的植株、植株的生育状态和器官内的pH值不同,因而乙烯利分解速度及乙烯的释放量也有差别。温度对乙烯的释放速度有较大的影响,最适温度是20~30℃,低温条件下乙烯利释放出乙烯的数量很少,但在较高温度条件下,乙烯利的降解发生很快,结果造成乙烯利尚未大量进入植物体内就分解出乙烯,而达不到预期的效果。

CGAl5281(2-氯乙基甲基双苄基硅烷),也是一种乙烯发生剂,释放乙烯的速度较乙烯利快,但持续的时间短。

IZAA(Ethychlozate,5-氯-H-吲哚唑-3-醋酸乙酯)我国目前正开始推广使用,商品名为果宝素,也属一种乙烯释放剂。

⑤生长延缓剂和生长抑制剂。脱落酸作为内源激素,与GA有拮抗作用,是重要的抑制剂,但目前在果树上的实际应用仍然较少。作为生长延缓剂或抑制剂在果树上应用的,主要是一些人工合成的化学物质。

这一类人工合成的化学物质,有些吸收到植物体内后,能降低近顶端分生组织的活力，从而减少新梢延长生长的速度，对生长具有暂时性的（有时可持续3～4年）抑制作用，被称为生长延缓剂（retardant）。另外一些化合物，可以完全抑制新梢顶端分生组织的活动，甚至损伤和杀死幼嫩的茎尖，具有永久性的抑制作用，这一类化合物被称为生长抑制剂（inhibitor）。

近几十年来，植物生长延缓剂和生长抑制剂的研究和应用受到广泛的重视，并获得了迅速的发展，现有几十种生长延缓剂和生长抑制剂。这些种类中，如B_9，曾在果树上进行过广泛的应用；矮壮素（CCC）近一二十年来一直是生产上主要采用的生长延缓剂，多效唑（PP_{333}）目前正在生产上进行大面积的推广应用。现就几种主要的种类介绍如下：

A. 琥珀酸类。代表产品为B_9（比久），又叫B_{995}、阿拉（Alar）、Daminozide、Aminozide，其化学名为琥珀酸-2，2-二甲酰肼（SADH），对很多植物的生长发育具有广泛的效应，是早期（60年代初）研究出的比较成功的植物生长延缓剂。1985年，美国销售量仅次于乙烯利，在整个生长调节剂市场中占第二位。由于其残留的中间物有致癌的可能（尽管在目前的使用浓度条件下，B_9不会是一种致癌物），1989年美国农业部规定禁止使用。目前基本上被其他的生长延缓剂如PP_{333}所取代。

B. 取代胆碱。这一类化合物中活性最大的是矮壮素。矮壮素通常也被称为Chlorine-quat，化学名2-氯乙基三甲基氯化铵，商品名CCC（Cycocel），1959年筛选出。1991年销售量占世界生长调节剂销售总量的10%，是目前生产上主要使用的植物生长延缓剂之一。

矮壮素主要作用在于抑制植物体内的内源赤霉素的生物合成。矮壮素易溶于水，能溶于丙酮，但不溶于苯、无水乙醇和乙醚。可以与乐果等农药混和后叶面喷施，但不能与强碱性药剂混用，也可以进行土壤施用。

C. 三唑类。是从70年代末开始陆续筛选出的一系列植物生长延缓剂，主要有多效唑（Paclobutrazol，简称PP_{333}），伏康唑（S-3307，或称为XE-1019，UniconazOL），S-3308，RSM0411。

三唑类化合物主要能抑制赤霉素生物合成过程中的贝壳杉烯向异贝壳杉烯酸转化的三个氧化过程，从而抑制植物体内赤霉素的生物合成，延缓生长，并对已合成的赤霉素表现出拮抗作用。用三唑类化合物处理过的植株，再用赤霉素处理可以消除它们的作用。除此之外，它们有可能影响植物体内的其他内源激素的水平。如Triapenthenol和粉锈宁能抑制脱落酸（ABA）转化成为菜豆酸（Phaseicacid），增加植物体内的ABA水平，从而可以提高植物对干旱和低温的抗性。S-3307可以增加植物体内乙烯的含量，而LAB 150 978则相反，尤其是在较高的施用量的情况下，能抑制植物体内乙烯的合成。几乎所有的三唑类化合物都可能增加植物体内细胞分裂素的含量。

多数三唑类化合物能抑制真菌体内的麦角甾醇(Ergosterol)生物合成过程中的氧化脱甲基化作用,也能降低高等植物体内的14-Q-脱甲基化甾醇的含量,从而可以增加植物对一些真菌病害的抵抗能力;如粉锈宁,作为重要的除菌剂已经在生产中应用。

从目前来看,在这类生长调节剂中,PP_{333}对植物生长发育的影响的研究最为深入。PP_{333}在20世纪70年代末由英国帝国化学工业公司(ICI)推出,之后引起了世界范围内的广大科学工作者乃至农场主的急切关注。到80年代后期,该产品已经在众多的国家获得了包括某些果树在内的农作物上的使用权,商品名为Cultar。如英国在仁果类和核果类果树上、法国和新西兰在核果类果树上分别获得了应用许可登记。我国近几年来,在苹果、桃、梨等果树上也进行了大面积的推广和应用。

PP_{333}可以通过根系吸收,也可以通过植物地上部吸收,可以土施和叶面喷施,也可以注射到果树茎干内。PP_{333}只通过木质部进行运输,而不能通过韧皮部进行运输,且其在植物体内的运输具有局限性,如只喷半边树体,则只有喷药的半边树体表现出相关效果。如果施用时不与果实接触,则不易运输进入果实。土施或茎干注射后,尽管对树体的营养生长产生非常明显的抑制作用,但果实中仍未检测到残留物。因此,新西兰等国为了避免果实中存有其残留物,禁止在果树上叶面喷施PP_{333},而仅使用土施或树体茎干注射。此外,PP_{333}主要积累在叶片和根内,很少存留在茎干内。

PP_{333}对植物生长发育作用的早晚与其效果持续长短主要取决于PP_{333}的使用方法。在桃树上叶面喷施PP_{333}500~1 000 mg/L,处理后2个星期就表现出明显的抑制作用,并且,其抑制作用在施用后的第2年基本消失。如果施用的浓度较高,有时可以在第2年还能观测到一定的效果。

土施PP_{333}比叶施所起作用的时期要慢,但是有效期要长得多,有的甚至长达3~4年。这一差异主要是因为多效唑在植物体内和在土壤中的残存能力差别较大所致。在植物体内,尤其是在叶内,PP_{333}能被迅速地降解。幼年桃树上的研究表明,在14C-多效唑处理后9天,其根、茎、叶内的多效唑分别降解20.5%、44.2%和89.7%。但是在土壤内,PP_{333}的有效期在18个月以上,能持续地、不断地供给果树,从而影响果树的生长发育。另外,土施的效果与土壤类型和气候条件的关系十分密切。在沙壤土中使用效果比较稳定。在沙质土壤中,土壤固定PP_{333}的能力相对较差,持续的时期短,而黏土中情况正好相反。

土壤中的有机质对多效唑有固定作用从而影响多效唑的效果。降雨与灌溉有利于多效唑的移动,促进果树对多效唑的吸收和运转,可以提早PP_{333}的作用时间和加强其效应。在干旱且不进行灌溉的果园,有时在土施PP_{333}一年以后才观察到其效果。

D.整形素。是一组合成的生长调节剂,为9-羟基-9-羧酸芴的衍生物。一般使用的主要是整形素烷酯。其中,正丁酯整形素(EMD-IT3233)和2-氯代整形素甲酯(EMD-IT3456)活力强,2,7-二氯代整形素甲酯(EMD-IT5733)活力不如前两者。

整形素对紫外光光解敏感,特别是其游离酸和酰胺盐遇热不稳定,无毒,最后分解产物是CO_2,对环境没有污染,不是长效调节剂。

整形素可以影响生长素的代谢,并抑制生长素从顶芽向下运输,还能提高植物组织内吲哚乙酸氧化酶的活性,从而加强对生长素的降解作用,造成植物组织内的生长素含量降低。

整形素可通过种子、根、叶吸收,它在植物体内的分布不呈极性,其运输方向主要视使用时植物生长发育阶段而定。在营养旺盛生长阶段,主要向上运输,而在果树养分储藏期,与光合产物的运输方向较为一致,向基部移动。它被吸入植物体内后,在芽和分裂着的形成层等活跃中心呈梯度积累,分裂组织可能是它的主要作用部位。

E. 三碘苯甲酸(TIBA)。又叫"梯巴",是一种抗生长素药剂。三碘苯甲酸没有生长素的活性,但结构与生长素相近,可和生长素竞争作用位点,使生长素不能与受体结合,所以是生长素的竞争性抑制剂。它同时也可以阻碍生长素在韧皮部的运转,导致生长素的局部积累,使下部的芽解脱生长素的抑制作用而萌发长成分枝。因此,使用三碘苯甲酸后,果树树体矮化,分枝加多。

F. 青鲜素(MH)。又叫抑芽丹、马来酰肼,化学名称顺丁烯二酰肼,是一种植物生长抑制剂。由于其结构与核酸组成成分尿嘧啶非常相似,当青鲜素进入植物体内后,可代替尿嘧啶的位置但却不能发挥尿嘧啶在代谢中的生理作用,从而阻止核酸的合成,抑制顶端分生组织的细胞分裂。此外,青鲜素对细胞的伸长也有影响。它进入植物体内后主要向生长旺盛的部位集中,在老熟的组织中积累少。

(2)植物生长调节剂对果树生长发育的调节作用

不同的果树在其生命周期和年生长周期中的生长进程,主要受该树种或品种的遗传特性、环境条件和营养水平所制约。但是,从生理机制来看,多数是由于不同的发育阶段,或环境、营养条件引起植物体内内源激素平衡的改变从而影响生长进程。如上节所述,绝大多数的生长调节剂能直接或间接地影响植物体内的内源激素的平衡,从而能影响植物的生长发育。在现代化果树生产实践中,利用生长调节剂调节果树的营养生长越来越受到人们的重视,并在生产上获得广泛的应用。

①调节营养生长。延缓或抑制新梢生长,矮化树冠。果树矮化密植栽培是现代化果树生产发展的方向,成年树的树体控制又是世界上大多数国家,尤其是我国采用乔砧密植中存在的比较突出的问题。即使是对于使用矮化砧或半矮化砧的果园,应用植物生长调节剂抑制树体过旺的营养生长,也是一种有效的辅助手段。

抑制树体新梢过旺生长,除了具有控制树体体积、节省修剪用工等优点以外,并且在维持树体本身的健壮生长发育，提高树体抗性和果树产量及品质方面具有重要的意义。

以控制树体过旺营养生长为主要目的的植物生长调节剂，目前在果树上主要是多效唑。多效唑对仁果类和核果类果树、枣、核桃、柑橘、葡萄、猕猴桃、荔枝等果树具有显著的抑制过旺营养生长的作用。

多效唑的施用量及其效果往往与果树种类、品种、砧木、树龄、树体本身状况密切相关。土施多效唑，一般每株 1 ~ 4 g（纯量），叶片喷施时使用浓度为 500 ~ 2 000 mg/L。

核果类果树较仁果类果树更敏感，所以，使用的浓度前者较后者低，使用量也相对较少。在桃上，李绍华等（1988 年）的研究结果表明，花后 24 天叶片喷施 PP_{333}500 mg/L，2 个星期后，旺长新梢生长量减少 50% 左右，主干截面积年增长量仅为对照的 40%。但是在成年苹果上，叶片喷施 PP_{333}的有效浓度一般在 1 000 mg/L 以上。

叶面喷施 PP_{333}应注意使用时期。有研究报道，苹果连续 3 年在 9 月底至 10 月初叶片喷施 PP_{333}1 000 ~ 4 000 mg/L 对其新梢的生长并不表现出抑制作用。在桃等果树上，花前及花期使用 PP_{333}后，在果实第 1 次迅速生长期间经常观察到果实生长受到抑制的现象。因此，PP_{333}叶面喷施时期最好在被控制的新梢刚刚进入迅速生长之前使用。

伏康唑对众多果树的生长发育调节，具有与 PP_{333}类似的作用，但活性比 PP_{333}高 2 ~ 4倍。在同等施用剂量的情况下，有一些研究报道，伏康唑对树体的营养生长抑制作用较 PP_{333}强而持久。

控制顶端优势，促进侧芽萌发。顶端优势对枝条数量、质量，枝类组成、树冠形态、树势均衡、乃至开花和坐果都有影响。控制幼树顶端优势，增加枝量，可以加快幼树的生长，提早成形，从而实现早果、丰产。

应用 BA 可以促进新梢上侧芽萌发，并形成副梢，也可以促进已经停长的短枝重新生长。以不易发副梢的国光苹果为试材，在新梢旺长的 6 ~ 7 月份喷 BA150 ~ 600 mg/L，5 ~ 7 天后，新梢上的侧芽开始萌动，通常可以形成 5 ~ 6 个副梢，最多 18 个副梢。而人工摘心仅发生 1 ~ 3 个。连续 2 年的结果表明，BA 处理后每一单梢增加的枝量是对照的 6 倍。

以 BA 为主要有效成分的发枝素软膏，对于控制苹果、山楂、欧洲甜樱桃等果树的顶端优势，促进侧芽萌发具有非常显著的效果，目前在我国幼年果树上，尤其是幼年苹果树上获得广泛的应用。发枝素能促进新梢腋芽、一年生枝侧芽、已经封顶停长的中短梢顶芽、2 ~ 3 年生枝上的隐芽等的萌发抽枝。为促进一年生枝侧芽和 2 ~ 3 年生枝上的隐芽萌发，可于萌芽前或生长期间，为促进新梢腋芽和已经封顶停长的中短梢顶芽萌发,可在5月下旬至7月下旬,在希望发枝部位及方位的芽体上,涂抹上绿豆粒大小的发枝素软膏。在生长季节里,5~10天后即可萌动,10~15天后即开始生长,从而可以实现定位发枝。一般来讲,在树体生长健壮的果园,新梢腋芽的萌发率在90%以上。对一年生枝侧芽和2~3年生枝上的隐芽,在萌芽前使用,配合刻芽,效果会更好。

促进或延迟芽的萌发。在生产实践中,控制芽的萌发具有较重要的意义。对于大多数落叶果树,常常因为冬季气候过于温暖而不能满足其需冷量的要求,导致芽萌发推迟和不整齐,从而影响树体的正常营养生长、开花和坐果。在一些春季晚霜危害严重的地区,常常因为花期或花期前后低温引起冻花冻果,从而导致减产甚至无收。应用生长调节剂则有助于解决这些问题。

外用赤霉素可以打破某些果树如桃、杈耙果等的休眠。细胞分裂素和乙烯利也有打破芽休眠的作用。在低温不足的埃及,于3月初用细胞激动素2 000 mg/L处理MM_{106}苹果砧木,发芽早,萌芽率高。11月对葡萄插条用BA1 000 mg/L浸泡1.5小时,36天以后有53%的芽萌发。另外CYAN也能(1%~2%)打破芽的休眠、促进芽萌发抽枝。

桃产区常常因为花期或花期前后低温引起冻花冻果,导致严重减产。从50年代开始,人们大量的研究GA,对桃树芽的休眠及开花的影响。结果表明,在晚秋生长点将要进入休眠之前,喷施GA,能延长芽的休眠期,延迟开花,且以落叶前3~4个星期(北半球在10月份)喷施效果最为明显,在这一时期叶面喷施$GA_3$100~200 mg/L,能延迟开花3~7天。解剖结果表明,喷施GA_3后,花芽分化期延迟,发育变慢,花蕾变小,且花粉的形成延迟。赤霉素钾(KGA)对桃花芽的形成及延迟开花与GA_3具有相似的作用。9月底叶面喷施KGA 80 mg/L和240 mg/L延迟阿里巴特(Elberta)桃开花2.8~7.2天。但是,值得注意的是,当桃树进入自然休眠且一部分需冷量已经获得满足后再喷施GA_3或KGA反而能加快花芽的发育,从而使桃树开花提前。

另外,乙烯利似乎有加强GA_3的作用。在这一时期叶面喷施$GA_3$100~200 mg/L和乙烯利50~100 mg/L,可延缓Winblo桃和Redgold油桃的开花期7~13天,而叶面只喷施GAs的处理仅延迟花期2~5天。GA_3在秋季应用也有延迟葡萄、欧洲甜樱桃等树种萌芽和开花的报道。

开张枝条角度。果树主枝与主干之间的角度(尤其是基角)太小,往往会导致树体光照不良,树势上强下弱,且主枝的负载能力差。在负载量大的情况下,容易劈折,而在前面已经讲到,苹果上使用发枝素,发生的枝条基角大。因此,使用发枝素或喷BA,是开张苹果等果树枝条基角的有效措施。紧凑型或短枝型元帅系苹果,枝条直立,当新梢生长到5~10 cm时,喷三碘苯甲酸400 mg/L可使枝条角度开张,但叶片较小。对柑橘幼树喷施三碘苯甲酸50～100 mg/L,也可增大分枝角度。苹果短截后,用含有NAA1%的修剪漆涂抹剪口下第二、三、四芽,可以抑制这些芽的萌发和生长,同时又可以使这些部位以下的芽抽生出较长且角度较好的枝条。苹果和梨上,经短截后已发出角度较小的嫩枝,用含有IBA 200 mg/L或三碘苯甲酸25 mg/L的羊毛脂处理,可以使分枝角度加大。

控制萌蘖的发生。冬季修剪时去大枝或过重修剪常常会导致萌蘖和徒长枝的发生。萌蘖影响树体的通风透光,降低果实品质,也影响病虫害的防治效果。如果人工抹除,常常会发生更多的萌蘖或徒长枝。基于茎尖高浓度的生长素可以抑制侧芽的萌发这一现象,用含有0.5%～1%萘乙酸或萘乙酸乙基乙脂,在冬季时,涂抹剪口或锯口,可以阻止其下部的枝条旺长或萌蘖的发生。在苹果、梨、柑橘、石榴、无花果、桃等树种上应用都有效。另外,在春季萌芽前对易发萌蘖和徒长枝的树干部位喷或刷含NAA的修剪漆,也可有效的控制萌蘖的发生。

②调节花芽分化。

在果树结果量多的大年里,促进花芽的形成或在小年减少花芽形成数量,调节果树的花芽分化,对于消除果树大小年现象,具有重要的作用。即使是在正常结果量的年份,应用生长调节剂,减少一定的花芽形成数量,对于加强第二年春天树体的营养生长,也有很大的益处。如,柑橘很多品种花芽量大,质量差,生理落果严重,若能减少花枝和增加营养枝,对提高坐果具有积极的作用。李绍华等(1991年)试验表明,在桃树上,喷施GA_3减少50%花芽,和人工疏花疏果的对照相比较,在树体负载量相当的情况下,采收时果实体积明显增加。

抑制花芽分化,减少花芽形成数量。GA_3能抑制苹果、梨(包括西洋梨)、桃、柑橘、欧洲甜樱桃、李、杏等众多果树的花芽分化。GA_{4+7}对抑制果树的花芽分化也具有非常显著的效果。

桃树花芽形成对GA_3具有两个反应时期:花诱导期和晚秋花芽进入休眠期之前。在花诱导期,GA_3主要阻止生长点完成花诱导,从而抑制花芽的形成;而在第二个时期(北半球一般在9月份或10月初),GA_3主要导致处于形态分化期的花芽死亡,从而减少第二年春天开花数量。桃树在花诱导期对GA_3的反应比在花芽形态分化期更敏感。

和GA_3的浓度作用相比较,喷施GA_3的时期对花芽形成的抑制作用显得更为重要。在花诱导期,喷施$GA_3$50～100 mg/L可以减少桃花芽形成数量50%左右。并且,在新梢生长到最终长度60%～90%时(一般在6月上旬至下旬,与品种的生长特性有关),喷施上述浓度的GA_3,不同类型的枝条(长、中、短枝)以及长枝不同部位(上、中及下部)的花芽疏除量基本一致。但是,在花诱导期前和花诱导期后,必须提高其浓度才能获得类似的效果。此外,在花诱导期之前,短、中枝花芽抑制强度明显地大于长枝,长枝中、下部的花芽抑制强度显著地大于上部。

促进花芽形成。在苹果、梨、桃、猕猴桃、杏、李、柑橘、荔枝等果树上,尤其是幼树,施用多效唑能明显地抑制树体过旺营养生长,容易实现树体的营养生长和生殖生长的平衡,从而促进花芽形成,多效唑能增加仁果类果树的短枝数量及短枝比例,幼年苹果树使用多效唑后,花芽形成数量有显著增加。李天红(1993 年)的试验结果表明,环剥加施多效唑促花效果较单施多效唑效果更好。

喷施 PP_{333}800 mg/L、1 200 mg/L、1 600 mg/L,秋梢成花率分别比对照增加8.6%、17.8%和17%,雌雄花比分别提高20.5%、75.6%和66.7%。

应用植物生长调节剂控制果树开花应用最早,最成功的树种是菠萝。早在30 年代,国外就使用电石粉粒0.5 ~1 g 撒在株心,然后加少量的水,使其吸水产生乙炔,可以促使其提前孕花。每株用萘乙酸钠15 ~20 mg/L 20 ml。灌心,处理1 个月左右以后可使菠萝开花。乙烯利对诱导菠萝开花效果最好,使用最为普遍。促花的浓度一般为200 ~800 mg/L,用量为每株30 ~50 ml,使用方法多采用药液灌心。

③调节果实的生长发育。

诱导单性结实。应用生长调节剂获得单性结实的果实,在生产上很有价值。在西欧,西洋梨开花早,容易受到晚霜的危害,而使用 $GA_3$10 ~50 mg/L(大多数品种20 mg/L)于霜害发生后的3 天之内可以使果实继续生长发育,从而获得无籽的单性结实果实,保证遭受晚霜冻害的年份也能获得正常的产量。

在葡萄上用 GA,诱导单性结实极为成功,日本在玫瑰露品种上广泛地应用这一技术。GA_3 处理后,可以增大果粒和增加穗重,并提前成熟,大大地提高了产品的商品价值。诱导玫瑰露葡萄产生无籽果的适宜 GA_3 浓度为50 ~100 mg/L,花前和花后各处理一次。第一次处理的最适时期为花前10 ~20 天,如果处理时间太早,达不到阻止授粉、产生无籽果实的目的,接近花期处理,无核果率和坐果数下降,并杂有许多有籽果。第二次处理适期在盛花后10 天左右(7 ~14 天),这次处理可使果梗适当伸长并增大果粒。处理方法以浸沾果序4 ~5 s 为宜。我国在巨峰葡萄上开始用 GA_3 诱导单性结实生产无籽果实的技术。

促进果实生长。元帅系苹果的果形指数高低及果顶五楞突起是外观品质的重要标志,直接影响其商品价值。在气候冷凉且昼夜温差大的地区,有利于元帅系苹果果实的早期发育,果形指数高,果顶五楞突起明显。但是在我国大部分苹果产区,尤其是河南和河北地区,果形指数低,果顶五楞突起不明显。使用细胞分裂素能促进元帅系幼果果顶的发育,花期使用 BA100 ~200 mg/L(喷雾或涂抹)能明显地增加元帅系苹果的五楞突起。但是,使用普洛马林的效果更好。普洛马林能增加元帅花后果实果肉细胞的分裂,果顶部分的细胞增多,并且细胞的纵向生长远比没处理的对照果实的相同部位的细胞更加明显,从而增加果形指数,使果实变长,并且在很多情况下,果实体积增大。普洛马林对青香蕉也有类似的效果,对金冠、富士等品种的幼果也有明显作用。

普洛马林对果实生长的作用明显地受其栽培地区的气候,尤其是花后一段时期的气候的影响。山东沿海地区花后气候较为冷凉,使用普洛马林后,果形指数较对照普遍提高,在内陆温暖地区,提高果形指数的效果更为突出。

普洛马林的使用浓度通常为 1 000 ~ 2 500 mg/L(400 ~ 1 000 倍液)。为了获得较好的效果,喷药的时间最好在盛花期。山东沿海地区在盛花至落瓣近半时,喷一次 600 倍普洛马林液;气温较高的内陆地区,或提高浓度至 400 ~ 500 倍液,或在盛花初期和落瓣期各喷一次 800 倍普洛马林液。

无籽葡萄喷施 GA_3 可以促进果粒的生长。但是 $GA_3$20 ~ 40 mg/L 处理明显降低果实的含糖量。美国加利福尼亚州及我国新疆已大面积应用 GA_3 生产优质无核白鲜食果品,一般分 2 次喷施 GA_3。第一次在落瓣 30% ~ 80% 时喷 $GA_3$2.5 ~ 20 mg/L 液,目的是使穗轴伸长和减少坐果,同时促进浆果增大;第二次在坐果期(第一次处理后 10 ~ 14 天)喷 $GA_3$20 ~ 40 mg/L,主要目的是促进浆果的生长。

CPPU,或称 KT-30s,属于苯基脲类细胞分裂素类生长调节剂。有报道在苹果盛花期或盛花后 2 周喷 CPPU 6.25 ~ 50 mg/L 可增加金冠、澳洲青苹、俄勒冈短枝苹果的果形指数。CPPU 能促进果实的细胞分裂,增加细胞数量,从而增大果实的体积。

在葡萄、苹果上的研究表明,盛花期或盛花后 20 ~ 30 天喷施 CPPU 5 ~ 40 mg/L 溶液或用上述浓度的 CPPU 溶液浸果,可以增加单果重或葡萄单粒重 10% ~ 70%。但值得注意的是,使用 CPPU 经常容易改变果实应有的形状,甚至形成畸形果。

促进果实的成熟。乙烯利对大多数果树的果实具有催熟的作用。如在无花果缓慢生长期间,喷施乙烯利 200 ~ 400 mg/L 可以立即启动果实迅速生长,从而使果实提早成熟。葡萄始熟期喷乙烯利 200 ~ 500 mg/L,可以使果实提早成熟 7 ~ 10 天。

自然成熟期前 10 ~ 30 天,使用乙烯利 300 ~ 1 000 mg/L 均具有催熟的效果。通常,早期使用较高的浓度,接近成熟期催熟所需浓度较低。由于早期施用时果实尚未充分发育,对果实大小和出汁率有影响,因此,生产上应用的适宜时期在自然成熟前 10 ~ 15 天喷施乙烯利 500 ~ 800 mg/L 或冬天 700 ~ 900 mg/L 能获得催熟作用均匀,果实上下部成熟一致的良好的效果。

我国目前正在推广 IZAA 促进早中熟桃品种果实的成熟。IZAA 被植物吸收后能产生乙烯,故具有促进果实成熟的作用。早熟桃品种使用的适宜浓度为 100 ~ 150 mg/L,中晚熟桃品种 200 mg/L,采收前 3 ~ 4 周进行叶面喷施,果实着色可以提前 5 ~

10 天,并提前成熟,且对果实硬度、果实可溶性固形物含量及果实体积无不良影响。

④其他作用。

促进插条生根。使用生长素吲哚丁酸或萘乙酸可以促进苹果、桃、葡萄、猕猴桃、柑橘、海棠等多种果树插条生根。用生长素处理插条的方法有 3 种:第一,将插条放在较低浓度的生长素溶液中浸泡,使用浓度一般为 20 ~ 200 mg/L,浸泡时间几小时到 1 天。第二,将插条基部在溶于 50% 酒精中的高浓度的生长素溶液中短时间浸沾。使用浓度一般为 1 000 ~ 2 000 mg/L,也有使用 10 000 mg/L,浸沾时间约为数秒。第三,将插条基部浸沾含有高浓度(1%)的生长素粉剂。生长素粉剂一般使用滑石粉或黏土配制而成。

化学疏花疏果。最早且成功使用植物生长调节剂进行化学疏花疏果的树种是苹果。目前生产上广泛使用的药剂有:二硝基化合物,主要是二硝基邻甲酚和它的钠盐或铵盐,萘乙酸、萘乙酰胺和乙烯利;果树上常用的杀虫剂后来发现是苹果良好的疏果剂,主要是西维因和敌百虫等。目前,应用于苹果上的新的化学疏除剂仍然在不断地研究和探索中,包括应用 GA_3 抑制花芽形成,从而减少下一年产量;花期应用 BA 或 CPPU 的可能性。尽管在桃上的化学疏花疏果的研究已有近五十年的历史,但生产上仍没有很广泛的应用,在新梢生长到其最终长度的 60% ~90% 时,喷施 $GA_3$50 ~ 100 mg/L,能抑制花芽的形成,从而减少树体第二年负载量。和人工疏花疏果相比较,可能获得更大果实,是当前桃树进行化学疏花疏果最有前途的生长调节剂。日本较成功地使用 NAA、IZAA 或 2,4-DP(二氯苯氧丙酸)作用柑橘幼果的化学疏除剂。

防止采前落果。柑橘类、仁果类、核果类果树中的一些品种具有采前落果的习性。因此,从 40 年代开始,欧美国家在苹果上应用 NAA 来防止采前落果,使用浓度为 10 ~ 30 mg/L,在采前落果发生前几天喷施。NAA 喷施后大约在 48 小时以后发生作用,效果持续时间因气温条件而异。高温(大于 25 ℃)持续 7 ~ 10 天,在 20 ~ 25 ℃时可维持 15 ~ 20 天。故在气候凉爽的地区,仅需施用一次即可,而在气候炎热、采前高温且落果发生较重的情况下,可在第一次喷后 10 ~ 14 天再喷 1 次,能有效地防止采前落果。NAA 也可以有效地防止柑橘的采前落果。但是,在采前施用后往往引起果实返青,因此,美国曾大量使用 2,4-D 或 2,4-D 与 GA 混用防止柑橘的采前落果,但现在 2,4-D 在美国已被禁止使用。

辅助采收。国外对干果和加工用的水果多用机械采收,以提高劳动效率,大幅度地降低成本。机械采收之前应用生长调节剂可以促进果柄离层产生,减弱果实的固着力,从而可以只用较小的震动便能将果实摇落,减轻震动对树体造成的伤害。

乙烯利可以被作为苹果、葡萄、梨、山楂、甜樱桃、柑橘、核桃、油橄榄和枣等众多果实机械采收的辅助手段。如在正常采收期前 1 ~2 周,对甜樱桃使用乙烯利 250 ~

500 mg/L,酸樱桃上使用200～1 000 mg/L,可在3天内有效地松动果柄。

在采前7～8天,对枣树喷乙烯利200～300 mg/L,喷施乙烯利后2～3天,稍受震动,果实即可脱落。通常,处理后4～5天,果实自然脱落进入高峰,处理后5～6天内,成熟果实全部脱落;山楂正常采收期前喷施乙烯利500～600 mg/L,可有效地催落果实,代替棍打人摘,节约劳动力,且可以改进采后立即食用的品质,对其储藏性能无影响。

6.1.5 考证提示

保花保果的措施、疏花疏果的方法。

表6.1 技能考核项目及等级标准

序号	考核项目	考核要点	考核方法	评分标准	备注
1	保花保果疏花疏果	掌握保花保果与疏花疏果方法。	实际操作	优:判断正确,操作熟练,程度合理。 良:判断基本正确,操作较熟练,程度较合理。 及格:判断无明显失误,熟练程度一般,程度略有轻重。 不及格:判断错误,操作有较大失误,程度明显偏重或偏轻。	①每人1～2株。 ②常绿果树与落叶果树兼顾。

任务后

1)考证练习

人工授粉技术、果实套袋。

2)案例分析

梨树的保花保果的措施有哪些?

(1)人工捕助授粉

初开花的幼树,自然授粉条件不佳的树,以及花期遇上大风、高温、阴雨天气的树,均应进行人工授粉。梨树开花后,一般 5 ~7 天授粉有效,尤以始花 3 天内授粉效果最好。授粉工具可选用毛笔、带橡皮的铅笔、沙布团和纸棒等,每蘸粉一次可点授 5 ~10朵花。用软鸡毛绑成绒球,每蘸粉一次可点授 50 簇花丛。每花序点授边花 1 ~3朵,花多少点,花少多点。

另外,可诱蜂传粉。每 5 ~10 亩梨园放一箱蜂,开花前 2 ~3 天放入园内熟悉情况。有条件时,可把采好的花粉放在蜂箱门口,蜜蜂出入会粘满全身,便于传粉。用蜜蜂传粉可提高坐果率 20% 左右。采用蜜蜂传粉的果园,花期禁止喷药。

(2)喷布植物生产调节剂

梨在开花或幼果期,用赤霉素 10 ~20 ppm 喷花或幼果期 1 次,能促进坐果,增加产量。初蕾期喷赤霉素 50 ppm,在果实生长期中喷赤霉素 30 ~50 ppm 明显提高坐果率和单果重。梨现蕾、谢花、幼果期、壮果期和着色期,喷 5406 细胞分裂素600 ~1 200 倍液 2 ~3 次,可提高坐果率,增加产量,促进着色,早熟,增大果实,提高可溶性固形物含量等。梨芽萌动前和新梢幼叶长出时,各喷矮壮素 50 ppm 1 次,可明显减少枝条生长量,增加短枝和叶丛数,提高坐果率和产量。

(3)及时施肥

树势弱,树体营养条件不好,单喷植物生长调节剂的效果不明显,而喷营养液和植物生长调节剂混合液的效果最佳。

①叶面喷肥。从春至秋都可叶面喷布 0.3% ~0.5% 尿素,春季浓度低些,晚秋高些,每次喷药可加尿素。生理落果后至采收后可喷 0.3% ~0.5% 氯化钾或磷酸二氢钾,一年 2 ~3 次,与喷药相结合。缺硼梨园,萌芽前可喷 1% 硼酸,盛花期喷0.1% ~0.3% 。

②根际追肥,补足树体营养。梨萌芽前 10 天左右,以氮为主,分配量要大些,以满足植株新组织器官构成阶段对氮的需求。花后或花芽分化前的 4—5 月,正是新旧营养交接期,如果供肥不足或不及时,会引起生理落果,也使花芽分化失去良机,此时应以三要素或多元素复合肥为主,用量中等。6—7 月果实膨大期,如能及时供肥,促进果实膨大,可增产 10% 左右,尤其结果多的大年树效果更加明显;若不施肥,既影响当年产量、品质,又影响花芽分化,造成大小年恶性循环。此时追肥应以钾肥为主,提高果实品质,配以磷、氮。

(4)弯枝和拉枝

生长过旺的梨树花少,只开花不着果,采用人工授粉等上述几种措施都无保花保果效果,应进行弯枝和拉枝。初现蕾时,将主枝或侧枝在其 2/3 处用双手拉弯曲,使之下垂呈弧形,呈 80°角,并用绳索固定,弯曲定型后再解除绳索。由于主侧枝弯曲,改变了小枝条生长状态,抑制顶端优势,极性位置转移,使侧生新梢获得充足的营养,改变了内源激素的分配,因此坐果多,品质好。

(5)及时喷药防治病虫害

病虫害常造成梨早期严重落果而减产,因此,要针对不同病虫害及时喷药防治。保好春、夏、秋梢叶,才能保好果。常用杀菌剂有50%多菌灵600~800倍液、70%甲基脱布津800~1 000倍液、70%代森锰锌400~500倍液及45%代森铵800倍液。常用杀虫剂有40.7%乐斯本乳油1 000~2 000倍液、50%杀螟松乳油1 000~1 500倍液、2.5%溴氰菊酯乳油3 000倍液、20%杀灭菊酯乳油3 000倍液、20%甲氰菊酯乳油3 000~5 000倍液。以上杀菌剂和杀虫剂都可混合使用,从梨萌芽至采果前15天,间隔15天左右喷混合液1次。

6.2 果实采收及采后处理

6.2.1 基础知识要点

1)确定采收期的依据

采收过早,产量低、品质差、耐储性降低;过晚采收,果肉硬度下降,影响储运,同时减少树体储藏养分的积累。因此,只有正确确定果实成熟度,适时采收才能获得质量好、产量高和耐储藏的果实。

(1)果实成熟

根据不同的用途,果实成熟度可分为3种:

①可采成熟度。果实大小已定型,但应有的风味和香气尚未充分表现出来,肉质硬,适于储存和罐藏、蜜饯加工。

②食用成熟度。果实已经成熟,并表现出该品种应有的色、香、味,内部化学成分和营养价值已达到该品种指标,风味最好。这一成熟度采收,适于当地销售,不利于长途运输或长期储藏。适宜用作果汁、果酱、果酒的原料。

③生理成熟度。以果实类型不同而有差异,水果类果实肉质质体软绵,种子充分成熟,但风味淡薄,营养价值大大降低,不宜食用,更不耐储运,多作采种用。以种子为食用的板栗、核桃等干果,此时采收,种子粒大,种仁饱满,营养价值高,品质最佳,播种出苗率高。

(2)判定果实成熟度的方法

①果皮的色泽。我国多数果产区,大多是根据果皮颜色的变化来决定采收期。

判断果实成熟度的色泽指标,是以果面底色和彩色变化为依据,绿色品种主要表现底色由深绿变浅绿再变为黄色,即达成熟。红色果实则以果面红色的着色状况为果实成熟度的重要指标。

②果肉硬度。果实在成熟过程中,其硬度由大变小,据此可作采收之参考。

③含糖量。浆果类采收时期,常根据果中糖分的高低及果粒着色程度来确定。

④果实脱落难易。核果类和仁果类果实成熟时,果柄和果枝间形成离层,稍加触动,即可脱落,故可以此判断成熟度。

2)果实采收方法

(1)人工采收

人工采收时应当避免机械伤害,如指甲伤、碰伤、擦伤、压伤等,果实被伤后微生物极易侵入,降低储藏性。要防止折断果枝,碰掉花芽和叶芽,以免影响丰收产量。采收仁果应保留果柄,无果柄的果实不仅降低果品等级,而且不耐储藏。果柄与果枝结合较牢固的如葡萄、柑橘等,可用剪刀采果,板栗、核桃等干果,可用木杆由内向外顺枝振落,然后捡拾。果实采收时,一般应先下后上,先外后内顺序采收,以免碰落其他果实,减少人为损失。

为保证果品质量,采收中应尽量使果实完整无损,供采果用的筐(篓)或箱内部应衬垫蒲包、袋片等软物。采果和拾果时要轻拿轻放,尽量减少转换筐(篓)的次数,运输过程中要防止挤、压、抛、碰、撞。

(2)机械采收

①振动法。用拖拉机附带一个器械夹住树干,用振动器将果实振落,振落的果子用下面收集架的滚筒收集到箱内。不同果品采用不同类型的振动器和收集架,不同树种所需振幅和频率也不同,振动法适用于加工用的果品,鲜食用果实易受损伤不宜采用。

②台式机械。采果者站在可升降的采果台上完成采果任务。

③地面拾果机。用机器将落在地面上的果实拾起来,多用于有硬果壳的果实。

3)采后处理

(1)洗果消毒

果面的污垢会影响美观,在发育期间,由于喷洒防虫治病的药物造成果面污染,此外,果实表面常附有各种病菌,因此,有必要进行果面清洗消毒,以保证产品的洁净卫生。

去掉药剂污垢的洗果法,可根据不同果实参选下列方法:

①稀盐酸0.5%～1.5%常用做苹果、梨等果实的洗果剂，能溶解铅、砒，但不易去除油酯类污垢，而且对金属洗果机有腐蚀性。

②稀盐酸1%加食盐1%浸果5～6 min，可以增加铅、砒的溶解度，并使果实浮于洗果机中的水面，便于洗果。

③高锰酸钾溶液0.1%或600 mg/L漂白粉在常温下浸泡果实数分钟，再用清水洗去化学药品。

世界各国通用的柑橘洗果剂，配方为肥皂液1.5%、磷酸三钠0.8%、石油0.3%。上述混合水溶液煮热至45 ℃，浸洗果实1.5～3.0 min。通用的苹果、梨洗果剂配方为稀盐酸1%加石油1%，浸洗果实1～3 min。

(2)果实分级

根据果实的大小、重量、色泽、形状、成熟度、病虫害及机械损伤等情况，按照国家规定的标准，进行严格挑选，划分等级，并根据不同的果实，采取不同的处理措施。通过分级，可使果品规格、质量一致，实现生产和销售标准化。

①分级标准。我国的分级标准是在果形、新鲜度、颜色、品质、病虫害和机械损伤等方面符合要求的基础上，再按果实大小进行分级，即根据果实的最大横径，区分为若干等级，每差5 mm为1组。

②分级方法。各国均采用人工分级与机械分级相结合的方法，我国外销果品，先按规格要求进行人工挑选分等，再用果实分级机或分级板按果实横径分级。

(3)果实涂蜡

果实在出售以前，都进行涂蜡处理，提高果实品质和商品价值。

①果实涂蜡的作用。涂蜡主要是作为美观措施，用于短期储运，其具体作用主要表现在以下几个方面：

A.减少果实水分的蒸发，防止果皮皱缩，保持新鲜状态。

B.增加果皮的光亮度，美化外观，提高商品价值。

C.减少与空气接触，降低呼吸强度，保持果实硬度和品质。

D.保护果实，防止微生物侵染，减少腐烂。

②涂蜡的种类。蜡的配方是用合成或天然的树脂，在配方中加入适量的杀菌剂，以抵抗微生物侵袭。

③涂蜡的方法。果实涂蜡的方法可分为侵涂法、刷涂法和喷涂法。

4)果实包装

(1)果实包装

包装是保证果实安全运输的重要环节，包装好的果实可减少在运输、储藏和销售

过程中的互相摩擦、挤压碰撞等所造成的损伤;还可减少果实水分蒸发、病害蔓延;保持果实美观新鲜,提高耐储运的能力。

包装容器的规格和类型依使用目的和对象而确定。用于零售的包装容器小,一般0.5～2.5 kg,长途车船运输的包装容器每件装10～25 kg为宜。

①内销用包装容器。我国苹果、梨、柑橘等内销多用纸箱包装,每箱果净重分别为10 kg、15 kg、18 kg和20 kg不等。一般为瓦楞纤维板纸箱,该箱成本低、质地软、易受潮、适宜近距离运输。现在包装趋向小型和精致化。

②外销用纸箱。我国出口柑橘所用的纸箱,容积为470 mm×277 mm×277 mm,每箱装果约17 kg,分成7级,个数分别为60,76,96,124,150,180,192。出口苹果用的纸箱,分每箱80,96,120,140和160个装,净重18 kg左右,这些纸箱多为以木材纤维制成的果箱及钙塑瓦楞箱,也有少部分用普通瓦楞纸箱。

外销葡萄多用小木箱,箱内径长40 cm,宽30 cm,高17 cm,每箱净重10 kg,箱板厚1 cm,箱面用宽木条,间隔1.5 cm加工而成,以利于通风。

③包装方法。外销果实包装较为严格,要求包果纸大小一致,清洁美观并包成一定形状;也可用泡沫塑料网袋包装果实后装箱。箱内用纸板间隔,每层排放一定数量的果实,装满箱后捆扎牢固。

(2)果品运输

果实包装后,需采用各种运输工具将果品从产地运到销售地或储藏库。运输过程中要尽量做到快装、快运和快卸,预防日晒和雨淋,尽可能保持适宜的温度、湿度和通气条件。最好采用保温车运输。

6.2.2　实训内容

1)果实采收方法

人工采收时应当避免机械伤害,如指甲伤、碰伤、擦伤、压伤等,果实被伤后微生物极易侵入,降低储藏性。要防止折断果枝,碰掉花芽和叶芽,以免影响丰收产量。采收仁果应保留果柄,无果柄的果实不仅降低果品等级,而且不耐储藏。果柄与果枝结合较牢固的如葡萄、柑橘等,可用剪刀采果,板栗、核桃等干果,可用木杆由内向外顺枝振落,然后捡拾。果实采收时,一般应先下后上,先外后内顺序采收,以免碰落其他果实,减少人为损失。

为保证果品质量,采收中应尽量使果实完整无损,供采果用的筐(篓)或箱内部应衬垫蒲包、袋片等软物。采果和拾果时要轻拿轻放,尽量减少转换筐(篓)的次数,运输过程中要防止挤、压、抛、碰、撞。

2)采后处理

由于果面的污垢影响美观,在发育期间,由于喷洒防虫治病的药物造成果面污染,此外,果实表面常附有各种病菌。因此,有必要进行果面清洗消毒,以保证产品的洁净卫生。

去掉药剂污垢的洗果法,可根据不同果实参选下列方法:

①稀盐酸0.5%~1.5%常用作苹果、梨等果实的洗果剂,能溶解铅、砒,但不易去除油酯类污垢,而且对金属洗果机有腐蚀性。

②稀盐酸1%加食盐1%浸果5~6 min,可以增加铅、砒的溶解度,并使果实在洗果机种浮于水面,便于洗果。

③高锰酸钾溶液0.1%或600 mg/L漂白粉在常温下浸泡果实数分钟,再用清水洗去化学药品。

世界各国通用的柑橘洗果剂,配方为肥皂液1.5%、磷酸三钠0.8%、石油0.3%。上述混合水溶液煮热至45℃,浸洗果实1.5~3.0 min。通用的苹果、梨洗果剂配方为稀盐酸1%加石油1%,浸洗果实1~3 min。

6.2.3 实践应用

1)判断果实成熟度的方法

(1)果皮的色泽

我国多数果产区,大多是根据果皮颜色的变化来决定采收期。判断果实成熟度的色泽指标,是以果面底色和彩色变化为依据,绿色品种主要表现底色由深绿变浅绿再变为黄色,即达成熟。红色果实则以果面红色的着色状况为果实成熟度的重要指标。

(2)果肉硬度

果实在成熟过程中,其硬度由大变小,据此可作采收之参考。

(3)含糖量

浆果类采收时期,常根据果中糖分的高低及果粒着色程度来确定。

(4)果实脱落难易

核果类和仁果类果实成熟时,果柄和果枝间形成离层,稍加触动,即可脱落,故可以此判断成熟度。

2)果实包装

外销果实包装较为严格,要求包果纸大小一致,清洁美观并包成一定形状;也可

用泡沫塑料网袋包装果实后装箱。箱内用纸板间隔,每层排放一定数量的果实,装满箱后捆扎牢固。

6.2.4　扩展知识链接(选学)

果品分级标准

各个国家和地区都有各自的分级标准。我国把果品标准分为4级:国家标准、行业标准、地方标准和企业标准。

国家标准是由国家标准化主管机构批准发布,在全国范围内统一使用的标准。行业标准及专业标准、部标准,是在没有国家标准的情况下由主管机构或专业标准化组织批准发布,并在某个行业范围内统一使用的标准。地方标准是在没有国家标准和行业标准的情况下,由地方制定、批准发布,并在本行政区域范围内统一使用的标准。企业标准是由企业制定发布,并在本企业内统一使用的标准。国际标准是世界各国均可采用的分级标准。

中国已有16个果品有分级标准,其中红枣、鲜龙眼、山楂、核桃、板栗等果品已经制定了国家标准。此外,还制定了一些果品的地方标准和行业标准。随着生产的发展、品种的更新以及市场的要求,标准还会不断制定和完善。但从总体上来说,我国目前果实的采后商品化处理与发达国家相比差距还比较大,只有少数外销商品基地才有选果设备,绝大部分地区使用简单的工具、按大小或重量进行人工分级,逐个挑选、装箱,工作效率低。有些内销的果品尚无分级销售。

果实分级标准因种类、品种而异。中国的做法是在果形、新鲜度、颜色、品质、病虫害等方面已符合要求的基础上,再按大小或重量进行分级。果实大小分级多用分级板进行,分级板上有一系列不同直径的孔。我国坚果分级标准如下:

优级:要求坚果外观整齐端正(畸形果不超过10%),果面光滑或较麻,缝合线平或低;平均单果重不小于8.8 g;内褶壁退化,手指可捏破,能取整仁;种仁饱满,呈黄白色;壳厚度不超过1.1 mm;出仁率不低于59%;味香,无异味。

一级:外观同优级。平均单果重不小于7.5 g,内褶壁不发达,两个果用手可以挤破,能取整仁或半仁;种仁深黄色,较饱满;壳厚度1.2~1.8 mm;出仁率为50%~58.9%;味香,无异味。

二级:坚果外观不整齐、不端正,果面麻,缝合线高;平均单果重不小于7.5 g;内褶壁不发达,能取整仁或半仁;种仁深黄色,较饱满;壳厚度1.2~1.8 mm;出仁率为43%~49.9%;味稍涩,无异味。

等外:抽检样品中夹仁坚果数量超过5%时,列入等外。

同时标准中还规定，坚果露仁、缝合线开裂、果壳表面或核仁表面有黑斑的，超过抽检样品数量的10%时，不能评为优级和一级。

核桃坚果多用麻袋包装。通常每袋重量为45 kg左右，袋口用针缝严，在袋的左上角标注批号。

根据外贸出口要求，核桃坚果按直径大小分为三等。一等为30 mm以上；二等为28～30 mm；三等为26～28 mm。外销核桃还要求壳面光滑、洁白、干燥，成品内杂质、霉果、虫果、破裂果等，总计不许超过10%。

6.2.5 考证提示

确定果实采收期的依据

1）表面色泽

在成熟过程时，果品的表面色泽都会显示出其特有的颜色。因此，果品的颜色可作为判断其成熟度的重要标志之一，此法直接、简单，易掌握。果实成熟前含有大量的叶绿素，多为绿色，随着成熟度的提高，叶绿素逐渐分解，底色便呈现出来，如类胡萝卜素、花青素等。例如，甜橙含有胡萝卜素，血橙含有花青素，红桔含有红桔素和黄酮，莱姆含有糅酐，成熟后表现红色、橙红色、橙黄色等颜色；苹果、桃等的红色为花青素图6.1。

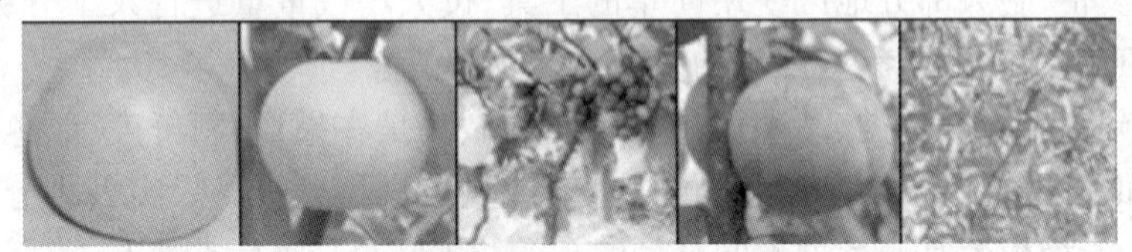

图6.1 成熟的果实

2）硬度

果实的硬度，又称为坚实度，是指果肉抗压力的强弱，抗压力越强，果实硬度越大，反之，抗压力越弱，则果实硬度越小。果实随着成熟度的提高，原来不能溶解的原果胶逐渐分解成为可溶解的果胶或果胶酸，果实的硬度随之变小，可据此作为采收之参考。果实硬度可用硬度计测定。不同果实采收时对硬度的要求不同，如辽宁的国光苹果采收时，一般硬度为17 kg/cm^2左右；烟台的青香蕉苹果采收时，一般为16 kg/cm^2左右；四川金冠苹果采收时，一般为13.6 kg/cm^2左右。

3）蒂梗脱落

某些园艺产品的果实，当达到成熟阶段，梗蒂（花萼与果柄或果柄与枝干）之间常产生离层，一般振动即可脱落，这也是成熟的标志。核果类和仁果类果实，以及一些瓜类都有类似的现象，柿子则蒂果分离。但有些果实如柑橘，萼片与果实之间离层的形成比成熟期迟，也有一些果实因受环境因素的影响而提早形成离层，对于这些种类，不宜将果实脱落难易作为成熟度的标志。

4）主要化学物质含量与变化

产品器官内某些化学物质如糖、酸、总可溶性固形物和淀粉及糖酸比的变化与成熟度有关。如，四川甜橙在采收时固酸比为10∶1左右，美国将固酸比为8∶1作为甜橙采收成熟度的底线标准，苹果的固酸比为30∶1时采收最佳。

5）生长期和生长状态

不同品种的果实，从开花期到果实成熟都有一定的生长期，可根据当地的气候条件和多年的经验确定不同品种果实的适宜采收的平均生长期。如济南的元帅系苹果生长期为145天左右，青香蕉苹果150天，国光苹果160天。

任务后

1）考证练习

判断果实成熟度的方法

（1）色泽

一般果实成熟前为绿色，成熟时绿色减退，底色、面色逐渐显现。可根据该品种固有色泽的显现程度，作为采收标志。

（2）硬度

随果实成熟度的提高，果实的硬度随之减小。因此，也可根据果实硬度的变化程度来鉴别果实的成熟度，常用果实硬度计测定。

（3）主要化学物质含量

果实中某些化学物质如淀粉、糖、酸的含量及果实糖酸比的变化与成熟度有关。可以通过测定这些化学物质的含量，确定采取时期。

(4)生长期

在正常气候条件下,各种果实都要经过一定的天数才能成熟。因此,可根据生长期来确定适宜采收的成熟度。

(5)其他

如种子颜色、果实表面果粉的形成、蜡质层的薄厚、果实呼吸高峰的进程、核的硬化及果梗脱离的难易程度等,均可作为果实成熟的标志。

2)案例分析

柑橘果实采收成熟度如何确定

(1)果皮颜色

在正常气候条件下,果皮颜色的变化很好地表明了果实的成熟发育过程和进度。大部分甜橙、宽皮柑橘中的晚熟品种退绿转黄2/3即已达八成成熟度。作为储藏用果,一般认为,八成成熟是适合指标。此时果实内在品质已达到商品要求的最低限度,经储藏之后品质还会有所提高,储藏之中腐烂少,储藏期也较长,还可延迟枯水的出现。具体的指标参数需结合各地情况和储藏期的长短等因素通过试验后确定。柠檬则需要在果实充分长大、果皮未转黄色前采收。

(2)固酸比值

是判断果实成熟度的重要指标。甜橙总可溶性固形物中碳水化合物、有机酸、氨基酸、维生素和矿物质约占95%以上,决定了果实的基本品质和成熟度,另外约5%为各种类脂、类胡萝卜素、叶黄素和一些挥发性物质,它们赋予果实表面和果汁一定的颜色和香味,这些物质成分随果实的成熟而发生变化。固酸比值,能很好地衡量果实的品质和成熟度,一般固酸比值为10~16时,果实有令人满意的风味品质。储藏果的固酸比值,应略低于此值,但不能太低,太低果实不但风味品质差,果实外观不良,且不耐储。固酸比值也不能太高,太高则果实成熟度太高,果实的甜度不爽,不适于鲜食或加工。美国的柑橘采收法规定的最低采收标准各州不同,佛罗里达州的葡萄柚最低的TSS为8%或10%,固酸比最少要达到10.5∶1或9.5∶1;得克萨斯州(Texas)的甜橙最低的TSS要求达到8.5%或9%,对应的固酸比最低要达到10∶1或9∶1;美国加州(California)的采收标准则依据果色和果汁的固酸比值来确定,即在果面1/4表现出一种特殊的橙色、果汁的固酸比值至少为8∶1时才能采取。

邵薄芬等(1991年)认为,在锦橙的适栽区,固酸比为8∶1的果实适宜长期储藏,且储后果实品质较好;固酸比值为9∶1适于平均温度在18 ℃以上的产区进行短期储藏。湖北甜橙成熟的标志为固酸比值8∶1,柑和桔则在7.5∶1以上(龙翰飞等,1987

年)。我国鲜果柑橘出口的成熟度品质指标多要求总可溶性固形物不低于9.9%,固酸比值在8∶1以上。

(3)糖酸比值

在TSS中,绝大部分成分为糖,甜橙中占80%～90%,宽皮桔中占70%～80%。随着果实的发育成熟,其糖的含量呈增高、酸呈降低的趋势,品质转好,故也常用糖酸比值来衡量果实的成熟度。显然,糖酸比值比固酸比值略低。

(4)果汁含量百分率

果汁含量百分率是衡量果实成熟与采收时重要指标,也是果实鲜食品质的重要指标。美国佛罗里达州用于加工甜橙汁的果实果汁达50%左右,出口柠檬"美国绿"果汁含量以占果实体积的百分率计至少应达到28%。

实际工作中采取哪种方式、哪些指标,则因地区、气候条件、品种、树龄、树势等而异,应依据果实的最终用途通过试验研究后作出,并以客观指标为根据,订出采收期,进行适时采收,从而获得好的果实品质或储藏性能。

任务7　果园的灾害及预防

任务目标:了解果园各种自然灾害,掌握其预防措施。
重　　点:果树的冻害与抽条。
难　　点:预防自然灾害的措施。
教学方法:直观、实践教学。
建议学时:4 学时。

7.1　基础知识要点

7.1.1　冻害、霜冻害与冷害

1)冻害

(1)含义

指果树在越冬期间遇到0 ℃以下的低温或剧烈变温或较长期处在0 ℃以下的低温中,造成的果树冰冻受害现象(如图7.1)。

表现:

①根系冻害。根系生长于地下,冻害不易被发现,但对地上部分的影响非常显著,主要表现为枝条抽干、春季萌芽晚或不整齐,甚至萌芽展叶之后又干缩。刨出根系,发现根外部皮层变褐色,皮层与木质分离,甚至脱落。

②根颈冻害。根颈冻害是由于接近地面的小气候变化剧烈而引起的,根颈受冻后皮层变色死亡。根颈冻害对果树危害极大,常引起树势衰落、感病或整株死亡(如图7.2)。

图7.1　冻害

图7.2　樱桃根颈冻害

③树干冻害。表现为树干破裂,受冻皮层下陷或开裂,内部变褐组织坏死,严重时组织基部的皮层和形成层全部冻死,造成树势衰落或整株死亡(如图7.3)。

④枝条冻害。轻微受冻时只表现髓部变色,严重冻害时才伤及韧皮部和形成层,生长较晚发育不成熟的嫩枝,最易遭受冻害而干枯死亡;有些受冻枝条外观看起来无变化,但发芽迟,叶片瘦小或畸形,剖开后看到木质部色泽变褐。

⑤花芽冻害。花芽严重受害时,全树花芽干枯死亡,或者内部变褐,鳞片基部变褐,有时花原基受冻或花原基的一部分受冻,使花器发育迟缓,或呈畸形。

(2)冻害发生的原因

①气候异常突变。这是造成果树越冬冻害的直接原因。如初秋气温突然下降、

图 7.3 梨树冻害

昼夜温度急剧变化，立春后气温逐渐回升，苹果、梨的休眠期逐渐解除，其抗冻性也迅速减弱，尤其是在开花结实期，果树对低温极为敏感，抗冻性极弱，如遇 -2 ℃以下低温且持续时间在半小时以上，即可发生冻害。

②品种抗寒性弱。苹果中的印度、青香蕉、富士等品种，梨中的巴梨、砀山酥梨等品种，抗寒性较差，易发生冻害。

③树势较弱或树体生长不充实。据调查，弱树、小树抗寒性差，易受冻害；树体生长过旺、秋梢停止生长晚的树枝条不充实，且形成的保护组织不发达，也易发生冻害。

④树体受损或受病虫侵害。遭受机械损伤、病虫危害严重的树，抗寒力差，易造成越冬伤亡。

(3)影响冻害的因素

①树种和品种；②树势及枝条成熟程度；③低温条件；④立地条件；⑤栽培管理。

(4)防止冻害的主要措施

①适地适栽；②用抗寒强的砧木、树种、品种。北方高寒地区应以秋子梨、沙梨系统为主；③加强管理提高果树抗寒力；④加强树体保护；⑤树体涂白。过冬前刷 15% 石灰液或 10 倍液聚乙烯醇(如图 7.4)。

图 7.4 树体涂白

2)霜冻害

(1)含义

霜冻是指果树在生长期夜晚土壤和植株表面温度短时降至 0 ℃或 0 ℃以下，引起果树幼嫩部分遭受伤害的现象。

(2)类型

早霜冻、晚霜冻。

(3)对果树的危害

主要对花果及新梢产生影响(如图 7.5 ~ 图 7.10)。

图7.5　梨冻害

图7.6　果树叶片冻害

图7.7　猕猴桃冻害

图7.8　葡萄冻害

图7.9　樱桃冻害

图7.10　苹果冻害

霜冻对果树生产影响很大,早春萌芽时遭受霜冻,嫩芽或嫩枝变褐色,鳞片松散而干于枝上。花蕾期和花期,由于雌蕊最不耐寒,轻霜冻时只将雌蕊和花托冻死,严重时花瓣受冻变枯脱落。幼果受冻轻时,果实中幼胚变褐,而果实仍保持绿色,萼端出现霜环,变成畸形果或逐渐脱落。受冻重时则全果变褐很快脱落。霜冻重的也会造成叶片和枝枯死。

(4)预防措施

①选择抗霜冻品种。②延迟花期。延迟花前灌水时间,浇灌2次。③培养高干树形。④喷涂保护剂。早春树体喷石灰液:豆浆为7:1,花芽膨大期喷1 000倍青鲜素,可推迟树体萌芽。及时喷防霜冻保护剂如天达2116、冻不落等。

主要应在建园选点和种植品种选择上加以预防,另外要注意以下3点:

一是延迟发芽,减轻霜冻程度。对霜冻出现频率高的地区,或已预测到有霜冻时,应在春季灌水降低土温和树温,可延迟发芽,而避开霜冻。春季树干涂白或树冠喷7%~10%石灰液,也可延迟开花3~5天。在修剪措施上,充分利用腋花芽萌发迟结果,也有利于避开霜冻。

二是改善果园的小气候:

加热法。加热防霜是现代防霜较先进而有效的方法。在果园内每隔一定距离放置一加热器,在将发生霜冻前点火加温,在果树周围形成一个暖气层,可改善果园气流状况,防止霜冻。

吹风法。在降温天气里空气静止是发生霜冻的因子之一,借用电力方便条件,利用大型吹风机增强果园空气流通,将冷气吹散,可以起到防霜效果。

熏烟法。根据当地气象预报,有霜冻危险的夜晚温度降至3 ℃时即可点火发烟。生烟能减少土壤热量的辐射散发,同时烟粒吸收湿气,使水气凝成液体而放出热量,提高气温。另据报道按硝酸铵20%、锯末70%、废柴油10%配制成烟雾剂,于降霜前点燃,防霜效果更好,可提高果园温度1~1.5 ℃,烟幕可维持1小时左右。

人工降雨、喷水法。降霜前利用人工降雨或喷雾器向果树体上喷水,并可增加温度,减轻冻害。

三是加强综合栽培管理技术,增强树势,可以提高抗霜冻害的能力。

3)冷害

(1)含义

冷害是指在0 ℃以上的低温条件下对喜温果树所造成的伤害。热带和亚热带果树常遭冷害,温带果树也时有发生。由于冷害是在0 ℃以上低温时出现,所以受害组织无结冰表现,故与冻害和霜冻害有本质区别,又称低温冷害。

(2)类型

包括延迟型、障碍型和混合型。

①延迟型冷害。在营养生长期内遇到低温,果树所需热量和积温不足,导致物候期延迟,枝梢不能正常停止生长和成熟,秋季不能正常落叶,果实不能正常成熟,着色不良,品质降低。

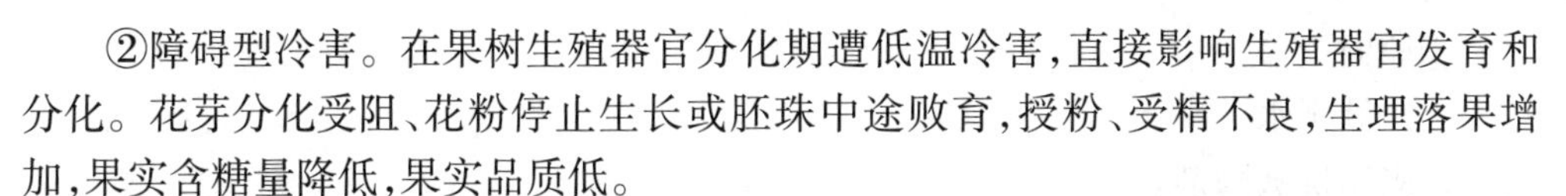

②障碍型冷害。在果树生殖器官分化期遭低温冷害,直接影响生殖器官发育和分化。花芽分化受阻、花粉停止生长或胚珠中途败育,授粉、受精不良,生理落果增加,果实含糖量降低,果实品质低。

③混合型冷害。指在同一生长季中同时出现或相继出现上述两种冷害,它比单一冷害危害更为严重。

(3)对果树的影响

低温导致光合速率明显下降,呼吸强度降低,改变呼吸代谢各条途径间的比例关系,使新陈代谢失调。低温降低根的呼吸作用强度,直接减少根系吸收氮、磷、钾等矿质元素。果树在花芽分化、开花、授粉受精、幼果发育等阶段,对低温最敏感,也是障碍型冷害主要发生时期。主要表现在:①造成花粉部分或全部败育。②阻碍授粉和受精正常进行,胚囊受损而导致落果。

(4)预防途径

除参考防止霜冻害措施外,可选择能避免冷害的树种、品种栽植,设置防护林等。

7.1.2　旱害和冻旱

1)旱害

(1)干旱对果树的影响

①植株矮小,生长不良。干旱使果树体内水分缺乏,代谢失调,光合作用和物质输导作用降低,果树自身制造养分的能力和从土中吸收养分的能力降低,使果树处于营养缺乏、生长不良的状态,果树产生如新梢抽枝短、花芽分化少、叶片光合效率低、果个小、品质差等现象。

②生理性病害增多。干旱条件下,地下水分蒸发强烈,易使盐碱土壤返碱严重,土壤表层盐离子增多。由于离子间的拮抗作用,使果树对一些生长所需的微量元素吸收受阻,产生如生长点干枯、葡萄缺镁症、雪花梨叶边焦枯等生理性病害。

③虫害及病毒性病害发生较重,菌类病害较轻。干旱有利于一些果树病虫的繁殖及传毒昆虫的活动,防治不及时易造成大的危害。

④对果树造成机械性损伤。持续干旱会使果树细胞失水萎蔫,一旦遇上大雨或进行大水灌溉,细胞吸水膨胀破裂,轻者产生裂果,严重时会造成果树"抽干"干枯或树体死亡。

(2)抗旱栽培途径

①选择适宜的耐旱树种、品种和砧木。

②搞好水土保持工程。

③地面覆盖。
④穴储肥水。
⑤应用抗蒸腾剂。

2)冻旱

(1)表现
幼树在冬春枝干失水多皱皮和干枯的现象。
(2)原因
生理干旱。
(3)预防途径
①后期控长。
②营造防护林带。
③树盘冬季覆草、埋土。
④秋季防治浮尘子和蝉等。
⑤选栽抗冻旱能力强的树种、品种。

7.1.3 风害和雹害

1)风害

(1)大风对果树生长发育的影响
①机械损伤。包括树倒伏、折干、断枝、破叶、落叶、落果等。
②生理危害。包括水分蒸腾、光合强度等。
③影响昆虫传粉,降低坐果率。
(2)预防途径
①建立防护林。
②建立防风固沙障。
③建立防风土墙。
④设立支柱和吊树,固定枝干。
⑤其他。

2)雹害

(1)对果树的危害
叶伤、果伤、枝伤、落叶、落果等。

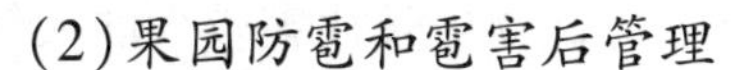
(2)果园防雹和雹害后管理

①避免在多雹区栽植。

②采用保护措施,如尼龙网。

③人工防雹。

④灾后管理。包括清理果园、加强肥水、病虫防治等。

7.1.4　环境污染

1)大气污染

(1)污染物对果树的影响

大气污染物浓度超过植物的忍耐限度,会使植物的细胞和组织器官受到伤害,生理功能和生长发育受阻,产量下降,产品品质变坏,群落组成发生变化,甚至造成植物个体死亡,种群消失。

大气污染物中对植物影响较大的是二氧化硫(SO_2)、氟化物、氧化剂和乙烯。氮氧化物也会伤害植物,但毒性较小。氯、氨和氯化氢等虽会对植物产生毒害,但一般是由于事故性泄漏引起的,为害范围不大。

二氧化硫对植物的影响。硫是植物必需的元素,空气中少量 SO_2,经过叶片吸收后可进入植物的硫代谢中。在土壤缺硫的条件下,大气中含少量 SO_2 对植物生长有利。如果 SO_2 浓度超过极限值,就会引起伤害,这一极限值称为伤害阈值,它因植物种类和环境条件而异。综合大多数已发表的数据,敏感植物的 SO_2 伤害阈值为:8 小时 0.25 ppm,4 小时 0.35 ppm,2 小时 0.55 ppm,或 1 小时 0.95 ppm。

SO_2 伤害症状出现在植物叶片的脉间,呈不规则的点状、条状或块状坏死区。

(2)预防途径

①选栽对污染不敏感的树种和品种。

②控制污染源。

③种植具有净化大气功能的果树和树木。

2)土壤污染

(1)含义

土壤污染是指土壤中积累有毒和有害物质超过土壤自净能力,危害植物生长发育,或将有毒有害物质残留在农产品中,危害人体健康。

(2)对果树的影响

大气污染对植物的急性危害,可根据受害植物的叶片出现的变色斑纹,作出初步鉴定,同时从受害症状也可初步确定污染物的种类。对该物生长危害较大的大气污染物主要是二氧化硫、氰化物和光化学烟雾。

(3)防止土壤污染的措施

①控制和消除工业污染物向果园排放。

②加强污水灌溉区的监测和管理,净化后方可使用。

③合理使用化肥和农药。

④土壤施用抑制剂,控制重金属元素迁移和转化。

⑤利用某些微生物和苔藓类降解污染物质。

⑥换土。

图7.11 水质污染

3)水质污染

(1)概况

由于人类活动改变了天然水的性质和组织,影响水的使用价值或危害人类健康,称为水污染(如图7.11)。

(2)水污染的危害有3个方面

①对环境的危害,导致生物的减少或灭绝,造成各类环境资源的价值降低,破坏生态平衡。

②对生产的危害,被污染的水由于达不到工业生产或农业灌溉的要求,而导致减产。

③对人的危害,人如果饮用了污染水,会引起急性和慢性中毒、癌变、传染病及其他一些奇异病症,污染的水引起的感官恶化,会给人的生活造成不便,情绪受到不良影响。

(3)防止措施

①控制污水排放。

②对各种废水和污水进行处理。

③在水库、河流上游及水体附近种植林木。

4)农药污染

(1)概况

农药污染是指农药或其有害代谢物、降解物对环境和生物产生的污染。

农药施用后,一部分附着于植物体上,或渗入植物体内残留下来,使粮、菜、水果等受到污染;另一部分散落在土壤上(有时则是直接施于土壤中)或蒸发、散逸到空气中,或随雨水及农田排水流入河湖,污染水体和水生生物。农产品的残留农药通过饲料,污染禽畜产品。

农药污染已在许多国家造成公害。许多国家已禁止使用DDT、狄氏剂、氯制剂等农药,并积极研制和生产低毒高效农药,同时讲究农药使用的科学性,大力提倡生物防治,保护益鸟、益虫,做到“以鸟治虫”“以虫治虫”。

(2)减少污染措施

①采用低量或超低量喷洒方法。

②合理使用农药。

③严格执行国家有关农药使用的政策或法规。

7.2　实训内容

7.2.1　果树越冬防寒

1)目的要求

通过实训,学会果树越冬防寒技术。

2)材料用具

①材料:选用当地需要防寒的果树及防寒方法,根据防寒方法准备防寒材料。

②用具:根据防寒方法准备用具。

3)实训内容

(1)枝干涂白

可以减缓树体内因阳光直射而引起的温度激变,预防日烧。涂白要先配制涂白剂,所需原料及用量为:生石灰6~7.5 kg、水18 kg、动物油或植物油0.1 kg、石硫合剂原液1 kg、食盐1 kg。配制的方法:先用少量的水,将生石灰化开,加水调成石灰乳再把化开的动物油倒入,充分搅拌即成。也可以仅用石灰,加水和食盐制成,但干后易脱落。涂白剂用刷子涂在干和主枝中下部。

(2)柑橘防寒

我国长江流域的柑橘产区常因周期性寒冻袭击而造成严重的损失。因此,这一地区每年冬季都要进行防寒,华南地区个别年份也要进行防寒。

①防寒时期。长江流域10月下旬开始进行,华南地区可在11月下旬进行。

②防寒方法。预防寒害的措施除选择抗寒品种和加强土壤管理外,实训可根据当地条件选取做下列内容:

培土。在根系分布范围内培土覆盖,加深土层,保护根系和根颈部安全过冬。

冻前灌水。冻前7~10天全面灌水,以减轻冻害,但冻害期间不可灌水,以免土壤因失热而降温而加剧冻害。

树干包扎。用稻草绳或稻草,于冻害前在主干和主枝上包扎,第二年3—4月解除。

其他。如树干涂白,熏烟或喷布抑蒸保温剂防寒。

4)实训提示和方法

①以上内容,根据当地果树发生寒害情况选作。

②确定实训内容后,根据所采用的防寒方法准备材料。

③实训后进行检查比较其效果。

7.2.2 预防日灼的措施

因冬季白天太阳强照,果树枝干温度升高,使夜间冻结的细胞解冻,冻融交替,使皮层细胞遭受破坏,促使树皮变色成块斑状,严重时韧皮部与木质部脱离。急剧受害的,树皮凹陷、干枯,枝条死亡。最有效的预防方法是将树干涂白,可以反射太阳光,缓和树皮温度剧变,缩小枝条表面温差。涂白剂配方:生石灰3份、石硫合剂原液0.5份、食盐0.5份、油脂少许、水10份,充分搅匀后即可涂刷主干与主枝。另外,若冬季干旱,可在越冬初期,适时灌1次封冻水,提高果园土壤含水量,以降低冻融速度,有利于减轻日灼程度。

7.2.3 预防旱涝的措施

果树受旱,易发生落叶、落花或落果,并导致日灼及枯枝等;若受涝渍水,则易造成落叶、落果或裂果等,并出现2次花、2次生长,消耗养分,甚至失绿枯萎。因此,果园须建设好排灌系统,并采取树盘覆盖或种植覆盖作物,以提高土壤保水中抗旱能力;若遇洪涝,则应及时排水防渍,清除淤泥。

7.3　实践应用

7.3.1　常用的防寒方法

1)覆盖法

(1)方法

在霜冻到来以前,在畦面上覆盖干草、落叶、马粪或草席等,直到晚霜过后再将畦面清理好。

(2)特点

效果较好,应用普遍。也可用纸罩、瓦盆、玻璃窗和塑料等。

2)培土法

冬季地上部分进入休眠的灌木果树可进行培土,待春季萌芽前再将培土扒平(如图7.12)。

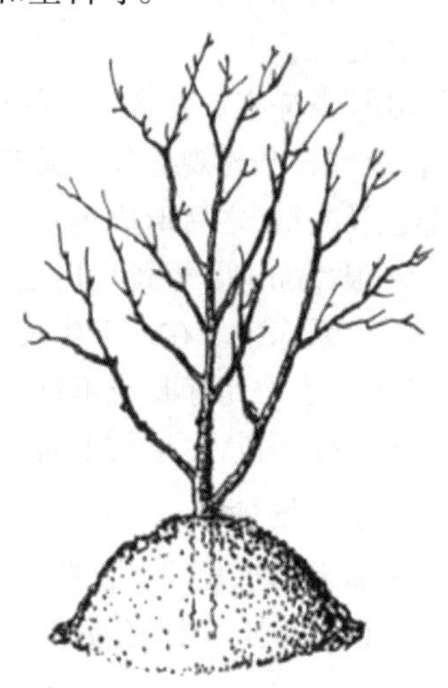

图7.12　培土

3)熏烟法

熏烟法只有在温度不低于－2 ℃时才有效。熏烟防止土温降低。发烟时烟粒吸收热量使水凝成液体而放出热量。

方法:地面堆草熏烟。用汽油桶制成熏烟炉,可推动,方便。

4)灌水法

冬灌能减少或防止冻害,春灌有保温、增温效果,灌溉还可提高空气的含水量,可以提高气温。

5)浅耕法

可降低因蒸发水分而发生的冷却作用,使表土疏松,有利于太阳热的导入,再加镇压更可增强土壤对热的传导作用,减少已吸收热量的散失。

6)密植

可以增加单位面积茎叶的数目,减低地面热的辐射。

7)其他

设立风障、利用冷床(阳畦)、减少氮肥、增施磷钾肥增加抗寒力等。

7.3.2 预防冻害和霜冻的措施

1)冻害

越冬期气温在0 ℃以下,果树常会出现细胞受伤或死亡现象。

(1)冻害类型

①嫩枝冻害。停止生长较晚,发育不成熟的嫩枝,因组织不充实,保护性组织不发达,容易受冻而干枯死亡。

②枝杈冻害。受冻枝杈皮层下陷或开裂,内部由褐变黑,组织死亡,严重时大枝条也死亡。

③枝条冻害。发育正常的枝条,其耐寒力虽比嫩枝强,但在温度太低时也会出现冻害,有些枝条外观看起来无变化,但发芽迟,叶片瘦小或畸形,生长不正常,剖开木质部色泽变褐,之后形成黑心,这是冻害所致,严重时整个枝条干枯死亡。

④根颈冻害。根颈皮层发黑死亡,轻则发生于局部,重则形成黑环,全株枯死。

⑤根系冻害。在地下生长的根系其冻害不易被发现,但对地上部的影响非常显著,表现在春季萌芽晚或不整齐,或在展叶后又出现干缩等现象,刨出根系则可看到外部皮层变褐色,皮层与木质部分离,甚至脱落等。

(2)预防措施

①加强肥水管理。合理施肥、灌水不但有利于果树生长,还能提高抗寒能力。

②根颈培土。越冬期将根颈用土堆封严,地面盖草覆膜,可有效防止根颈部受冻。

③喷施防寒剂。越冬前叶面喷施抗寒型喷施宝、抗逆增产剂、沼液等,均能提高果树的防寒抗冻能力。

④合理修剪。不但能提高果树产量和品质,增强树体营养积累,而且可减轻果树冻害。

2)霜冻

霜冻是指土壤表面或作物株冠附近的气温在短时期内降在0 ℃以下时,使农林作物遭受冻害的现象。当伴有结晶状霜出现时,称之为“白霜”;当无结晶状霜伴随而农林作物也出现冻害时,称之为“黑霜”。当霜冻出现时,防御霜冻的方法可采用覆盖法,即用树叶、稻草等覆盖在果园地表。也可采用熏烟法,即当实测温度下降到接近

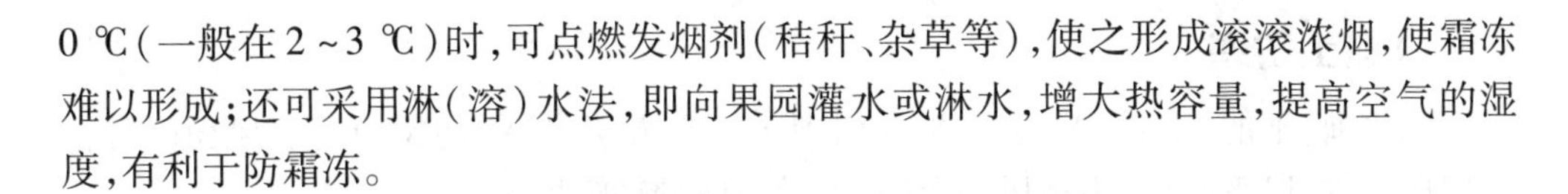
0 ℃(一般在 2 ~3 ℃)时,可点燃发烟剂(秸秆、杂草等),使之形成滚滚浓烟,使霜冻难以形成;还可采用淋(溶)水法,即向果园灌水或淋水,增大热容量,提高空气的湿度,有利于防霜冻。

7.4　扩展知识链接(选学)

7.4.1　幼龄果树安全越冬的方法

寒冬季节,4 ~5 年生以下的果树,如苹果、梨、桃、柿、核桃、板栗等,抗寒能力稍差,易遭受不同程度的冻害,造成树体受损或死亡。

现介绍以下防冻方法:

1)蘸磷栽植

在移栽果树时,把苗木的根部浸入用 1.5 kg 过磷酸钙、50 kg 水、10 kg 粉末状黄泥配制而成的磷液中,浸 30 min 后再栽植,防寒抗冻效果较好。如果在浸蘸磷液后,再蘸一些 ABT 生根粉液,防冻效果更佳。

2)适度修剪

晚秋或初冬时节,对当年或先前栽植的幼树,可适当修剪枝叶,以减少养分消耗,增加积累,提高抗寒防冻能力。

3)短时假植

新采购来的果树苗,遇上冰冻天气不能定植时,可集中假植于背风向阳地一段时间,待翌年春暖时节再行定植。

4)控制旺长

后期肥水过多,尤其是偏施氮肥,易贪青徒长,降低抗寒力。因此,前期要促,增强积累,后期要控,减少浇水,适量施磷钾肥,以防徒长,提高抗寒力。

5)合理负载

幼树如结果过多、过早,易削弱树势,引起冻害和病虫害发生。所以要疏花疏果合理负载,同时及时采收,防病虫保叶片,使树体增加养分储藏,提高抗冻能力。

6)围埂挡风

在幼树的西北方距根 50 cm 处,堆围高 50 cm 左右的半圆形挡风埂,目的是保护根颈不受冻。

7)埋土防寒

冻害前,把能拉倒的1~2年生幼树埋土。其方法是:将幼树向着迎风面轻轻按倒埋成土堆,以不露枝、不透风为原则,埋后用铁锹轻轻拍实。

8)覆草施肥

不能压倒的幼树,可在树下(即树冠周围)覆盖厚10~20 cm的秸秆、落叶、绿肥等,同时撒施20 kg的有机肥(如草木灰、粪肥等),以稳定和提高地温。

9)缠草培土

入冬前,用麦秸、稻草包扎枝干,或做成草把紧缠树干、大侧枝,缠扎好后,在树干基部培土。春天应及时撤土,以提高地温,促进根系活动。

10)早灌冻水

在土壤封冻前浇水,可调节土温。时间以日消夜冻时为宜,水量以入夜前渗完为好。冬灌后,最好覆草,也可对地表浅锄,减浅冻层,防止水分蒸发。

11)清除积雪

下大雪时,最好及时摇动树体,抖落枝干上的积雪,避免压伤枝条,减少冻害。

12)高接换种

采用当地树苗高接,或在抗寒中间砧上高接,都可提高抗寒能力。高接换种是寒冷地区栽培果树抗冻的有效措施。

13)枝干涂白

冬季给果树涂白,可增强反射光,使日夜温度稳定,避免日灼夜冻。涂白剂常用生石灰5 kg、食盐1 kg、水15 kg、大豆面0.25 kg配制而成。

14)缠膜涂油

封冻后,在幼树主干涂抹动物油(如熬好的猪油),然后在树干上缠塑料膜,于翌年4月前解除,可抑制树体水分蒸发,能有效地防止抽条。

15)喷保护剂

没有缠草缠膜的幼树于冬前11月及早春2—3月,喷5倍石蜡乳化液,或150倍羧甲基纤维素等保护防冻剂2~3次,以封闭枝条气孔,减少水分散失,预防抽条。

另外,对受冻果树,要加强土壤管理,施氮肥促新梢前期生长;修剪时除剪去冻死部分外,尽量轻剪,对徒长枝摘心,以尽量保留多的叶面积;及时防病虫,并喷洒抑制

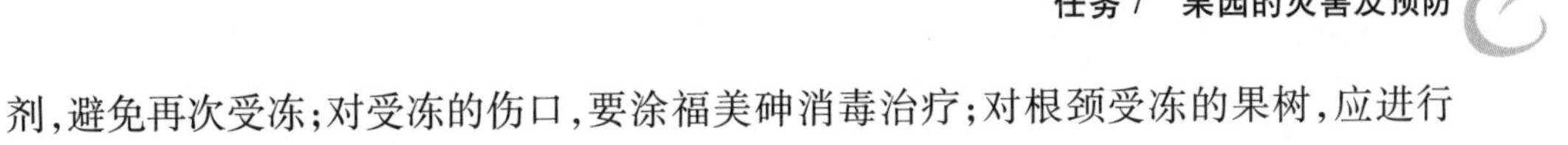

剂，避免再次受冻；对受冻的伤口，要涂福美砷消毒治疗；对根颈受冻的果树，应进行桥接或根接，以恢复树势。

7.5　考证提示

7.5.1　预防自然灾害的措施

任务后

1）考证练习

预防自然灾害的措施。

2）案例分析

预防霜冻对苹果生长发育的影响

（1）延迟萌芽开花

躲避霜冻。果园灌水：果树萌芽到开花前灌水2～3次，可延迟开花2～3天。树体涂白：早春树干、主枝涂白或全树喷白，以反射阳光，减缓树体温度上升，可推迟花芽萌动和开花。

（2）果园喷水及营养液，预防霜冻

强冷空气来临前，对果园进行连续喷水，或喷布芸苔素481、天达2116，可以有效地缓和果园温度聚降或调解细胞膜透性，能较好地预防霜冻。

（3）果园薰烟加温，预防霜冻

在霜冻来临前，利用锯末、麦糠、碎秸秆或果园杂草落叶等交互堆积作燃料，堆放后上压薄土层或使用发烟剂（2份硝铵，7份锯末，1份柴油充分混合，用纸筒包装，外加防潮膜）点燃发烟。烟堆置于果园上风口处。一般每亩果园4～6堆（烟堆的大小和多少随霜冻强度和持续时间而定）。薰烟时间大体从夜间12:00至次日3:00时开始。以暗火浓烟为宜，使烟雾弥漫整个果园，至早晨天亮时才可以停止薰烟。

（4）其他措施

据国外资料报道，在果园上空使用大功率鼓风机搅动空气，可以吹散冷空气的凝集，有预防霜冻的效果。

任务8　绿色果品生产

任务目标:了解绿色果品的概念,掌握绿色果品生产的方法。
重　　点:绿色果品生产的要求。
难　　点:绿色果品生产的技术措施。
教学方法:直观、实践教学。
建议学时:4 学时。

8.1　基础知识要点

8.1.1　绿色食品

1)绿色食品的概念

绿色食品并非指“绿颜色”的食品,而是特指无污染的安全、优质、营养类食品。自然资源和生态环境是食品生产的基本条件,由于与生命、资源、环境相关的事物通常冠之以“绿色”,为了突出这类食品出自良好的生态环境,并能给人们带来旺盛的生命活力,因此将其定名为“绿色食品”(如图8.1)。

图8.1　“绿色食品”标志图

绿色食品标志图形由3部分构成:上方的太阳、下方的叶片和蓓蕾。标志图形为正圆形,意为保护、安全。整个图形描绘了一幅明媚阳光照耀下的和谐生机,告诉人们绿色食品是出自纯净、良好生态环境的安全、无污染食品,能给人们带来蓬勃的生命力。绿色食品标志还提醒人们要保护环境和防止污染,通过改善人与环境的关系,创造自然界新的和谐。

2)绿色食品的特征

绿色食品与普通食品相比有3个显著特征:

①强调产品出自最佳生态环境。绿色食品生产从原料产地的生态环境入手,通过对原料产地及其周围的生态环境因子严格监测,判定其是否具备生产绿色食品的基础条件。

②对产品实行全程质量控制。绿色食品生产实施“从土地到餐桌”全程质量控制。通过产前环节的环境监测和原料检测;产中环节具体生产、加工操作规程的落实,以及产后环节产品质量、卫生指标、包装、保鲜、运输、储藏、销售控制,确保绿色食品的整体产品质量,并提高整个生产过程的技术含量。

③对产品依法实行标志管理。绿色食品标志管理的手段包括技术手段和法律手段。技术手段是指按照绿色食品标准体系对绿色食品产地环境、生产过程及产品质量进行认证,只有符合绿色食品标准的企业和产品才能使用绿色食品标志商标。法律手段是指对使用绿色食品标志的企业和产品实行商标管理。绿色食品标志商标已由中国绿色食品发展中心在国家工商行政管理局注册,专用权受《中华人民共和国商

标法》保护。

3)绿色食品具备的条件

绿色食品必须同时具备以下条件:

①产品或产品原料产地必须符合绿色食品生态环境质量标准。

②农作物种植、畜禽饲养、水产养殖及食品加工必须符合绿色食品的生产操作规程。

③产品必须符合绿色食品质量和卫生标准。

④产品外包装必须符合国家食品标签通用标准,符合绿色食品特定的包装、装潢和标签规定。

严格地讲,绿色食品是遵循可持续发展原则,按照特定生产方式生产,经专门机构认定,许可使用绿色食品标志商标的无污染的安全、优质、营养类食品。

发展绿色食品,从保护、改善生态环境入手,以开发无污染食品为突破口,将保护环境、发展经济、增进人们健康紧密地结合起来,促成环境、资源、经济、社会发展的良性循环。

绿色食品特定的生产方式是指按照标准生产、加工;对产品实施全程质量控制;依法对产品实行标志管理。

无污染、安全、优质、营养是绿色食品的特征。无污染是指在绿色食品生产、加工过程中,通过严密监测、控制,防范农药残留、放射性物质、重金属、有害细菌等对食品生产各个环节的污染,以确保绿色食品产品的洁净。绿色食品的优质特性不仅包括产品的外表包装水平高,而且还包括内在质量水准高。产品的内在质量又包括两方面:一是内在品质优良,二是营养价值和卫生安全指标高。

为了保证绿色食品产品无污染、安全、优质、营养的特性,开发绿色食品有一套较为完整的质量标准体系。绿色食品标准包括产地环境质量标准、生产技术标准、产品质量和卫生标准、包装标准、储藏和运输标准以及其他相关标准,它们构成了绿色食品完整的质量控制标准体系。

8.1.2 绿色食品生产规则

①绿色食品生产过程的控制是绿色食品质量控制的关键环节。

②绿色食品生产技术标准是绿色食品标准体系的核心,它包括绿色食品生产资料使用准则和绿色食品生产技术操作规程两部分。

第一,绿色食品生产资料使用准则是对生产绿色食品过程中物质投入的一个原则性规定,它包括生产绿色食品的农药、肥料、食品添加剂、饲料添加剂、兽药和水产养殖药的使用准则,对允许、限制和禁止使用的生产资料及其使用方法、使用剂量、使用次数和休药期等作出了明确规定。绿色食品生产资料使用准则有:《生产绿色食品的农药使用准则》《生产绿色食品的肥料使用准则》《生产绿色食品的食品添加剂使用准则》。

第二,绿色食品生产技术操作规程是以上述准则为依据,按作物种类、畜牧种类和不同农业区域的生产特性分别制订的,用于指导绿色食品生产活动,规范绿色食品生产技术的技术规定,包括农产品种植、畜禽饲养、水产养殖和食品加工等技术操作规程。

8.1.3 绿色食品基地建设的主要特点

与一般的农产品生产基地建设相比,绿色食品基地建设有3个较为显著的特点:

1)提升产品安全优质水平是核心

保证产品原料质量安全符合绿色食品标准要求,是加工产品企业通过绿色食品认证的必备条件之一。这就要求,绿色食品基地建设必须以保证种植业、畜牧业、渔业产品质量安全水平为核心,同时立足绿色食品的精品定位,提高初级产品的内在品质,从而实现原料生产与产品认证、基地建设与龙头企业的有效对接。

2)落实全程标准化生产是主线

创建绿色食品生产基地,将标准化繁为简,转化为区域性生产操作规程,促进广大农民优选品种、合理施肥、科学用药,提高标准化生产能力和水平。同时,在具有一定规模的种植区域或养殖场所,推行"环境有监测、操作有规程、生产有记录、产品有检验、上市有标识"的全程标准化生产,扩大绿色食品基地建设在农业标准化中的示范带动作用。

3)发挥整体品牌效应是关键

品牌是绿色食品的核心竞争力,落实标准化生产是确保绿色食品品牌公信力和美誉度的基础。绿色食品基地建设,把标准化与品牌化有机地结合起来,通过标准化解决质量安全问题,通过品牌化体现标准化生产的价值,实现优质优价。发挥整体品牌效应,既是绿色食品基地建设的突出优势所在,也是企业和农户共同创建绿色食品基地的内在动力。

8.1.4 绿色食品基地建设取得的初步成效

绿色食品大型标准化基地建设全面推进以来,保持了又好又快地发展。目前,全国119个县(场)已成功创建151个绿色食品大型原料标准化生产基地,基地面积4 050万亩,基地年产优质原料1 878万吨,主要包括水稻、玉米、小麦、大豆、柑橘等30多种农产品。同时,全国另有63个县申请的83个基地已进入为期一年的创建期,基地面积1 833万亩。绿色食品标准化基地建设发挥了3个积极作用:

1)带动了农业标准化生产

全国目前已建成151个生产基地,全部落实了统一的管理制度和生产操作规程,实现了全程标准化生产和规范化管理,单品种作物平均种植规模达到26.8万亩。其中,有64个基地位于农业部规划建设的全国优势农产品产业带,种植面积占已创建基地总面积的50%以上。绿色食品生产基地集中连片、规模发展,不仅使绿色食品认证企业获得了持续稳定的安全优质原料供应,而且有力地带动了区域农业标准化生产和农产品质量安全水平的全面提升。

2)提高了农业产业化水平

依托标准化生产,以质量认证为载体,实现基地建设与龙头企业对接互动,推行以"绿色食品品牌为纽带、龙头企业为主体、原料基地为依托、农户参与为基础的"产业化发展模式,提高了农业生产组织化程度和社会化服务水平,促进了农业产业化发展。目前,在已创建的绿色食品标准化生产基地中,与之对接的产业化经营企业龙头共有404家,其中,国家级农业产业化企业38家,省级产业化龙头企业108家,市县级产业化龙头企业258家。

3)促进了农民增收和县域经济发展

绿色食品基地建设,实现了社会效益、经济效益和生态效益的协调统一,有效地促进了农民增收,带动了县域经济发展。首批151个基地共带动420万个农户,平均每个基地带动2.8万个农户。江西省组织全省113万个农户、88家龙头企业、378个农业合作经济组织,创建500万亩标准化基地,促进基地农户户均增收500元。黑龙江省青冈县创建100万亩玉米标准化基地,拉动县域经济增长4.6%。湖北省京山县通过创建基地,亩均增收83.2元,农民户均增收852.5元。

8.1.5 绿色食品基地建设的发展前景

在现有基础上,今后一个时期,绿色食品基地建设的总体思路是:以科学发展观为指导,以促进现代农业建设和增加农民收入为目标,继续突出优势农产品产业带和农业大县两个创建重点,积极发挥地方政府、龙头企业和农业专业合作经济组织的作用,创新机制,完善标准,高起点、高质量地稳步推进,强化动态监管,不断扩大生产规模,提高基地建设水平,为全面提升农产品质量安全水平,增强农产品市场竞争力发挥更加积极的作用。

"十一五"期间,绿色食品基地建设的主要目标和任务是:全国区域性大型原料标准化基地创建总数达到600个,其中,种植业基地500个,基地面积达到8 000万亩;畜牧业基地50个,畜牧存栏数达到500万头;水产养殖基地50个,养殖面积达到500万亩。基地带动1 000万农户、龙头企业和农业专业合作经济组织1 600家,实现企业年均增效15亿元,农民户均年增收200元以上。

为了实现上述目标,将重点采取以下推进措施:一是总结和交流经验,扩大宣传,进一步争取地方政府的政策支持和资金扶持;二是创造条件,引导各级龙头企业搭建产品认证与基地建设的平台,围绕绿色食品品牌,面向国内外市场,做好营销促销服务;三是进一步完善基地创建模式、生产技术标准和长效监管机制,不断巩固和强化基地建设的技术支撑和保障能力。

8.2　实训内容

8.2.1　绿色食品基地建设的基本做法

根据目标定位、技术路线、标准水平要求,绿色食品基地建设从组织方式、运作模式到具体实施,采取的基本做法是:

1)充分发挥地方政府的组织推动作用

绿色食品基地建设是一项具有示范性、公益性的工作,在创建过程中,依托优势农产品主产区和农业大县,以县市为单位,紧紧依靠地方政府,发挥农业部门的作用,加强组织领导,统筹协调,科学规划,增强推动基地建设的合力,并建立以政府投入为导向、农户投入为主体、龙头企业投入为补充的多元化投入机制。

2)实施龙头企业与基地建设紧密对接

龙头企业在绿色食品基地建设中发挥着主导带动作用。实施基地建设与龙头企业紧密对接,一方面,有利于建立全程质量控制体系,保证加工产品原料质量,促进绿色食品产品认证;另一方面,有利于产、加、销紧密结合,延长农业产业链条,强化企业与农户之间的利益联结机制,促进农民增收。

3)以综合保障体系建设推动基地建设

创建绿色食品基地建设,在操作层面,建立健全和有效运行7个体系:以落实县乡村目标责任制为保障的组织管理体系、以实施标准化生产和质量可追溯制度为基础的生产管理体系、以市场准入和监督检查为手段的投入管理体系、以农技推广和农户培训为主要内容的技术服务体系、以综合治理为方式的基础设施和环境保护体系、以"品牌+公司+基地+农户"为模式的产业化经营体系、以产地环境、生产过程、产品质量、包装标识为重点的监测监管体系。

8.2.2 对植保和农药的要求

1)绿色食品生产所用肥料的要求

①保护和促进作物的生长和品质的提高。

②不造成作物产生和积累有害物,不影响人体健康。

③对生态环境无不良影响。无论是A级还是AA级绿色食品生产,肥料均要求以无害化处理的有机肥、生物有机肥和无机矿质肥料为主,生物菌肥、腐殖酸类、氨基酸类叶面肥作为绿色食品生产过程的必要补充。

2)绿色食品生产对农药的要求

绿色食品农作物病虫害防治应综合运用多种防治措施,创造不利于病虫害滋生和有利于各类天敌繁衍的环境条件,保持农业生态系统的平衡和生物多样性,减少病虫害。当病虫发生量达到防治指标而必须用药时,应遵循《绿色食品农药使用准则》,以生物源、植物源和矿物源农药为主,对于A级绿色食品生产使用人工合成的化学农药时,应选用高效、低毒、低残留的农药和昆虫特异性生长调节剂,避免对害虫天敌及人畜造成污染。

3)绿色食品标准体系

绿色食品标准体系是对绿色食品实行全程质量控制的一系列标准的总称,它包括绿色食品产地环境标准、绿色食品生产技术标准、绿色食品生产资料使用标准、绿色食品产品标准、绿色食品包装、储藏、运输标准等。其中:绿色食品产地环境标准包括大气环境质量标准,农田灌溉水水质标准,渔业水质标准,畜禽饲养用水标准,土壤环境质量标准;绿色食品生产技术标准包括初级农产品的种、养技术标准,绿色食品加工技术标准;绿色食品生产资料标准包括绿色食品农药使用准则,绿色食品肥料使用准则,绿色食品添加剂使用准则,绿色食品饲料和饲料添加剂使用准则,绿色食品兽药使用准则;绿色食品产品标准的内容包括外观品质、营养品质及卫生品质3部分,具体体现在原料要求、感官要求、理化要求、微生物学要求4个方面;绿色食品包装、储藏、运输标准遵循卫生、安全、不浪费资源、不污染环境、可循环利用的原则,在

包装上做到“四位一体”,即图案、文字、编号和防伪标签齐全。

4)绿色食品农作物种植操作规程

(1)植保方面

农药的使用在种类、剂量、时间、安全间隔期、残留量等方面都必须符合《绿色食品 农药使用准则》(NY/T 393—2000)。

(2)肥力管理方面

肥料使用必须符合,《绿色食品肥料使用准则》(NY/T 394—2000)。有机肥的施用量必须达到保护或增加土壤有机质含量。灌溉用水必须达到(NY/T 391—2000)生产绿色食品灌溉用水要求。

(3)品种选择方面

尽可能选育适应当地土壤和气候条件,并对病虫草害有较强抵抗力的优良品种。

(4)耕作制度方面

尽可能依据生态学原理,保持物种的多样性,进行轮作换茬和间作套种,减少或避免化学物质的投入。

5)绿色食品加工产品的生产操作规程

①加工区环境卫生必须达到绿色食品生产环境要求。

②加工用水必须符合绿色食品加工用水水质标准。

③加工原料主要来源于绿色食品产地。

④加工所用的设备及产品包装材料的选用,都要具备安全无污染条件。

⑤在食品加工过程,食品添加剂的使用必须符合《绿色食品 食品添加剂使用准则》(NY/T 392—2000)。

8.3　实践应用

8.3.1　绿色食品生产工艺流程

1)绿色食品生产过程

绿色食品生产过程控制是绿色食品质量控制的关键环节,绿色食品生产过程标准是绿色食品标准体系的核心。绿色食品生产过程标准包括两部分:生产资料使用准则和生产操作规程。

(1)生产资料使用准则

生产资料使用准则是对生产绿色食品过程中物质投入的一个原则性的规定,它包括农药、肥料、兽药、水产养殖用药、食品添加剂和饲料添加剂的使用准则。

(2)生产绿色食品农药使用准则

绿色食品生产应从作物—病虫草等整个生态系统出发,综合运用各种防治措施,创造不利于病虫草害孳生和有利于各类天敌繁衍的环境条件,保持农业生态系统的平衡和生物多样化,减少各类病虫草害所造成的损失。

准则中的农药被禁止使用的原因有如下几种:

①高毒、剧毒,使用不安全。

②高残留,高生物富集性。

③各种慢性毒性作用,如迟发性神经毒性。

④二次中毒或二次药害,如氟乙酰胺的二次中毒现象。

⑤三致作用,致畸、致癌、致突变。

⑥含特殊杂质,如三氯杀螨醇中含有 DDT。

⑦代谢产物有特殊作用,如代森类代谢产物为致癌物 ETU(乙撑硫脲)。

⑧对植物不安全、药害。

⑨对环境、非靶标生物有害。

对允许限量使用的农药除严格规定品种外,对使用量和使用时间作了详细的规定。对安全间隔期(种植业中最后一次用药距收获的时间,在养殖业中最后一次用药距屠宰、捕捞的时间称休药期)也作了明确的规定。为避免同种农药在作物体内的累积和害虫的抗药性,准则中还规定在 A 级绿色食品生产过程中,每种允许使用的有机合成农药在一种作物的生产期内只允许使用一次,确保环境和食品不受污染。

(3)生产绿色食品的肥料使用准则

绿色食品生产使用的肥料必须为:第一,保护和促进使用对象的生长及其品质的提高;第二,不造成使用对象产生和积累有害物质,不影响人体健康;第三,对生态环境无不良影响。规定农家肥是绿色食品的主要养分来源。准则中规定生产绿色食品允许使用的肥料有 7 大类 26 种在 AA 级绿色食品生产中除可使用 Cu、Fe、Mn、Zn、B、Mo 等微量元素及硫酸钾、煅烧磷酸盐外,不使用其他化学合成肥料,完全和国际接轨。A 级绿色食品生产中则允许限量地使用部分化学合成肥料(但仍禁止使用硝态氮肥),以对环境和作物(营养、味道、品质和植物抗性)不产生不良后果的方法使用。

(4)生产绿色食品的其他生产资料及使用原则

生产绿色食品的其他主要生产资料还有兽药、水产养殖用药、食品添加剂、饲料

添加剂等,它们的正确、合理使用与否,直接影响到绿色食品畜禽产品、水产品、加工品的质量。如兽药残留影响到人们身体健康,甚至危及生命安全。为此中国绿色食品发展中心制订了《生产绿色食品的兽药使用准则》《生产绿色食品的水产养殖用药使用准则》《生产绿色食品的食品添加剂使用准则》《生产绿色食品的饲料添加剂使用准则》,对这些生产资料的允许使用品种、使用剂量、最高残留量和最后一次休药期天数作出了详细的规定,确保绿色食品的质量。

2)绿色食品生产操作规程

绿色食品生产操作规程是绿色食品生产资料使用准则在一个物种上的细化和落实。包括农产品种植、食品加工等4个方面。

(1)种植业生产操作规程

种植业的生产操作规程系指农作物的整地播种、施肥、浇水、喷药及收获5个环节中必须遵守的规定。其主要内容是:

①植保方面,农药的使用在种类、剂量、时间和残留量方面都必须符合《生产绿色食品的农药使用准则》。

②作物栽培方面,肥料的使用必须符合《生产绿色食品的肥料使用准则》,有机肥的施用量必须达到保持或增加土壤有机质含量的程度。

③品种选育方面,选育尽可能适应当地土壤和气候条件,并对病虫草害有较强的抵抗力的高品质优良品种。

④在耕作制度方面,尽可能采用生态学原理,保持特种的多样性,减少化学物质的投入。

(2)食品加工业绿色食品生产操作规程

其主要内容是:

①加工区环境卫生必须达到绿色食品生产要求。

②加工用水必须符合绿色食品加工用水标准。

③加工原料主要来源于绿色食品产地。

④加工所用设备及产品包装材料的选用必须具备安全无污染条件。

⑤在食品加工过程中,食品添加剂的使用必须符合《生产绿色食品的食品添加剂使用准则》。

目前中国绿色食品发展中心正委托国内权威机构,按东北、华北、西北、华中、华东、西南、华南7个地理区分别制订生产操作规程,其中华北地区已有19个物种的生产操作规程制定完成。

8.4 扩展知识链接(选学)

8.4.1 绿色食品产品标准

绿色食品产品标准是衡量最终产品质量的尺度,是树立绿色食品形象的主要标志,也反映出绿色食品生产、管理及质量控制的水平。

绿色食品产品标准制订的依据是在国家标准的基础上,参照国外先进标准或国际标准。在检测项目和指标上,严于国家标准;对严于国家执行标准的项目及其指标都有文献性的科学依据或理论指导,有些还进行了科学试验。

1)原料要求

绿色食品的主要原料来自绿色食品产地,即经过绿色食品环境监测证明符合绿色食品环境质量标准,按照绿色食品生产操作规程生产出来的产品。对于某些进口原料,例如果蔬脆片所用的棕榈油、生产冰淇淋所用的黄油和奶粉,无法进行原料产地环境检测的,经中国绿色食品发展中心指定的食品监测中心按照绿色食品标准进行检验,符合标准的产品才能作为绿色食品加工原料。

2)感官要求

包括外形、色泽、气味、口感、质地等。感官要求是食品给予用户或消费者的第一感觉,是绿色食品优质性的最直观体现。绿色食品产品标准有定性、半定量、定量标准,其要求严于非绿色食品。

3)理化要求

理化要求包括应有成分指标,如蛋白质、脂肪、糖类、维生素等,这些指标不能低于国际标准;同时它还包括限量的成分指标,如汞、铬、砷、铅、镉等重金属和六六六、DDT 等国家禁用农药的残留,要求与国外先进标准或国际标准接轨。

4)微生物学要求

产品的微生物学特征必须保持,如活性酵母、乳酸菌等,这是产品质量的基础。而微生物污染指标必须加以相当或严于国标的限定,例如菌落总数、大肠菌群、致病菌(金黄色葡萄球菌、乙性链球菌、志贺氏菌及沙门氏菌)、粪便大肠杆菌、霉菌等。

8.4.2 绿色食品认证程序

为规范绿色食品认证工作,依据《绿色食品标志管理办法》,制定本程序。凡

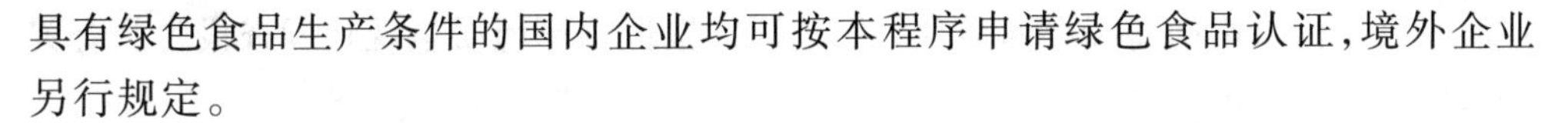
具有绿色食品生产条件的国内企业均可按本程序申请绿色食品认证，境外企业另行规定。

1)认证申请

①申请人向中国绿色食品发展中心(以下简称中心)及其所在省(自治区、直辖市)绿色食品办公室、绿色食品发展中心(以下简称省绿办)领取《绿色食品标志使用申请书》《企业及生产情况调查表》及有关资料，或从中心网站(网址：www. greenfood. org. cn)下载。

②申请人填写并向所在省绿办递交《绿色食品标志使用申请书》《企业及生产情况调查表》及以下材料：

A. 保证执行绿色食品标准和规范的声明；

B. 生产操作规程(种植规程、养殖规程、加工规程)；

C. 公司对"基地 + 农户"的质量控制体系(包括合同、基地图、基地和农户清单、管理制度)；

D. 产品执行标准；

E. 产品注册商标文本(复印件)；

F. 企业营业执照(复印件)；

G. 企业质量管理手册；

H. 要求提供的其他材料(通过体系认证的，附证书复印件)。

2)受理及文审

①省绿办收到上述申请材料后，进行登记、编号，5 个工作日内完成对申请认证材料的审查工作，并向申请人发出《文审意见通知单》，同时抄送中心认证处。

②申请认证材料不齐全的，要求申请人收到《文审意见通知单》后 10 个工作日提交补充材料。

③申请认证材料不合格的，通知申请人本生长周期不再受理其申请。

④申请认证材料合格的，进入下一步认证。

3)现场检查、产品抽样

①省绿办应在《文审意见通知单》中明确现场检查计划，并在计划得到申请人确认后委派 2 名或 2 名以上检查员进行现场检查。

②检查员根据《绿色食品检查员工作手册》(试行)和《绿色食品产地环境质量现状调查技术规范》(试行)中规定的有关项目进行逐项检查。每位检查员单独填写现场检查表和检查意见。现场检查和环境质量现状调查工作在 5 个工作日内完成，完

成后5个工作日内向省绿办递交现场检查评估报告和环境质量现状调查报告及有关调查资料。

③现场检查合格,可以安排产品抽样。凡申请人提供了近一年内绿色食品定点产品监测机构出具的产品质量检测报告,并经检查员确认,符合绿色食品产品检测项目和质量要求的,免产品抽样检测。

④现场检查合格,需要抽样检测的产品安排产品抽样:

一是当时可以抽到适抽产品的,检查员依据《绿色食品产品抽样技术规范》进行产品抽样,并填写《绿色食品产品抽样单》,同时将抽样单抄送中心认证处。特殊产品(如动物性产品)另行规定。

二是当时无适抽产品的,检查员与申请人当场确定抽样计划,同时将抽样计划抄送中心认证处。

三是申请人将样品、产品执行标准、《绿色食品产品抽样单》和检测费寄送绿色食品定点产品监测机构。

⑤现场检查不合格,不安排产品抽样。

4)环境监测

①绿色食品产地环境质量现状调查由检查员在现场检查时同步完成。

②经调查确认,产地环境质量符合《绿色食品产地环境质量现状调查技术规范》规定的免测条件,免做环境监测。

③根据《绿色食品产地环境质量现状调查技术规范》的有关规定,经调查确认,必要进行环境监测的,省绿办自收到调查报告2个工作日内以书面形式通知绿色食品定点环境监测机构进行环境监测,同时将通知单抄送中心认证处。

④定点环境监测机构收到通知单后,40个工作日内出具环境监测报告,连同填写的《绿色食品环境监测情况表》,直接报送中心认证处,同时抄送省绿办。

5)产品检测

绿色食品定点产品监测机构自收到样品、产品执行标准、《绿色食品产品抽样单》、检测费后,20个工作日内完成检测工作,出具产品检测报告,连同填写的《绿色食品产品检测情况表》,报送中心认证处,同时抄送省绿办。

6)认证审核

①省绿办收到检查员现场检查评估报告和环境质量现状调查报告后,3个工作日内签署审查意见,并将认证申请材料、检查员现场检查评估报告、环境质量现状调查报告及《省绿办绿色食品认证情况表》等材料报送中心认证处。

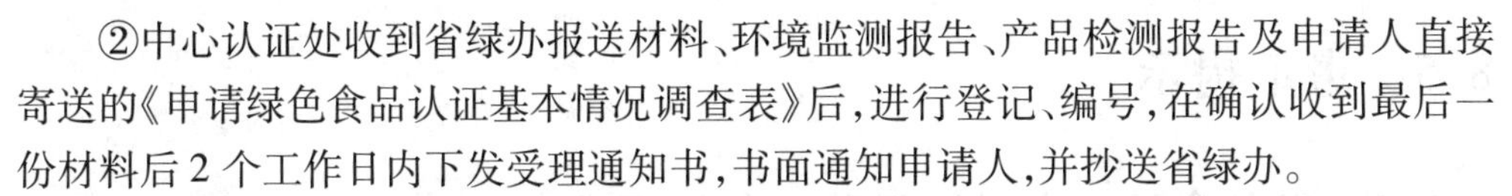

②中心认证处收到省绿办报送材料、环境监测报告、产品检测报告及申请人直接寄送的《申请绿色食品认证基本情况调查表》后，进行登记、编号，在确认收到最后一份材料后 2 个工作日内下发受理通知书，书面通知申请人，并抄送省绿办。

③中心认证处组织审查人员及有关专家对上述材料进行审核，20 个工作日内做出审核结论。

④审核结论为“有疑问，需现场检查”的，中心认证处在 2 个工作日内完成现场检查计划，书面通知申请人，并抄送省绿办。得到申请人确认后，5 个工作日内派检查员再次进行现场检查。

⑤审核结论为“材料不完整或需要补充说明”的，中心认证处向申请人发送《绿色食品认证审核通知单》，同时抄送省绿办。申请人需在 20 个工作日内将补充材料报送中心认证处，并抄送省绿办。

⑥审核结论为“合格”或“不合格”的，中心认证处将认证材料、认证审核意见报送绿色食品评审委员会。

7）认证评审

①绿色食品评审委员会自收到认证材料、认证处审核意见后 10 个工作日内进行全面评审，并做出认证终审结论。

②认证终审结论分为两种情况：认证合格；认证不合格。

③结论为“认证合格”，颁发证书。

④结论为“认证不合格”，评审委员会秘书处在做出终审结论 2 个工作日内，将《认证结论通知单》发送申请人，并抄送省绿办。本生产周期不再受理其申请。

8）颁证

①中心在 5 个工作日内将办证的有关文件寄送“认证合格”申请人，并抄送省绿办。申请人在 60 个工作日内与中心签订《绿色食品标志商标使用许可合同》。

②中心主任签发证书。

8.5　考证提示

8.5.1　绿色食品生产对植保和农药的要求

1)考证练习

绿色食品生产过程主要污染的控制措施

(1)选择适宜的产地

产地的生态环境条件是影响绿色食品产品的主要因素之一。在绿色食品产品开发之初,应对产地周围的环境质量现状(包括土壤、水质和大气)进行深入调查,为建立绿色食品产地提供科学的决策依据。绿色食品产地应选择在空气清新、水质纯净、土壤未受污染、农业生态环境质量良好的地区,尽量避开繁华都市、工业区和交通要道。具体要求是:产地及产地周围不得有大气污染源,特别是上风口不得有污染源,如化工厂、水泥厂、垃圾堆积场、工矿废渣场等,不得有有毒气体排放及烟尘和粉尘。生产用水不能含有污染物,特别是重金属和有毒有害物质,要选择地表水、地下水水质清洁无污染的地区,远离容易对水造成污染的工厂矿山。对土壤的要求,产地应位于土壤背景值正常的区域,周围没有金属或非金属矿山,土壤中无农药残留。同时应考虑土壤肥力指标,选择土壤有机质含量较高的地区。对于土壤中某些元素自然本底值高(如放射性元素、重金属元素高本底区)的地区,由于此类元素可通过植物体累积,并通过食物链危害人类,因此不能作为绿色食品产地。

(2)选择抗病虫、抗逆性强的作物品种

由于绿色食品特定的标准及生产规程的要求,在生产中必须限制化肥和农药的应用。因此,选择作物品种在兼顾高产优质性状的同时,要注意选用抗病虫、抗性强及高光效的品种,以减少或避免病虫害的发生,从而减少农药的施用和污染。引种时还要把品种特性与栽培条件联系起来考虑。

(3)施用有机肥,少施慎施化肥

绿色食品生产要求以有机肥为主,尽量减少或完全不用化学肥料。有机肥料是全营养肥料,不仅肥效长,而且能增加土壤的有机质,提高土壤肥力。有机肥一般包括厩肥、沤肥、堆肥、绿肥、沼气肥、. 饼肥、作物秸秆等农家肥,还有腐殖酸类肥料、微生物肥料等。制作和使用有机肥料时,要注意无害化处理,如高温堆制、沼气发酵等充分腐熟后方能施用。在绿色食品生产中,尽量控制和减少化学肥料,尤其是氮素化肥的使用,AA 级绿色食品生产中除可使用微量元素和硫酸钾、煅烧磷酸盐外,不允许使用其他化学合成肥料。A 级绿色食品生产中,允许限量使用部分化学合成肥料,但禁止使用硝态氮肥。在必须使用化肥时,应与有机肥按氮含量 1:1 的比例配合使用,而且最后使用时间必须在作物收获前 30 天施用。

(4)推广病虫草害综合防治

在绿色食品生产中,综合防治具有重要的意义。“综合防治”是以农业生态学为理论依据,从农业生产全局出发,综合运用各种防治措施,创造一个既抑制病虫害滋生,又有利于作物生长和各类天敌繁衍的生态环境,保持农业生态系统的平衡。综合防治措施主要有以下几种:

①农业措施。通过选用抗病虫的优良品种,合理作物布局、清洁田间、合理轮作、间作套种,及时中耕除草、深耕晒土等,可以有效地减轻病虫害的发生。

②物理和人工防治。利用物理因子或机械、人工等措施来防治病虫草害,如人工捕捉、灯光色彩诱杀、机械除草、人工除草以及高频电、微波、激光等。

③生物防治。一般是指以有益生物控制有害生物的数量,即利用天敌来防治病虫的方法。

④药剂防治。绿色食品生产中采用药剂控制病虫害,应优先选用生物源和矿物源的农药。当以上方法不足以控制病虫草害时,可选用高效、低毒、低残留的化学农药,总体上要遵循《生产绿色食品的农药使用准则》的相关规定。严禁使用剧毒、高毒、高残留或具有三致毒性(致癌、致畸、致突变)的农药,严格按照国家标准的要求控制施药量与安全间隔期。

2)案例分析

绿色食品生产规程

(1)植保方面

农药的使用在种类、剂量、时间和残留量方面都必须符合《生产绿色食品的农药使用准则》。

(2)作物栽培方面

肥料的使用必须符合《生产绿色食品的肥料使用准则》,有机肥的施用量必须达到保持或增加土壤有机质含量的程度。

(3)品种选育方面

选育尽可能适应当地土壤和气候条件,并对病虫草害有较强的抵抗力的高品质优良品种。

(4)在耕作制度方面

尽可能采用生态学原理,保持特种的多样性,减少化学物质的投入。

任务9　柑　橘

任务目标： 了解主要种类与品种，掌握生物学特性和栽培管理技术。

重　　点： 栽培管理技术。

难　　点： 主要种类与品种。

教学方法： 直观、实践教学。

建议学时： 6 学时。

9.1 基础知识要点

9.1.1 主要种类和品种

1)主要种类

图9.1 柑橘

柑橘属于芸香科柑橘亚科。本亚科通常分为13个属,具有较高经济价值的有枳属、金柑属和柑橘属(图9.1)。

(1)枳属

本属仅枳一个种,别名枸橘、枳壳。原产于我国,分布广泛。为落叶灌木状小乔木;枝条多刺;叶为三出复叶;果实小,果肉苦涩,不能食用,常做药用;果内多种子,种子多胚。

枳常作柑、橘、橙类的砧木,具有极耐寒、耐旱、耐贫瘠、矮化、早果等优点。枳还易与其他柑橘种类产生属间杂交种,如枳橙、枳柚等。

(2)金柑属

本属有金枣、圆金柑、长叶金柑、山金柑4个种,还有金弹、长寿金柑2个杂种。它们均原产于我国,较耐寒,分布于长江流域以南各省市。本属植物均为常绿灌木,分枝密,一年中能多次开花结果。果实小,果皮厚实味甘,果肉略酸,可鲜食,以金弹品质最好。

(3)柑橘属

本属是种类最多、经济价值最高、栽培最广泛的一属。它们绝大多数种类原产于我国。习惯上,常把本属分为6大类,即大翼橙类、宜昌橙类、枸橼类、柚类、橙类和宽皮橘类。各类又分为若干个种(如表9.1)。

2)优良品种

优良品种具有适应性较强、丰产、稳产、优质、耐储运等优良特性。选择优良品种已经成为柑橘生产获得高效益的重要保证。近几年,我国通过选、引、育,已有许多优良品种供各栽培区选择。

表9.1 柑橘属主要大类及主要特征、种类和优良品种群

大类	特征	种类	主要品种群及优良品种
大翼橙类	常绿乔木。	红河大翼橙	—
		马蜂柑	
宜昌橙类	常绿小乔木,翼叶大,花单生。	宜昌橙	—
		香橙	
枸橼类	常绿小乔木,翼叶近无,有花序,花紫色,果顶乳状突起,有一个变种佛手。	柠檬	尤力克、北京柠檬、里斯本。
		枸橼	—
		莱檬	—
		梨檬	—
柚类	常绿大乔木,翼叶、花均大,果实特大,海绵层厚。	柚	沙田柚、坪山柚、官溪蜜柚。
		葡萄柚	马叙、邓肯。
橙类	常绿乔木,树冠圆形,花单生或花序,果圆形,果皮不易剥离。	甜橙	普通甜橙:锦橙、雪柑、暗柳橙、香水橙、红江橙。 脐橙类:华盛顿脐橙、彭娜脐橙、纽荷尔脐橙、清家、铃木。 血橙类:红玉血橙。
		酸橙	代代。
宽皮橘类	常绿小乔木,花单生,果扁圆形,果皮易剥。	柑类	蕉柑、温州蜜柑。
		橘类	南丰蜜橘、芦柑、椪柑。

(1)甜橙类

甜橙类是世界上栽培最多,经济价值最高的一类。此类可分酸橙、甜橙两种。酸橙的果实,其味极酸而苦,不堪食用,部分用来加工蜜饯。甜橙,就是人们常称谓的“广柑”,果实呈圆形或长圆形,皮厚而光滑,皮肉结合较紧密,难以剥离。果心充实,汁多,酸甜可口,核和仁均呈白色(这是橙和桔类的主要区别),果实中等大小,一般120 g左右。

①锦橙。别名鹅蛋柑26号,原产重庆江津。树势强健,树冠开张。果长椭圆形,单果重160 g。果皮橙红光滑,果肉橙黄色,多汁,甜酸适中,含可溶性固形物12%,鲜

图 9.2　锦橙

食为主，品质极佳。11 月下旬至 12 月上旬成熟。本品种丰产性好，果实极耐储，适宜在四川、湖北等地种植(图 9.2)。

②柳橙。别名印子橘，主产于广东、福建等省。树势中等，树冠开张。果长圆球形，单果重 120 g。果面自蒂部起有放射沟纹，故名柳橙。果肉橙黄色，脆嫩香甜，含可溶性固形物 13%，品质佳，11 月中旬至 12 月上旬成熟。

本品种有明柳、半柳、暗柳等品系。其树势中等，丰产稳产性好，果实耐储运。适宜在广东、福建、广西等地种植。

③雪柑。主产于广东、台湾等省，树势强健、树冠直立。果实圆形，单果重 150 g，果皮橙黄色，光滑有光泽。果肉淡黄，柔软多汁，含可溶性固形物 12%，品质佳，可鲜食或加工，11 月中下旬成熟。本品种丰产，适应性强，果实耐储运。适宜在广东东部、福建东部种植。

④桃叶橙。原产湖北秭归，树冠高大，果近圆形，单果重 150 g。果皮橙红有光泽。果肉橙黄，质脆汁多，含可溶性固形物 13%，品质佳，11 月中上旬成熟。本品种适应性强，果实品质好，宜在湖北等地种植。

⑤改良橙。别名红肉橙，树势强健，树姿开张。果圆球形，单果重 130 g，果皮橙红，果肉多汁，风味香甜，含可溶性固形物 12%，品质佳，11 月中下旬成熟。本品种高产、稳产、适应性强，耐储藏。适应在四川、浙江南部、福建南部等地种植。

⑥哈姆林甜橙。原产于美国佛罗里达州，我国四川、广东、湖北等地引入试种。树势强旺，树姿开张。果实圆形单果重 150 g，果皮深橙色，光滑。果肉细嫩，汁多味香，少核，可溶性固形物 10.4 g，品质佳，11 月上中旬成熟。本品种早期丰产，品质好，唯果实大小不一，可在广东、福建、浙江等地种植(如图 9.3)。

图 9.3　红江橙

⑦华盛顿脐橙。别名抱子橘，南方各省引入栽种，树势矮小，树姿开张。果实圆球形，果顶尖端有脐。单果重 200 g，果皮橙色，果肉多汁、脆嫩、无核、含可溶性固形物 12%，鲜食极佳，11 月上中旬成熟。不足之处是落果严重，产量较低。此外，已从

华盛顿脐橙中选育出不少芽变品种,如汤姆逊脐橙、罗伯逊脐橙、朋娜脐橙等。

⑧红玉血橙。别名路比血橙,原产于地中海地区,我国四川栽培较多。树势中等,树冠圆头形,半开张。果扁圆形或球形,单果重 130 g,果皮深红色、光滑。果实储藏后汁液呈血红色,甜酸适中,有玫瑰香味,含可溶性固形物 11%,品质佳,1 月下旬至 2 月下旬成熟。本品种树势中庸,丰产稳产,果实耐储运,风味独特。适宜在四川、广东、浙江等温暖无霜冻地区种植。

⑨伏令夏橙。别名晚生橙,树势强健,树冠高大。果实圆球形或长圆球形,单果重 150 g,果皮橙色,果肉柔软多汁,风味甜酸可口,含可溶性固形物 12%,品质较好,一般在翌年 4—5 月成熟。

由于过去留树越冬,易受低温、霜冻影响而大量落果,故宜在极端低温不低于 -3 ℃的地区种植,如我国台湾地区及四川、云南、广东等省。目前我国又选育出和引进了一批夏橙新品系,如刘勤光橙、卡特、奥林达、康倍尔等,现正在观察筛选中,有些已开始推广。

(2)宽皮橘类

宽皮橘类是我国柑橘中分布最广、产量较多的一类,柑和橘虽有区别,但都同属此类(图 9.4)。

图 9.4 不知火桔橙

柑:果形较大,近于球形而稍扁,白皮层(皮肉白色部分)较厚,油胞粗大,皮较橘难剥,汁多核少,耐储藏,核为白色,种仁淡绿,著名的品种有温州蜜柑、蕉柑、椪柑(因种子有尾刺,故有的把它归入橘类)等。

橘:果形较小,多呈扁圆形,白皮层薄,皮细而极易剥离,核较多,果心不充实,核尖细,仁绿色,一般不耐储运,橘皮色有橙黄、朱红 2 种,橙黄的品种有黄皮橘、本地早、乳橘等;朱红色的有朱红橘、福橘、料红橘。

①芦柑。别名椪柑、蜜柑,主产于广东、福建、台湾等地,树势强健,直立性强。果实扁圆形,单果重 120 g,果皮橙黄,有光泽,易剥。果肉汁多味甜、脆嫩爽口,含可溶性固形物 15%,品质佳。11 月中下旬至 12 月上旬成熟。本品种品质优良,产量高,适应性广,宜在福建南部、浙江东部、广东、四川等地大力推广(如图 9.5)。

②蕉柑。别名桶柑、招柑,主产于广东、福建等省。树势中等,树冠矮小开张。果圆球形或呈扁圆形,单果重 120 g。果皮橙色,厚而粗糙;果肉多汁,风味甜,含可溶性

固形物13%,种子极少。本品种品质好,高产,但适应性、抗病性较芦柑差,宜在广东、广西、福建等地种植。

本品种有早熟系,11月上旬成熟;中熟系,12月上旬至翌年1月下旬成熟;晚熟系,翌年3—4月成熟。

③本地早。别名天台山蜜橘,主产于浙江黄岩。树冠高大,呈圆头形。果实扁圆形,单果重80 g,果皮橙黄色;果肉多汁,甜而不酸,含可溶性固形物13%,品质好,11月上、中旬成熟。本品种高产、优质,耐寒性强,但果实不耐储,适宜加工制罐。本品种有许多品系,加工性能好,宜在浙江、广东、福建、湖南等地种植。

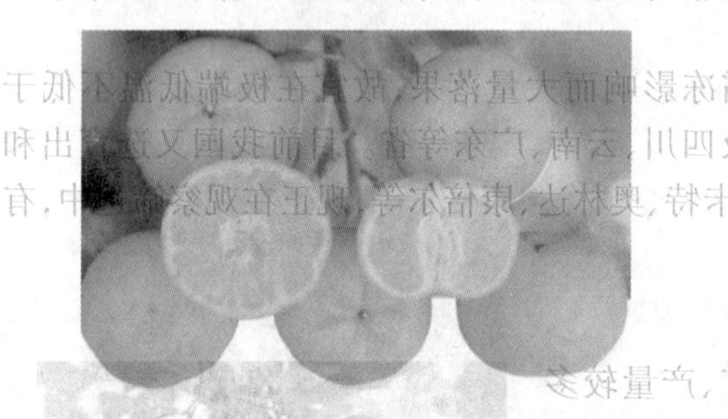

图9.5　无核椪柑

图9.6　宫川

④南丰蜜橘。别名贡橘、金钱蜜橘,主产于江西南丰。树势强健,树冠开张,呈半圆头形;果实扁圆形,极小,单果重仅25~50 g。果顶有脐,果皮橙黄色,果肉柔软多汁,浓甜有香味,橙黄色,含可溶性固形物14%,少或无核,11月上旬成熟。本品种品质极佳,但产量低,不耐储藏。

⑤温州蜜柑。原产浙江黄岩、温州等地。500多年前引入日本后大量种植,形成许多品系。后又几度引回中国,大量发展,成为我国最大的品种。因其依成熟期不同分成:极早熟品系群、早熟品系群、中熟品系群和晚熟品系群。各品系群均有不少优良品系,主要品系群列表如9.2:

表9.2　温州蜜柑优良品系群

品系群	成熟期	品系
极早熟品系群	9月	协山、宫本、北口
早熟品系群	10月	宫川、兴津、龟井、立间、松山、大浦
中熟品系群	11月	尾张、山田、林、石川
晚熟品系群	12月上旬	池田

本品种中极早熟品系群、早熟品系群因耐寒性强,生育期短,在北缘地区栽培较

适宜(如图9.6)。

(3)柚类

柚类分柚和葡萄柚两种。

柚又称文旦,香抛,栾。果形较大,呈圆形或梨形或葫芦形。皮厚难剥,黄色或橙黄色,肉质有黄白、粉红两种,核大且多,汁少味酸甜,有的品种有苦味。含维生素C较多,比橘高4倍,比橙高2倍。营养价值高,适于鲜食,极耐储运。著名良种如广西沙田柚,重庆梁平柚,广东金兰柚,福建文旦柚,湖南安江香柚,浙江平阳四平柚等。

①文旦柚。原产福建长秦县,为我国著名柚类品种之一。树势中庸,树冠圆头形,较开张。果实扁圆形,单果重700～1 300 g,肉质淡黄色,味甜味酸,品质优良。11月上中旬成熟,适应性强。

②坪山柚。原产于福建漳州,树势强健,树姿开张。果球形,单果重750～1 500 g,肉质脆嫩,味酸甜适口,含可溶性固形物10.5%,品质优良,10月上中旬成熟,耐储藏。

③四季抛。别名四季柚,原产于浙江平阳、苍南,因其一年能4次开花,故名。树势中庸,树冠半圆形。果倒卵形,单果重800～1 300 g,果肉有浅紫色及白色两种,汁胞柔嫩多汁,甜酸可口,品质优良,11月中下旬成熟,耐储藏。

④沙田柚。别名羊额柚,原产于广西容县沙田,是我国柚类的优良品种。树势强健,树冠高大,圆头形。果梨形或葫芦形,单果重600～1 800 g,汁胞细长,淡黄白色,脆嫩较甜,品质优,11月中上旬成熟,耐储,储后风味更加。栽植需配置酸柚(1/10)作为授粉树,提高产量。

⑤官溪蜜柚。原产福建平和县,是我国柚类的优良品种,树势中庸,树冠半圆形,果倒卵圆形,果特大,单果重1 500～5 000 g,果皮薄,光滑,果心空,汁胞短,分2～3层排列,10月上中旬成熟。不耐储,储后味变酸(如图9.7)。

图9.7 琯溪蜜柚

(4)枸橼类

枸橼类主要有佛手(变种)、柠檬等。这些果品多不能直接食用,其味酸苦,不堪入口,多用来做观赏、医药、加工蜜饯、制作饮料之用。

①佛手。是枸橼的一个变种,果顶部心室变成指状突出,果长10～15 cm,皮呈柠檬黄色,细皱而微有光泽;果肉几乎完全退化,瓤囊坚硬,味苦而涩,不能鲜食,作观赏、泡茶、浸

图9.8 柠檬

酒、制蜜饯之用。主产浙江金华、广东潮汕地区以及福建福州、厦门等地。

②柠檬。是欧美国家主要栽培果树之一，我国四川、广东、广西、台湾等地均有分布。果实具有浓烈的香气，特有柠檬酸味，被用来作饮料和菜点配料、果汁果酱等添加料。柠檬又叫洋柠檬，多引自国外，主要品种有尤力克、里斯本等(如图9.8)。

A. 尤力克柠檬。原产于我国，我国引入后有部分地区栽培。四川、重庆栽培较多，广东、广西、福建少量栽培。树势强，树冠圆头形，一年多次开花。果长圆形至椭圆形，先端具乳突。单果重150 g，果皮粗糙，黄色；果肉脆嫩多汁，品质好。本品种结果期早、耐储藏，但寿命短，耐寒性不强。

B. 里斯本柠檬。原产葡萄牙，我国四川、重庆、广东、海南有少量栽培，树势强，树冠高大，枝条直立。果椭圆形，果顶乳突大而明显，单果重140 g，果色淡黄，果肉汁多味酸，11月成熟，产量不稳定，但适于干热地区栽培。

(5)金柑类

我国柑橘产区均有出产，初夏开花直至初冬，几乎四季有果。果小，是柑橘中果形最小的一类果品，最大的如鸽子蛋，果皮金黄，故人们统称为金橘。金柑亦属芸香科，与柑橘属并列，为单独的一属。原产我国浙江省瓯江北部罗浮的地方，故至今长形金柑仍称为罗浮，以广西柳州、融安，降息的遂州，浙江的温州、宁波等地产量较多。金柑吃法与一般柑橘不同，是连皮带囊一齐吃，橘香浓郁别有风味。常见的品种有金枣、金橘、金柑等。

①金枣。别名罗浮，又叫牛奶金柑、牛奶橘、长实金柑、枣橘。浙江、江西、福建、广东、广西、四川、江苏均有出产。果实橄榄形或长圆形，果面较光滑，油胞较多。成熟时果面黄或橙黄色；肉橙黄色，囊瓣4～5。汁多味甜或微酸，果形中等，每千克95只左右，供生食或作蜜饯之用。

②金橘。别名罗纹，又叫圆金柑。产浙江和长江流域各柑区。果实圆形，果面粗而油胞大且多突起，皮薄，橙红或橙黄色，果肉淡橙黄色，囊瓣4～7，汁多味酸，生食略差。果形小，每千克100多只，加工成金柑饼，品质极好。

③金柑。也叫金蛋、金弹，因产地不同而叫法不一。有宁波金弹、遂川金柑、兰山金柑、融山金柑等。此品种可能是金枣与金橘的杂种。果实呈倒椭圆形，果面光滑，初为黄绿色，后转橙黄色，油胞大而平，分布均匀，囊瓣6～7，肉淡黄白色，汁一般，甜酸适口，生食较好。果形较大，每千克30～80只，亦有小果形的每千克120只以上，柑香味浓，适于加工。

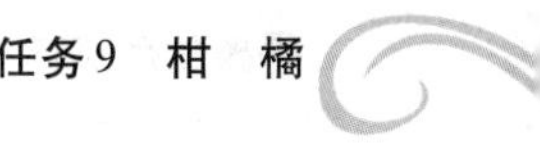

④其他。如金豆(山金柑、山金橘),果小如豆,多作观赏或加工用;月月橘(四季橘、寿橘、寿星橘、长寿橘),果味酸,作观赏用;长叶金柑,产量极少,多作加工用。

9.1.2 生物学特性

1)柑橘的生长发育特性

(1)芽

芽分为叶芽和花芽,叶芽萌发抽生营养枝。花芽是由叶芽原始体在一定条件下发育转变而成。花芽分化的时期与当年的气候、植株的营养条件有关,秋季温度偏高和冬季低温干旱能促进花芽分化,大年时花芽分化晚,小年时花芽分化早。

(2)枝

枝梢由叶芽发育而成,一年中可抽3~4次梢。春梢是一年中抽生数量最多的枝梢,可分为花枝和营养枝两种。花枝抽生后当年在顶端或叶腋处开花结果。营养枝只有叶片,无花,主要制造养分,发育后可成为翌年的结果母枝。5—7月陆续零星抽生的夏梢长势不一,抽梢时与幼果争夺养分,常加剧生理落果。秋梢抽发数量较多,生长健壮的秋梢是优良的结果母株,花质好,着果可靠;冬梢生长期短,无利用价值,修剪时应剪除(如图9.9)。

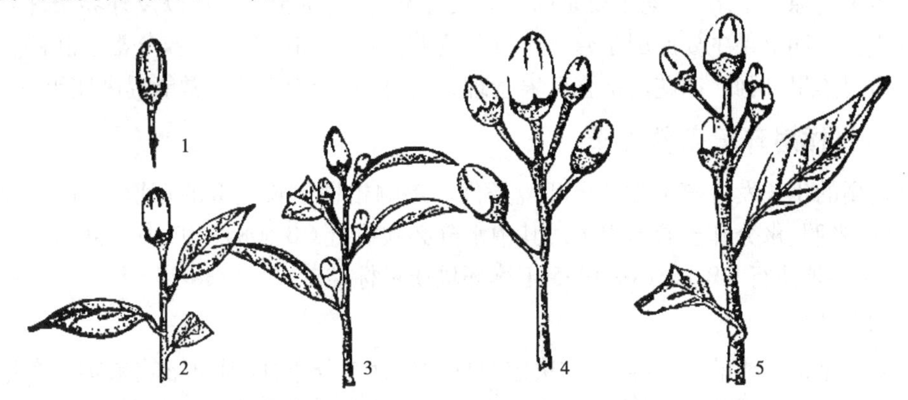

1.无叶顶花果枝 2.有叶顶花果枝 3.腋花果枝 4.无叶花序枝 5.有叶花序枝

图9.9 甜橙的几种结果枝

(3)叶

叶片的生长与枝梢生长同时进行,一年中以春叶最多。一张叶片从展叶到叶片停止生长大约60天,正常情况下不同部位的叶片交替脱落。由于某种原因引起的非正常落叶会影响当年的果实产量,对以后的树体发育、越冬和第二年的开花结果也有不利影响。

(4)抽蕾开花期

柑橘的花期较长,可分为现蕾期、开花期。开花期是指植株从有极少数的花开放至全株所有的花完全谢落为止。一般分为初花期(5% ~25%的花开放)、盛花期(25% ~75%的花已开放)、末花期(75%以上的花已开放)和终花期(花冠全部凋谢)。柑橘一般在春季开花。

①现蕾期。从柑橘能辨认出花芽起,花蕾由淡绿色至开花前称现蕾期。

②开花期。从花瓣开放、能见雌、雄蕊起,至谢花称为开花期。华南地区花期较早、较长,多数品种集中在3月初至4月中下旬开花,少数在3月前或4月后开花。花期的迟早、长短,依种类、品种和气候条件而异。开花需要大量营养,如果树体储藏养分充足,花器发育健全,树势壮旺,则开花整齐,花期长,座果率高;反之,则花的质量差,花期短,座果率低。

(5)生理落果期

①第一次生理落花落果期一般发生在3月底至4月底。

②第二次生理落果期发生在4月下旬至7月上旬。

③后期落果7月至果实成熟前发生。

落果的原因很多,前期主要是因花器发育不全,授粉受精不良以及外界条件恶劣等造成。后期落果主要原因是营养不良。营养不足时,梢、果争夺养分常使胚停止发育而引起落果,因此,谢花后加强营养管理,结合控制新梢旺长等常能提高座果率。

2)柑橘对环境条件要求

柑橘的生长发育离不开外界环境条件。影响柑橘生长发育的环境条件,主要包括温度、光照、水分和土壤等因子。其中水分必须执行 GB 5084—92 农田灌溉水质标准;土壤必须执行 GB 15618—1995 土壤环境质量标准。

(1)温度

温度是最主要的气象因子,它决定柑橘的生存与分布,同时也影响果实的产量和品质。柑橘是喜温果树,适合于冬季暖和的地方栽种。柑橘的萌芽温度在12.5 ℃左右,其后随着温度的上升生长加快,温度在23 ~29 ℃时,树体同化量最多,生长也最快,超过37 ℃时,生长就停止,温度过高或过低,还会造成细胞死亡。柑橘的临界高温为57.22 ℃,临界低温,甜橙类为 -5 ℃,温州蜜柑为 -9 ℃,其他视品种、砧木、树龄、树势的不同而有差异。适应柑橘栽培的年平均温度应在15 ℃以上,冬季极端低温应不低于临界温度,否则出现冻害。在适宜温度范围内,气温越高,橘果品质越好。

(2)光照

柑橘虽然比较耐阴,但在生长发育过程中仍需要较多的光照进行光合作用。光照好、叶色浓绿、光合产物积累多,树形开展好,果实着色好,品质佳。光照过强也不利,在高温干旱季节,强烈的日光会使外层果实和枝干朝天的树皮被灼伤。温州蜜柑最适宜的光照强度为 1.2 ~2.0 万 Lux,饱和点为 3.5 万 ~4.0 万 Lux,光的补偿点为 1.3 万 ~1.4 万 Lux。

(3)水分

水分是柑橘生存不可缺少的因子,是组成树体的重要原料。橘树枝叶和根部的水分含量约占 50%,果实的水分则占 85% 以上。橘树体内的一切生理活动在水的参与下才能正常运转。柑橘是常绿果树,年需水量较多,如水分不足,叶面气孔关闭,使蒸腾作用减弱,同时也削弱了光合作用。橘树一般需蒸腾 300 份水量才能生成 1 份干物质。如,亩产 4 000 kg 果实,每亩全年的蒸腾量约需 365 t 水,每天每亩平均耗水 1 t。

天然降水是橘园主要的水分来源,年降水量在 1 200 ~2 000 mm 的地域,较能满足柑橘的需水要求。雨水过多,不但使花期授粉不良,同时减少了光照,造成光合作用不足而加剧生理落果。干旱持续时间过长,会引起卷叶落叶,影响果实发育,甚至落果,新梢不能抽生。为此,当土壤含水量低于 60% 时,可行人工灌溉,当土壤含水量超过 80% 时,应及时做好排水工作。

(4)土壤

橘树扎根于土壤,在生长发育过程中需要的水分和营养元素,都要从土壤中吸取。土壤的理化性状,保水、保肥和供水供肥的能力,直接影响柑橘根系的生长发育,调节好土壤中的水、肥、气、热是柑橘丰产优质的基本保证。

柑橘要求土壤深厚,有机质含量丰富,保水、排水性能良好,且地下水位较低,土层厚度在 1 m 左右,最低不要少于 0.6 m。土壤空隙度在 12.5% ~20%,有机质含量 1.5% ~2%。pH 值 6 ~6.5 为最适宜,但在 4.8 ~8.5 范围内均可栽培,并能获得丰收。

柑橘对地势的要求不严,不论山坡、丘陵、平地或海涂,只要选择合适的砧木,加强管理,均可丰产。

海拔高度对温度和雨量有一定影响,通常海拔每升高 100 m,年平均温度下降 0.5 ~0.6 ℃,年降水量增加 30 ~50 mm。海拔 400 m 以下的地段适宜种植甜橙类和柠檬类柑橘,海拔高度在 400 ~800 m 的地段,以种植宽皮橘类的柑橘为宜,如温州蜜柑、本地早、椪柑等。

9.1.3 土、肥、水管理

土肥水管理是柑橘园的基础管理工作之一，直接关系到柑橘的生长、结果乃至寿命。土肥水管理的目的是创造一个疏松透气、保水良好、土质肥沃、有机质丰富的土壤条件，促进根系生长，为柑橘园的丰产提供必要保证。

1)土壤管理

(1)深翻扩穴

柑橘的根好气，但穿透能力较弱，生产上常通过深翻扩穴松土，给柑橘根系创造一个疏松、透气的土壤环境，柑橘定植后的前几年，应逐年深翻扩穴。深翻在每年冬季进行，在夏季7月份有条件的也可深翻，此时柑橘处于生长旺盛期，根系伤口可以尽快愈合。具体做法是：以定植穴或上次扩穴沟的外缘开始挖起，新老沟穴连通，不留隔离层，沟穴深度80 cm，宽70 cm，挖好后填入杂草、绿肥，适当加入磷肥和腐熟的厩肥、饼肥等，一层加肥，一层加土，表土放下层，底土放上层，分层压入。2～4年内完成一次全面的深翻扩穴工作，以后轮流深翻，促进根系生长扩展。

(2)中耕除草

经常中耕松土，可以保持土壤疏松、透气，能加快有机质的分解与转化，加速土壤熟化，对保水防旱也很有利。铲除杂草，可以避免与柑橘争水、争肥。每年可以中耕除草5～6次，中耕深度宜在15～20 cm，尽量少伤根系。

(3)间作

幼年柑橘树树冠小，行间空地较多，可以在柑橘树冠外缘空地种植叶菜类或豆类，增加早期收入。也可种植绿肥，解决有机肥来源，据测定：每1 000 m^2柑橘间作绿肥，能产鲜草3 000 kg，相当于全园增加纯氮11～18 kg，但间作时应选择低矮作物，控制栽种范围，避免与柑橘争水、争肥、争光，影响柑橘的正常生长。随着树冠扩大，逐年缩小间作范围，成年后，树冠封行，不宜再间作。

(4)覆盖与培土

这是一项保水、保肥、调节土壤的有效措施，特别是对土层较浅的柑橘园更有利。常利用稻草、树叶等材料在树盘或全园覆盖，厚度10 cm左右，离主干留10 cm的间隙。覆盖可以稳定土温，高温季节降低土温6～15 ℃，同时保持土壤疏松透气，减少水分蒸发。培土可以提高柑橘园土层厚度，还可以通过黏土培砂土，砂土培黏土，调节土壤结构。培土可以在冬季进行，培土厚度每次以10～15 cm为宜。

2)肥水管理

柑橘周年常绿，植株挂果量多，挂果期长，新梢生长量大，消耗养分多，所以柑橘需肥量较大。南方高温多雨，有机质分解快，肥效不持久，土壤冲刷，流失肥分多，故需施大量肥料，满足柑橘生长与结果需要。

(1)施肥时期和施肥量

不同树龄的柑橘，对肥料种类、数量有所不同，一年中不同的生长发育时期，对肥料的种类、数量也有不少差异。施肥应在植株需要之前施，足量而全面，保证植株生长需要。幼年树主要以生长枝梢，扩大树冠为目的，施肥以氮肥为主，“薄肥勤施、梢前多施”为原则。幼树定植一个月后新梢开始活动，可以施薄肥1次；以后在每次萌芽抽梢前15～20天施1次薄肥，促发壮梢，幼梢长出1 cm时再施1次，当枝梢自剪时再施1次，使枝条生长充实，保证一年能发梢3～4次，全年施肥量大致相当于每株0.5 kg尿素。

柑橘树进入大量结果时期，枝梢生长量较大，需肥量多，采收果实又带走许多养分，此阶段施肥既要促进枝梢抽生，又要保证果实发育及花芽分化对养分的需要，但要避免营养生长过旺，导致产量下降，或当年挂果过多影响以后营养生长和翌年的产量。

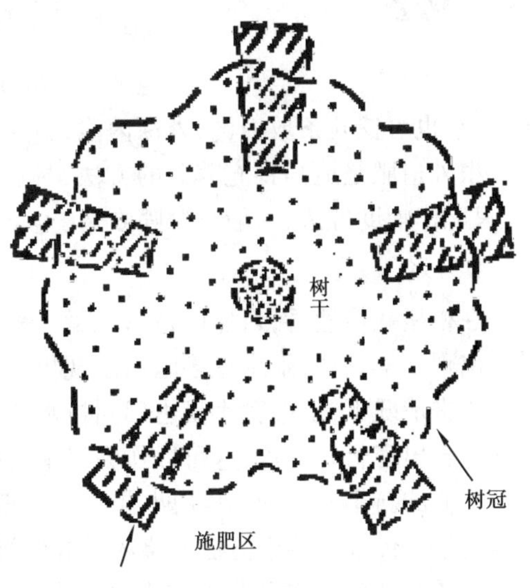

图9.10 放射状沟施肥示意图

成年柑橘树一般每年施肥3～5次，即催芽肥、稳果肥、促梢壮果肥、采前肥和采后肥。其中催芽肥、促梢壮果肥和采果肥是最重要的3次肥(如图9.10和图9.11)。

①催芽肥也称发芽肥、萌芽肥。一般在萌芽前15～20天施入(即1月中下旬至3月上旬)。主要目的是催发春梢，提高花芽质量，以速效氮肥为主。每株施尿素0.5 kg，厩肥15 kg，饼肥1.5 kg。

②促梢壮果肥。一般在7—9月抽秋梢前施入，主要目的是促进果实膨大和抽生健壮秋梢。氮、磷、钾配合施用，每株施尿素0.5 kg，磷肥0.2 kg，钾肥0.3 kg，厩肥10 kg，饼肥1 kg。

③采果肥。一般在采果前后施。主要目的是及时补充养分，恢复树势，提高树体抗寒越冬能力。以有机肥为主，每株施尿素0.5 kg，厩肥20 kg，人粪尿30 kg。

方法：土壤施肥是常用的施肥方法。柑橘根系中吸肥能力最强的根多分布在树冠外缘的土层中。施肥时，在树冠外围挖深20～30 cm、宽30～40 cm的沟，沟内施肥

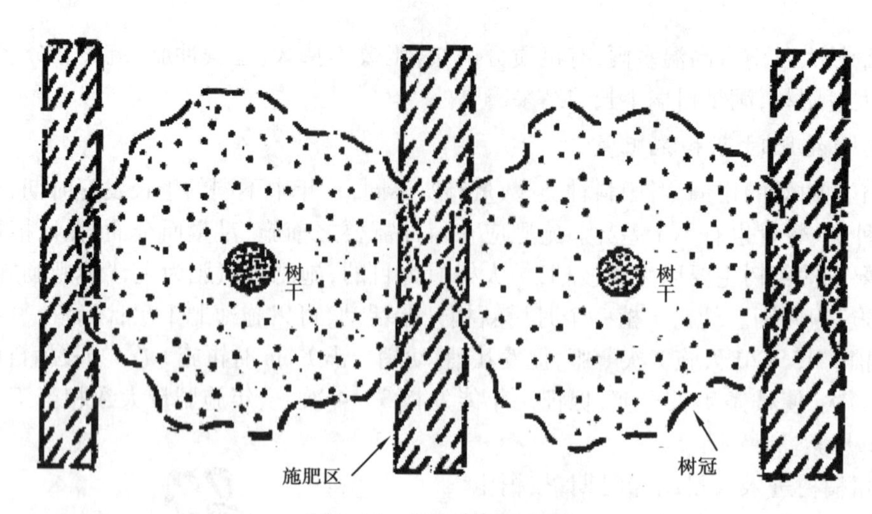

图 9.11　条沟施肥示意图

再填土，也可挖几条放射沟，外深内浅，施入肥料，以后每年更换位置。

根外追肥是适当补充养分的方法，具有省肥、见效快的优点，但不能替代土壤施肥，只能作辅助方法，一般结合喷农药、生长调节剂使用。

(2)水

在柑橘栽培地区，自然雨量从总量上来说，已足够柑橘生长，但是降雨不均匀，有时会出现干旱，有时雨水过多园内出现积水，所以还须加强抗旱和排水工作。

正常情况下，土壤含水量占田间持水量的60% ~80%时较适宜，低于40%时，柑橘叶片会出现暂时萎蔫，这可以作为浇水的指示，及时浇灌。

柑橘的新梢伸长期、开花期、果实膨大期等几个阶段需水量大，一旦缺水，需及时浇灌抗旱。传统的供水方法有浇灌、沟灌、漫灌等；节水的供水方法有喷灌和滴灌。

柑橘在秋冬果实采收期和花芽分化期可以适当控水，提高果实品质，促进花芽分化。

9.1.4　整形与修剪

1)整形修剪的必要性

柑橘整形修剪就是培养柑橘早产、丰产、稳产、延长结果年限的健壮树冠。

柑橘为常绿果树，年生长量大，如果不及时修剪，则树形紊乱，树势衰退快，盛果期短，总体结果量少，果实品质差，经济效益不高，因此必须进行整形修剪。在整形修剪过程中，剪除部分枝叶，客观上会损耗一部分养分，但只要修剪方法科学得当，修剪量合适，不会对树体生长造成影响。

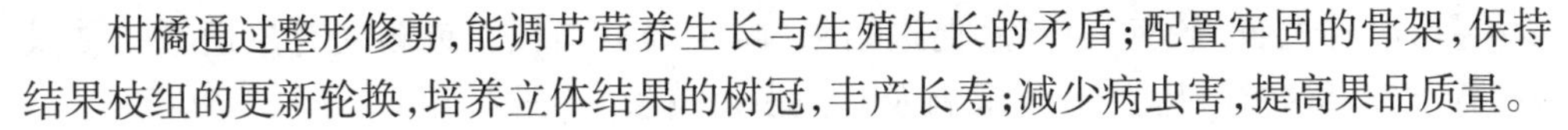

柑橘通过整形修剪,能调节营养生长与生殖生长的矛盾;配置牢固的骨架,保持结果枝组的更新轮换,培养立体结果的树冠,丰产长寿;减少病虫害,提高果品质量。

总之,整形修剪是维持柑橘生产高效益的重要措施。

2)整形修剪的合理性

①应根据不同品种、砧木、树龄、树势、结果量而采取不同的整形修剪方法。

②我国柑橘栽培区域广,各地气候条件、土壤条件差异大,整形修剪须考虑柑橘在各地的修剪反应而适当调整,切忌千篇一律。

③整形修剪应在不同时期、多种方法相配合,以达到最佳的整形修剪效果。

④整形修剪必须与施肥、病虫防治等其他措施相结合,相辅相成,才能达到预期目的。

⑤整形修剪程度合理,方法得当,形成立体结果、平衡结果和长期结果。

⑥避免不科学的整形修剪,以免造成树形紊乱、推迟结果、削弱优势,浪费人力等不良后果。

3)修剪的时期和方法

(1)修剪时期

柑橘在南方栽培,修剪以冬剪为主,夏剪为辅。一般在采果后恢复树势后 12 月至翌年 1 月,结合冬季清园进行,此时柑橘处于缓慢生长、相对休眠阶段,对树体影响较小。夏季修剪 5—6 月整除夏梢,减少落果,幼年树抹芽控梢,统一放夏梢,夏末再修剪一次,促发秋梢,培养优良的秋梢结果枝。常在预定放梢前 15 天左右进行,主要短截外围及中部的枝条为主。

柑橘修剪以春季修剪为主。一般在 2 月下旬开始,春季萌芽之前结束。此前柑橘处于缓慢生长阶段,此时剪除枝叶,损失养分较少,在 4—5 月适当补剪,调节着果量,使养分相对集中,有利于以后结果,柑橘在夏季还应修剪一次,此时的修剪目的是培养优良的秋梢结果母枝,常在预定放梢前 15 天左右进行,主要剪除树冠外围及中、下部的枝条。另外,根据一些应急性而进行的修剪,如晚秋或初冬时定植及大树移栽时修剪,树体受冻后及时开展的救护性整形修剪等。

(2)柑橘的修剪方法

①短截。又称短剪,即剪除枝条一部分,依短截程度可以分为轻剪、中剪、重剪和极重剪。短截具有增加分枝数、增强生长势的作用。常用于培养骨干枝,可利用的徒长枝和有再次结果能力的结果枝也常常短截,促发次年结果枝(如图 4.4)。

②疏删。又称疏剪或疏枝,将无利用价值的枝条从基部疏除。其主要作用是减

少枝量,改善光照,平衡生长势,促进结果,减少养分消耗。疏删的对象通常指徒长枝、竞争枝、重叠枝、丛生枝、交叉枝及其他多余枝条(如图4.5)。

③回缩修剪。对平仰或下垂的多年生枝,在其中、下部壮枝发生处剪除其上部枝条,称回缩修剪。

9.2 实训内容

9.2.1 柑橘育苗

繁殖苗木时用嫁接法。砧木多选用枳壳(又称枸桔,俗称臭桔子),它具有亲和性好和使树体矮化、早果等优点,它还具有抗寒性强的特点。枳壳不耐盐碱,土壤含盐量过高时,容易发生缺铁性的黄叶现象。柑橘嫁接育苗常用的方法,有单芽腹接、单芽切接及半T形芽接法等几种。切接和芽接技术基本上与一般果树相同。芽接适期在8—9月间。柑橘枝条较细,皮层较薄,接芽片有1.3~1.5 cm长即可,并宜稍带木质部。切接掌握在3月下旬到4月中旬,接穗用单芽枝,接后对所有剪口、接口都用塑料薄膜包扎,露出接芽。腹接在3—10月都可进行。先在砧木距地面10~15 cm处从上向下连同皮层纵切一个宽切口,长1.5~2 cm,深达木质部,再将切口的砧木皮部横切去1/3,然后插入接穗。接穗的削取同单芽切接法,但长削面不能削得太重,略见木质部即可。接穗插入时,必须与砧木削面的形成层对齐贴紧,并抵达切口底部,然后绑扎(如图9.12)。

9.2.2 栽植

1)栽植时间

早秋植(8—9月)或夏植(6月)。

3—10月为无病橘桔容器苗的适宜栽植时间。露地培育的橘桔苗栽植的最佳时间是春、秋两季,春季宜在春梢萌动前的2—3月栽植,秋季一般在9—11月栽植。

2)栽植技术

(1)平穴埋肥

用烂渣、草、牛粪、干猪粪或柑橘专用肥等填埋穴底20 cm左右,再分层填入表土和客土,回填后要高出垄面20 cm左右。

(2)定杆解膜

定杆高度30 cm左右,剪去过低的侧枝及砧木实生苗,主根及粗根短剪2~3 cm。

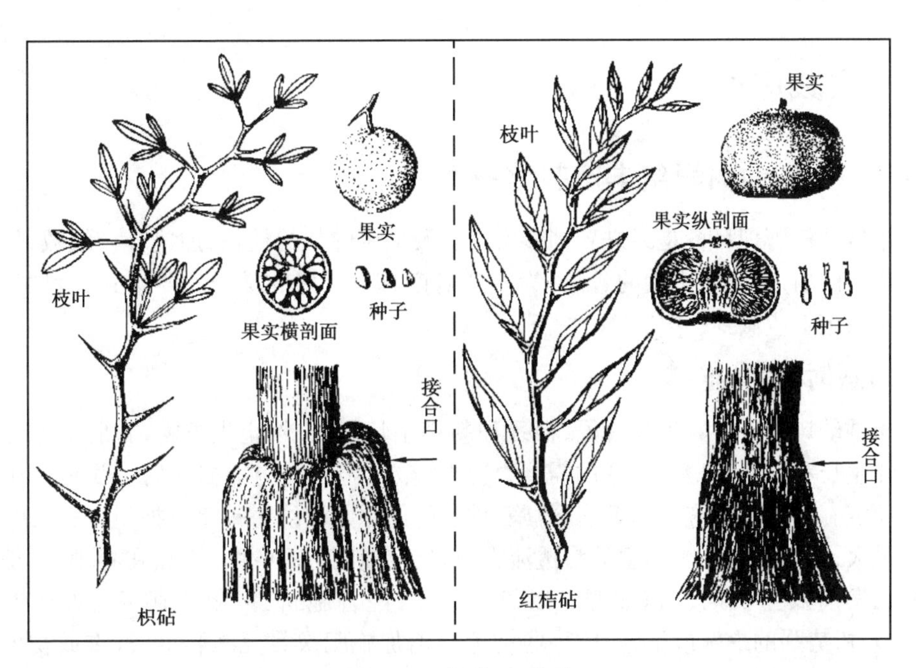

图9.12 枳砧、红桔砧

(3)苗木消毒

用50%托布津或多菌灵0.2 kg,兑水10 kg,加生根粉1包,配成消毒液,浸根2~3 min。

(4)打泥浆

每50 kg熟土加0.5~1 kg磷肥打成泥浆,粘满苗木根系。

(5)栽苗

先在填平的穴上重新挖长、宽各20~30 cm,深15~20 cm的定植穴,按每株0.25~0.5 kg磷肥加肥土拌匀后施入穴内,把苗摆正,理顺根系,填少量细土后轻提苗木,填土后四周斜向内踩紧,以嫁接口露出地面为宜。

(6)灌定根水

栽后灌足水,视天气情况连续灌3~5天(阴雨天除外),第一次每株浇水15 kg以上,第二次每株浇水10 kg以上,以后每株每次浇水5 kg以上。每次灌水后覆盖一层薄细土(嫁接口必须露出地面)或用稻草覆盖树盘。

(7)固定苗木

为防止苗木左右摇摆,有风的地方应用支柱将苗木固定。

9.3 实践应用

9.3.1 柑橘幼树早结丰产栽培技术

柑橘幼树管理目标是促进新梢多次生长及抽生健壮的枝梢,加速分枝级数,尽快形成丰满的树冠,建立牢固的骨架,为丰产稳产打下良好的基础。要达到此目的,管理技术措施上应做到:

1)适时、适量施肥

柑橘幼树处于营养生长阶段,根系和新梢生长量大,停止生长晚,施肥应重点满足树体生长和抽发新梢对养分的需要,施肥次数及施肥量应根据幼树生长势和生长特点而定。幼树施肥应掌握勤施、薄施、重点施的原则。幼树每年可抽生 3 ~4 次梢,生长量大,加之肥料在土壤中的渗透流失,每年应施肥 7 ~9 次。重点在春梢、夏梢和秋梢萌发前及生长期施速效肥。以氮肥为主,配合施磷、钾肥。氮、磷、钾比例为 5:1:3。树势强的少施或不施,树势弱的适当增加施肥次数及施肥量,秋末或初冬以施有机肥为主,适当配施磷、钾肥。每株施有机肥 20 ~50 kg、复合肥 0.5 ~1 kg、钙镁磷或普钙 1 ~2 kg,能改善土壤理化性状,增强土壤中酶的活性,随着树冠的迅速扩大,应逐渐加大施肥量。

2)培养丰满的树冠骨架

合理的整形修剪,能起到培养树冠骨架牢固、分枝均匀,树冠丰满,立体结果的树形。幼树整形需根据种植密度、栽培技术水平、地势、品种等因素而定。柑橘树形一般有圆头形、宝塔形、自然开心形、篱荜形、丫字形等。针对建水地区栽培品种、管理水平等因素,柑橘幼树一般树形为圆头形、宝塔形或自然开心形。在幼树整形修剪中,除合理定干、培养牢固的树冠骨架外,最重要的是要对新梢特别是对夏梢延长枝进行摘心,促进分枝、增加分枝级数,迅速形成丰满的树冠,达到早期丰产的目的。在夏梢、秋梢生长量达到 20 ~30 cm,顶芽尚未木质化时,摘去树冠外围延长枝顶端2 ~3 个芽,对树冠的扩大起到较快的作用。树冠内过密、重叠的枝应及早抹去或剪除,减少养分消耗。

3)水分管理

在冬春干旱突出的地区,应在春梢萌芽前灌一次水,以满足新梢萌芽、生长所需的水分。其次结合施肥灌水或施水肥。柑橘园最忌积水,雨水季节应及时排除积水,把地下水位降低在根系分布层以下,以免造成柑橘树烂根叶黄,影响生长。水分管理

一般应掌握春灌、夏排、秋控、冬季适量的原则。

4)病虫害防治

柑橘产区常见的病虫害有:潜叶蛾、红蜘蛛、桔蚜、凤蝶、矢尖蚧、褐软蚧、炭疽病、疮痂病、白粉病等。防治上除加强栽培管理、增强树体抗逆性外,可在冬季清园,喷洒石硫合剂或硫磺胶悬剂 2 ~3 次,每隔 7 ~10 天喷洒 1 次,消灭越冬病虫源,减少危害指数。生长季节针对田间各种病虫害的发生发展规律,在害虫幼虫孵化高峰期、病害发生前,适时选择高效低毒价廉的化学农药或生物农药喷洒防治。农药种类要注意交替使用和轮换使用,以降低抗药性和成本费用,提高防治效果,使病虫害控制在允许的经济受害水平之下(如图 9.13)。

5)土壤管理

柑橘幼树处于生长量较大时期,土壤要保持疏松肥沃、无杂草丛生。间作物要远距柑橘树周围 50 ~100 cm,使柑橘幼树有一个较好的生存环境。

6)根外追肥

结合病虫害防治可用果疏动力 1 000 倍液、高镁施 800 倍液、硫酸锌 0.3% 等轮换喷施叶幕层,能及时满足树体对养分的吸收,增强叶片的生理代谢能力,提高叶片光合强度,达到枝壮叶绿的功效。

经过上述综合技术措施的精心管理,即使定植苗是一年生苗木,第三年就可以进入结果期。平均亩产量可达 1 ~1.5 t,第四年产量翻番,第五年亩产量达 3 ~5 t。

图 9.13 矢尖蚧危害

9.3.2 主要病虫害防治

常见病虫害有:花蕾蛆、红蜘蛛、黄蜘蛛、矢尖蚧、红腊蚧、黑刺粉虱、流胶病、炭疽病等(如表 9.3)。

表 9.3 主要病虫防治时期与药剂

病虫种类	防治时期	药剂种类
花蕾蛆	3 月下旬至 4 月上旬,多数花蕾露白,直径 2 ~3 mm,春雨初晴后。	地面喷施 2.5% 溴氰菊酯乳油或 20% 中西杀灭菊酯乳油或 50% 辛硫磷乳油。树冠喷雾 90% 敌百虫。

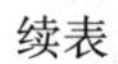

续表

病虫种类	防治时期	药剂种类
红、黄蜘蛛	春梢抽发时、4～5月、9～10月。	5%索朗、20%速螨酮、20%螨克、25%单甲脒、5%霸螨灵、25%三唑锡。
蚧类	5月中旬、5月底、6月中旬。	喷施40%氧乐果:95%松油乳剂:清水为1:60:2 000混合液或40%速扑杀或0.5%蚧螨王。
桃蛀暝	5月中旬、6月中旬、8月下旬。	50%杀螟松乳油、2.5%敌杀死喷雾。
潜叶蛾	秋梢抽发2～3 cm时。	25%杀虫双喷雾、2.5%敌杀死喷雾2-3次。
流胶病	4月、6月。	深纵刻病部后涂甲霜铝铜或20%春蕾霉素。
炭疽病	3月下旬至4月上旬、10月中旬。	70%甲基托布津、50%多菌灵、代森铵。

9.4　扩展知识链接(选学)

9.4.1　柑橘类品种生产配套栽培和管理技术

1)选育优质,无病虫,抗病性强的苗木

根据气候、土壤、水分资源情况,选择适宜种植的苗木,这些苗木要求无病虫、粗壮、无病斑、抗性强的品种,如日本天草柑、美国脐橙(纽荷尔等)、德庆贡柑、适量的砂糖桔。

2)打穴,合理密植

苗木栽培地要有至少80 cm深,长、宽各60 cm,排水良好的土层,而且不能过酸,过碱的土质,土层太薄可以筑成土墩后栽植。同时按规格3 m×3 m,亩植60～80株,保证苗木栽后有足够的空间,苗木栽植成活后再施肥。

3)田间管理

(1)幼树管理

苗木栽植后应悉心照管,促使它们尽快成长。主要措施是合理施肥,保护它们不

被病虫危害，适度修剪，以保持良好树形。

①施肥。

果树需要氮、磷、钾、钙、硫、镁和多种微量元素，氮的需求量最大，氮、磷、钾的比例为1∶0.2∶0.8～1，如果树缺少某一种元素，就会出现缺素症状。

施足肥料。幼树根系弱小，耐肥力弱，施肥应采用"勤施薄施"原则。一般一年生树每月1～2次，二年生树施肥次数减少。施肥量可考虑一年生树每年每株施纯氮50 g，二年生树每年施纯氮100 g。

肥料分散施于果树周围，施肥环带距离树基至少15 cm，至果树滴水线止。

施肥的地方应除去杂草，不过锄草要尽量浅锄，因为柑橘根系浅，易受伤害。

②整枝。

幼树应整枝，使树冠具有良好的空间结构，一般留3～5条主枝。枝应离地45～60 cm。

除掉所有交叉枝、直立枝、过密枝、重叠枝、下垂枝等不利于良好空间结构的枝条，主干上的芽和嫩枝也要除去。

直径1 cm以上的修剪伤口最好涂上铜盐杀菌膏（如氧氯化铜或琥珀酸铜杀菌剂）。

(2)结果树管理

一旦果树开始结果，管理工作就要从促进果树生长转向促使果树高产优质。柑橘花通常形成于一年生的枝条上，这意味着春梢的产生是果树开花、坐果的关键，应采取措施促进和保护春梢生长。

①施肥。

继续施用足量的肥料。结果树的根在短期内能把大量施用的肥分吸收并储存起来，以满足植株几个月的生长需要。因此，结果树施肥次数不必过多，一般全年施肥4～5次，树龄超过6～7年的依照树体大小供足肥料。

不要过度施肥。过量的氮肥会导致果树过大，果皮粗糙，过厚，果汁少，含糖量低，还会刺激一些病虫害发生（如橘全爪螨和一些介壳虫类）。

施肥次数要少于幼树期，但每次施肥量要多于幼树期，这样能刺激春梢的产生和生长。

施肥范围要大于幼树期，因为成年树的根系可伸展到行距的中间。

如有缺素症发生，应采取相应措施。

②整枝。

如果树冠互相遮蔽，会造成产量减少，果皮易受伤，病虫害管理不易，采果困难等许多弊端。

在每年采果后，春梢前进行轻度修剪。

除去所有低于45 cm（离地）的芽和枝条，这样可以改善通风条件，减少因疫霉菌引起的病害，易于施肥和除草。

除去枯枝以减少致病菌的来源，防止果皮因风吹发生摩擦而受损伤。

修剪树顶和树侧，防止相邻树冠互相遮蔽，维持一个大小适宜的圆形树冠，以利于喷药和采果。枝叶较密的树冠不利于柑橘木虱的发生，因为木虱喜欢叶少枝疏的树冠。树冠修剪时应综合考虑通风需要，易于喷药，合适的光种植、整枝，地面种植旋扭山绿豆等覆盖植物。

(3)生物防治

在柑橘园里，生物防治是控制害虫和螨类的最重要手段，而对病害至今还没有可靠的生物防治方法。每种害虫生活的地方都有它们的天敌存在。天敌可以吃掉害虫（捕食性天敌），或在害虫体内生长发育（寄生性天敌），或使害虫致病（病原生物）。已商品化的杀虫病原生物包括苏云金杆菌（BT），柱型多角体病毒（NPV）和线虫。天敌可以大量人工繁殖，然后释放于果园内，但停止使用广谱性合成有机化学农药还是增加天敌数量的常规措施。

(4)机械和物理除虫

当病虫仅发生在小面积范围或局部区域时，常采取这些措施，包括拔除黄龙病病株，抹去无用的嫩梢以控制诸如柑橘木虱、柑橘潜叶蛾和芽虫等害虫，人工除去恶性杂草以及大型害虫，如柑橘椿象、橘光绿天牛、柑橘恶性叶甲、绿象虫、柑橘风蝶。

(5)化学除治

化学农药种类繁多，但大多数的杀虫剂的缺点不仅杀死目标害虫，也杀死天敌和其他生物（如蜂类，鱼类，鸟类，哺乳动物）甚至人类。当害虫的天敌被杀死后，只有采取其他措施来弥补它们对害虫的控制作用。因此，只有当别的措施不能够将害虫数量控制在许可的水平之下时，才能使用化学杀虫剂，而且必须使用对天敌伤害相对较小的种类，如机油乳剂，皂类杀虫剂，铜化合物和硫磺，应当使用质量合格的农药。

(6)抹除枝条上无用的嫩梢

该方法可控制柑橘木虱和柑橘潜叶蛾。

4）水分管理

柑橘在生长过程中需要有充足的水分，水分充足可以促进柑橘的正常生长，水分不足，会造成柑橘出现长势不良的症状，尤其是结果树，各个时期需水不同，在春、夏、秋需要有足够的水分，只要有足够的水分，枝梢及幼果的膨大才有强有力的保障，否则会造成枝梢不强壮及果的大小不一，或出现裂果等症状，影响柑橘类品种的产量和

质量。

5)病虫防治

正如增进果树健康的方法有很多一样,控制病虫害的办法也有很多。综合运用一系列相容的方法对付病虫,即是通常所说的病虫综合管理。正确运用病虫综合管理,能经济、有效地控制病虫害,有利于环保和人身健康。

(1)控制病虫害的主要方法

①建立苗圃认证制度。有效的认证制度能确保交易中苗木的健康状况和品种纯度。

②栽培防治,改善果园生态环境条件,使其不利于病虫而利于天敌,主要方法有采用无病苗,选用抗性强品种和砧木。

(2)虫害的识别与防治

柑橘类的虫害主要有柑橘小实蝇(东方果实蝇)、柑橘锈螨、侧多食跗线螨、柑橘全爪螨、红圆蚧、褐圆盾蚧、糠片蚧、黑点盾蚧、紫蛎蚧、橘长蛎盾蚧、柑橘粉蚧、柑橘缺蚧(雪蚧、绵蚧、吹绵蚧)、桔蚜(桔二叉蚜)、黑刺粉虱、柑橘粉虱、桔光绿天牛(枝天牛)、亚洲柑橘木虱、柑橘长吻蝽、柑橘恶性叶甲、绿象虫、吸果夜蛾类、柑橘潜叶蛾、凤蝶类、柑橘蓟马等25种。

重点介绍:

①柑橘锈螨。

形态特征:体长约0.15 mm,肉眼难以看清,浅黄色至橙黄色,胡萝卜形,卵白色,透明,圆球形。

生活习性:喜荫蔽,滋生于叶背、嫩枝和未成熟果实的背阳面,达3~4周而造成危害。

危害特点:幼果上出现青铜色或锈色斑点,在较成熟的果实上发展为灰色、褐色或黑色的斑痕,且无法擦去。

天敌种类:捕食性植绥螨。

防治指标:1/10的果上有活螨或果面上开始出现其造成的斑点。

防治方法:用机油乳剂或选择性杀虫剂全面喷治。可用65~100 ml机油乳剂对水10升(100~150倍液),或用50 ml机油乳剂对水10升(200倍液)喷治。

关键监测期:4—11月。

②柑橘全爪螨(红蜘蛛)

形态特征:雌成螨是紫红色,体长0.4 mm,椭圆形,足和体毛白色到淡黄色。卵鲜红色,球形,直径0.13 mm,常产卵于叶的中脉。

生活习性:取食叶、嫩枝和果。最喜在刚转绿的新叶的上表面取食。

危害特点:在叶、果和嫩枝上造成灰白色的斑点,在果上还可能呈暗灰黄色,严重时造成落叶落果,枝条枯死。

天敌种类:捕食性植绥螨,食螨瓢虫,塔六点蓟马。

防治指标:春季平均每新叶有成若螨 8 头,秋季平均每新叶有成若螨 6 头。或 1/10的新梢上有活螨。

防治方法:用机油乳剂全面喷治,方法同柑橘锈螨。

关键监测期:3—11 月。

③柑橘潜叶蛾。

形态特征:老熟幼虫体长 3 mm,浅绿色,潜藏于叶片表皮下的银白色虫隧道里。蛹黄褐色,长 2.5 mm,常位于叶缘卷起的蛹室中。体长 2 mm,苍白色。

生活习性:分布于地处南亚热带和中亚热带的省份。雌成蛾多于上半夜产卵在嫩叶背面。幼虫潜于叶片皮下取食叶部细胞中的汁液,种群数量大时,幼嫩枝条的表皮也被危害。幼虫通常危害嫩叶、嫩枝条,当嫩叶长至 30 ~ 40 mm,叶片变硬时不危害。

危害特点:嫩叶扭曲蜷缩,持续危害影响幼树生长。危害造成的伤口,易为柑橘溃疡病病菌侵入。

天敌种类:寄生蜂、黄猄蚁、草蛉。

防治指标:对幼树进行预防性喷治。成年树的秋梢嫩叶平均每 10 片叶有 3 ~ 4 头幼虫时喷药。

防治方法:

A. 对未长成的芽、梢等使用 40 ~ 50 ml 机油乳剂对水 10 L(200 ~ 250 倍液)全面喷治。

B. 在新梢大量萌发,叶片长不超过 1 cm 时,开始第一次喷药,到大多数叶长至 30 cm 时止,隔 5 ~ 10 天喷施一次。

C. 如果潜叶蛾密度过大,可以考虑在上述对水量的机油乳剂药液中加入 95% 巴丹 6.6 g。

关键监测期:抽梢期 5—9 月。

(3)病害的识别与防治

柑橘的病害主要有:柑橘黄龙病、柑橘衰退病、柑橘溃疡病、柑橘脂斑病、柑橘黑斑病(黑星病)、柑橘疮痂病、流胶病、黑霉病(煤烟病),藻斑病、白粉病、炭疽病等 11 种。

重点介绍:

①柑橘黄龙病。

症状:初期病树树冠中出现一枝或几枝黄梢,尔后整株枯死。黄梢上的黄化叶片可分成:

A. 斑驳型黄化,叶片呈黄绿相间的不均匀斑块状。

B. 均匀型黄化,即呈均匀浅黄色。

C. 缺素型黄化,叶脉及其附近呈绿色,而叶肉呈黄色,类似缺锌、缺锰症。

图9.14　柑橘黄龙病

病树抽梢和开花的时期变得与健康树不同。病果小、畸形、色差。一些其他的病因也会引起相似的叶部症状,如流胶病、衰退病和某些缺素(锰、锌)症,应注意鉴别(如图9.14)。

预防措施:一是实行检疫,严禁病区苗木向新区,无病区调运;二是防止柑橘木虱传播;三是拔除、销毁病树和果园附近的芸香科植物;四是药剂预防,采取36%降黄龙粉剂预防,每年防治4次,分别在3月中下旬、5—6月、8—10月、12—1月中下旬,可达有效预防率98.5%。

②柑橘疮痂病。

图9.15　柑橘疮痂病

症状:最初在幼叶,嫩梢和果上出现直径1 mm的淡橙色凸起痂斑,而后转为灰色至淡褐色。还可导致叶片变小,皱缩,扭曲变形,果实早落,发育不良,品质低劣(如图9.15)。

预防措施:一是剪去病叶病梢销毁;二是药剂防治:可用苯菌灵,福美铁(二甲氨基荒酸铁)和铜制剂;氧氯化铜或DT杀菌剂可混合25 ml机油乳剂对水10 L喷治;三是防治时期选择,如果上一季节的叶片严重染病,在春梢抽出1/4之前喷治1次,另外在落花期和幼果期再分别喷1次。

③炭疽病。

症状:危害叶片、枝梢、果柄、果实和苗木,也危害大的枝条、主干和花器。叶上病斑常发生于边缘和尖端,黄褐色,正背面散生黑色小点,略作同心圆排列。枝条发病时,在干燥条件下病斑黄褐色,凹陷革质;湿度大时或储运期间,现果腐型斑,深褐色,扩大至皮层及内部变褐腐烂(如图9.16)。

图 9.16　炭疽病　　　　图 9.17　柑橘溃疡病

预防措施:一是修剪病枯枝,收集落叶,落果销毁;二是药物防治:在发病期间用 50% 甲基托布津可湿性粉剂 800 ~ 1 000 倍液或退菌特、多菌灵、代森锌、石硫合剂、波尔多液喷雾。

④柑橘溃疡病。

症状:叶、果、枝上出现带黄色晕环的圆形褐色枯斑,枯斑表面粗糙。果可能开裂,脱落在台风和暴风雨后因枝叶摩擦造成大量伤口,病害易流行(如图 9.17)。

预防措施:一是选用无毒的繁殖材料,除去销毁病枝、病叶、病果;二是溃疡较普遍的果园,台风和暴风雨过后,用铜基杀菌剂(如 DT 杀菌剂,氧氯化铜)全面喷防;三是使用机油乳剂防治柑橘潜叶蛾,潜叶蛾取食造成的伤口易使溃疡病菌侵入植物组织。

9.5　考证提示

9.5.1　病虫害识别及常用药剂配制

1)病虫害识别(总分 40 分)

病害 6 种:①桃褐腐病;②桃炭疽病;③柑橘溃疡病;④柑橘疮痂病;⑤葡萄黑痘病;⑥梨锈病。

虫害 6 种:①蚜虫;②桃蛀螟;③柑橘锈壁虱;④柑橘潜叶蛾;⑤桃红颈天牛;⑥葡萄透翅蛾。

2)常用药剂配制(波尔多液)

表9.4 考核项目及评分标准

序号	测定项目	评分标准	满分	检测点					得 分
				1	2	3	4	5	
1	测定用量	按等量式、半量式、倍量式3种类别,确定硫酸铜与石灰的用量,其中若用消石灰,需增加其30% ~50%。	30						
2	配制方法	将硫酸铜与石灰分别溶于等量水中,然后将两液同时缓慢倒入第三个容器内,边注入边搅拌。注意不得使用金属容器。	30						
3	配制后检查	配制好波尔多液呈天蓝色,不透明,略带黏性,胶态沉淀稳定,悬浮性能好。	20						
4	文明操作与安全	完成后容器洗刷清洁,场地清扫,严格执行安全操作规范。	10						
5	工效	以数量多少,确定考核时间,超时扣分。	10						

任务后

1)考证练习

表9.5 柑橘病虫防治分月表

月份	节 期	柑橘物候期	为害柑橘病虫	防治方法
一月	小寒-大寒	休眠期、花芽形成期	1.清园工作,修剪枯枝剃除霉桩并烧毁	在红蜘蛛,蚧壳虫为害严重的桔园喷波美1~1.5度的石硫合剂

续表

月份	节　期	柑橘物候期	为害柑橘病虫	防治方法
二月	立春-雨水	休眠期 花芽形成期	同一月	同一月
三月	惊蛰-春分	花芽形成期、春梢萌发期	1. 疱痂病 2. 炭疽病	1. 喷可杀得500倍液 2. 喷退菌特500~600倍液
四月	清明-谷雨	春梢生长期、开花期	1. 疮痂病 2. 炭疽病 3. 红蜘蛛 4. 花蕾蛆	1,2. 喷可杀得500倍液或退菌特500~600倍液 3. 用杀螨剂 4. 用敌百虫、递灭杀丁等菌酸类药
五月	立夏-小满	生理落果期、夏梢萌发期	1. 爆皮虫 2. 红、黄蜘蛛	1. 用氧化乐果加少许煤油 2. 用各种杀螨剂
六月	忙种-夏至	生理果落期、夏梢萌发期	1. 爆皮虫 2. 红蜘蛛 3. 锈壁虱 4. 大食蜷 5. 失尖蚧	1. 喷氧化乐果 2,3. 各种杀螨剂 4. 敌百虫1 000倍加5%红糖加少许烧酒喷园 5. 用蚧达喷雾或用机油乳剂
七月	小暑-大暑	夏梢生长期、生理落果期	1. 红蜘蛛 2. 锈壁虱	用各种杀螨剂喷雾
八月	立秋-处暑	秋梢靠期、果实膨大期	1. 潜叶蛾 2. 锈壁虱	1. 喷1 000~1 500倍氧化乐果 2. 用杀螨剂
九月	白露-秋分	秋梢生长期果实膨大期	1. 锈壁虱 2. 潜叶蛾 3. 蚧壳虫	1. 用杀虫螨剂 2. 用氧化乐果 3. 蚧达、机油乳剂
十月	寒露-霜降	秋梢生长查实膨大花芽分化	继续防治红蜘蛛、锈壁虱	方法同上
十一月	立冬-小雪	果实成熟花芽分化	锈壁虱	采果后立即喷1次高效杀螨剂防治锈壁虱转移到月底芽及卷曲片中越冬
十二月	大雪-冬至	休眠期、花芽分化期	清园消毒	用1~1.5度石硫合剂,树干涂白

2)案例分析

柑橘大实蝇

柑橘大实蝇为国内外植物检疫对象。成虫产卵于幼果内,产卵处果面多呈乳突状微退绿变黄。幼虫孵出后即蛀入果实和种子,使果实未熟先黄(多为半边黄),黄中带红,果实进而腐烂脱落(如图9.18)。

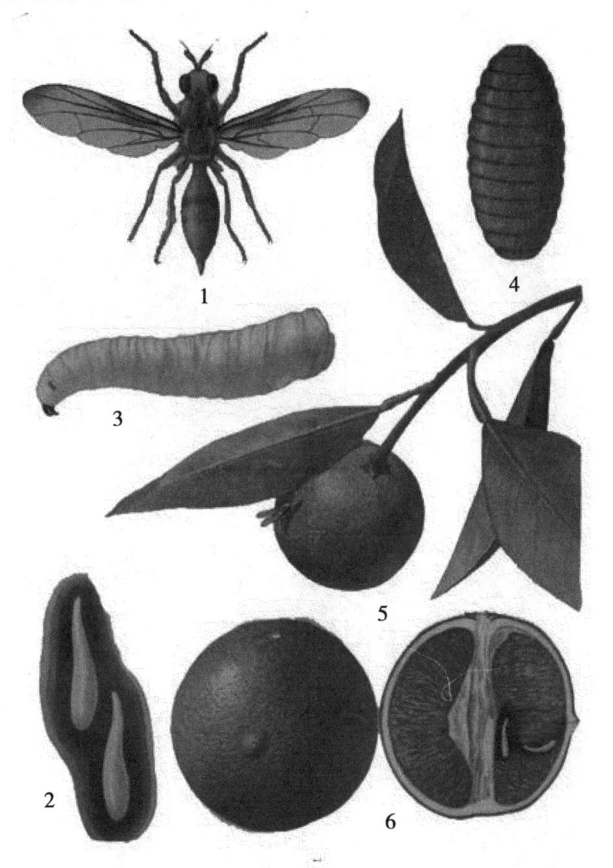

图9.18 柑橘大实蝇及危害

防治方法:

①严格检疫制度,禁止从疫区调运果实、种子和苗木。

②在6—8月产卵时摘除全部或被害青果晒干以杀死卵和幼虫。

③9—11月受害果刚表现症状,幼虫脱果前摘除受害果和捡拾落果深埋或煮沸以

杀死幼虫。

④冬季翻土可杀死部分幼虫和蛹。

⑤成虫产卵时,用90%敌百虫或80%敌敌畏1 000～2 000倍液或2.5%溴氰菊酯或20%中西杀灭菊酯3 000～4 000倍液,并在其中加入3%红糖或酒糟水,喷洒全园1/3的植株的1/3的树冠,每5～7天喷1次,连喷2～3次,杀虫效果很好。

任务10　梨

任务目标：了解梨的主要种类与品种，掌握生物学特性和栽培管理技术。

重　　点：栽培管理技术。

难　　点：主要种类与品种。

教学方法：直观、实践教学。

建议学时：6 学时。

10.1 基础知识要点

10.1.1 主要种类和品种

梨属蔷薇科梨属,全世界约有35个种,主要作经济栽培的国内有5个种,分别为秋子梨、白梨、沙梨、洋梨和新疆梨。此外,杜梨(棠梨)、豆梨(鹿梨)、褐梨和川梨等野生种,常被用作梨的砧木。其中秋子梨、白梨适于冷冻干燥的气候栽培,沙梨适于温暖多湿的气候栽培,洋梨要求的气候条件与白梨相近。南方栽培的主要种是砂梨,也有少量白梨、秋子梨和西洋梨,全国大约有3 000个品种(如图10.1和图10.2)。

图10.1　七月酥

图10.2　绿宝石

1)主要种类及代表品种

①杜梨　*Pyrus betulaefolia Bge.*

②褐梨　*P. phaeocarpa Rehd.*

③豆梨　*P. callergana Dcne.*

④川梨　*P. pashia Buch. Ham.*

⑤滇梨　*P. pseudopashia yii.*

⑥秋子梨　*P. ussuriensis Max.*　(京白梨、南国梨、宝珠梨)

⑦白梨　*P. bretschneideri*。*Rehd.*　(鸭梨、雪花梨、砀山酥梨、金川雪梨)

⑧砂梨　*P. folia Nakai.*　(苍溪梨、黄花梨、金水2号、菊水、二十世纪、幸水、丰水)

⑨西洋梨　*P. communis L.*　(巴黎、康德、太平梨)

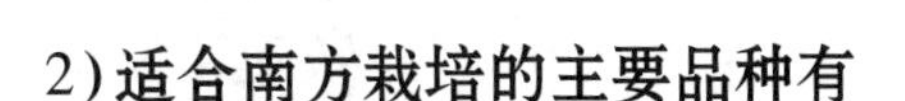

2)适合南方栽培的主要品种有

(1)黄花(黄蜜×三花)

树势强健,丰产。果圆锥形,中等大,单果重180 g,肉白细脆,汁多味浓,含可溶性固形物12%左右,石细胞少,品质上等。杭州地区8月中旬成熟,授粉品种有长日郎、祇园等。

(2)金水2号

又名翠伏梨。树势较强,树冠中大,丰产。果圆形,中等大,单果重170 g,果皮黄绿色,果肉细嫩多汁,含可溶性固体物12%左右,品质上等。武汉地区7月下旬成熟,授粉品种有菊水、八云、黄花等。

(3)幸水

原产日本,树势稍强,早果丰产。果稍偏圆,果实大,单果重250~300 g,果皮绿褐色,果肉致密多汁,含可溶性固体物13%左右,品质上等。浙江杭州地区8月上旬成熟,授粉品种有湘南、长十郎等。

(4)二宫白

原产日本。树势中等,丰产稳产。果倒卵形,单果重130 g,果皮黄绿色,果肉白色,肉质细脆多汁,含可溶性固体物约13%,品质上等。湖北武汉8月上旬成熟,授粉品种有金水2号,真瑜等。

(5)砀山梨

原产安徽砀山,树势中等,枝条直立,早产、丰产。果近圆形,中等大,单果重150 g,果皮黄绿色,果肉乳白色,质细紧脆,品质中上等。7月即可成熟。

(6)长十郎

原产日本。树势中等直立,丰产稳产,果扁圆形,中等大小,单果重200 g,果皮蒜褐色,肉质稍粳,汁多味甜,品质上等。武汉地区8月中旬成熟,授粉品种有黄花、菊水等。

(7)苍溪梨

原产四川苍溪。树势中等,丰产。果瓢形,特大,单果重445 g,最大的可达1 850 g,果皮黄褐色。果肉白色,质脆嫩多汁,含可溶性固体物约13%,品质上等。原产地9月上旬成熟,较耐储藏。

另外,还有许多优良品种和地方主栽品种。如白梨系统的鸭梨、金川雪梨、茌梨,洋梨系统巴梨、三季梨、康德等。

10.1.2 生物学特性

梨定植后进入结果期，砂梨仅需 3 ~4 年，白梨、秋子梨稍长，西洋梨进入结果期最迟。10 年以后开始进入盛果期，结果期可达 100 年，商品果生产期一般为 30 ~40 年。

1）生长结果特征

(1)根系

梨树根系属于深根性，有成层分布的特点。若土层浅，地下水位高，根系垂直分布为 1 ~2 m，水平分布为 3 ~6 m；若土层深厚，地下水位低，根系垂直分布可达 3 ~4 m，水平分布达 6 ~7 m。因此，加厚土层，降低地下水位，有利于梨树根系生长，使树势生长变旺。

根系活动主要受温度、水分等因素的影响。一般在土温达到 0.5 ℃，根系开始活动，升至 15 ~25 ℃时生长较快，超过 30 ℃或低于 0 ℃则停止生长。当土壤持水量在 15% ~20% 时较适宜根系生长。根系在适宜的条件下可周年生长，而无明显的休眠期。

在武汉地区，梨幼树根系在周年活动中有 3 次生长高峰。第一次生长高峰在 3 月下旬至 4 月下旬，生长量大，延续时间长；第二次生长高峰在 5 月中旬至 7 月下旬，生长量较大；第三次生长高峰在 10 月中旬至 11 月上旬，生长量最少。梨结果树根系有 2 次生长高峰。第一次高峰在新梢停止生长、叶面积大部分形成后(即 5 月下旬至 7 月上旬)，此时养分充足，土温适宜，根系生长速度快，生长量多，以后高温来临，逐渐放慢。第二次高峰在采果后(即 9—10 月)，此次高峰新根发生较多，以后土温下降，至落叶后进入休眠期。

(2)芽

梨树枝梢上的芽均为单芽，依其性质分为叶芽和花芽。叶芽较瘦小，萌发抽生营养枝；花芽为混和芽，形态肥大，萌发抽生新梢的同时开花结果。一般来说，大部分花芽着生于短果枝顶端，连续几年结果，逐渐膨大成果台，也有部分品种如长十郎、茌梨，中、长果枝的腋芽也能分化成花芽，称腋花芽。

叶芽依着生位置可以分为顶生叶芽和腋生叶芽两种。梨 80% 以上叶芽均能萌发，但成枝力较弱，仅枝顶 1 ~4 芽能长成长枝。梨树的芽有晚熟性，在形成当年不萌发，只在越冬后第二年春季才萌发，但在华南温暖地区，一年可以连续抽生 2 ~3 次新梢。少部分不萌发的芽为“隐芽”，隐芽寿命很长，受到刺激则会萌发，故梨树较易更新复壮。

(3)枝叶

梨树的营养枝，依其发育特点和长度可以分为短枝(5 cm 以下)、中枝(5 ~30

cm)和长枝(30 cm 以上)3 种。梨的结果枝依长度也可分为短果枝(5 cm 以下)、中果枝(5～15 cm)和长果枝(15 cm 以上)3 种(如图 10.3)。

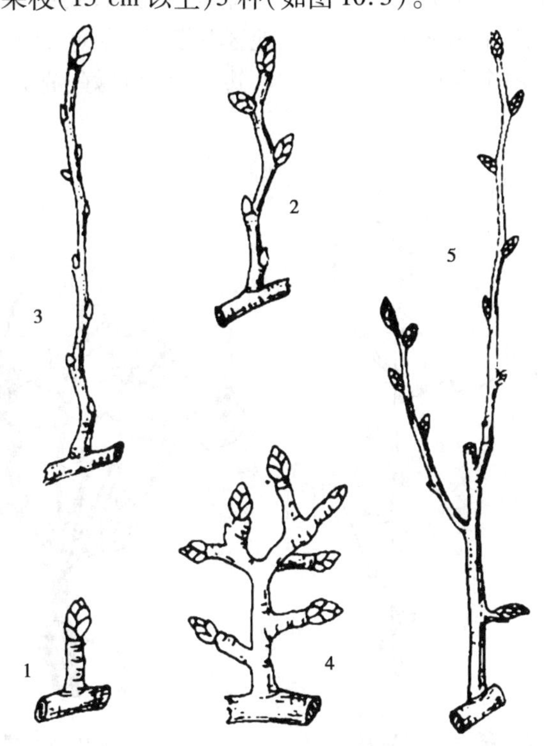

1. 短果枝　2. 中果枝　3. 长果枝　4. 短果枝群　5. 腋花芽果枝

图 10.3　各种结果枝

在浙江杭州地区，梨树新梢的生长，3 月下旬萌发，4 月初展叶，4 月中旬短枝停梢，开始形成短芽，5 月中旬停梢形成中枝，6 月中旬停梢形成长枝。梨叶片随着新梢生长而展现，并不断扩大，叶色从淡绿转为浓绿，光合作用的功能逐渐增强，直至 11 月份才脱落。据观察，叶丛枝上有 5 片以上健壮叶片，当年可以形成花芽，转为结果枝。因此栽培上及时施肥，防治病虫害和合理修剪，促进叶片生长，扩大叶面积，防止提早落叶，都有利于树体生长和结果(如图 10.4)。

(4)花芽分化

梨花芽分化属于夏秋分化类型。在适宜条件下，大部分品种在 6—7 月开始花芽分化，中短果枝早些，长果枝晚些，顶花芽分化早些，腋花芽分化晚些。冬季进入休眠，至开花前 1 个月，形态分化完成。若树体养分积累丰富，则分化的花芽质量好，反之则较差。

梨开花早晚及花期长短，因品种特性和气候情况而异。长江流域一般在3月下旬至4月上旬开花，花期持续5~10天，天气晴朗气温高，则花期短，授粉质量高；冷凉阴雨天气，则花期长，授粉质量差。华南地区花期早，持续时间长，可达1个月。梨花为顶生伞房花序，每个花序有花5~9朵，边花发育较好，先开放，坐果早，较可靠（如图10.5）。

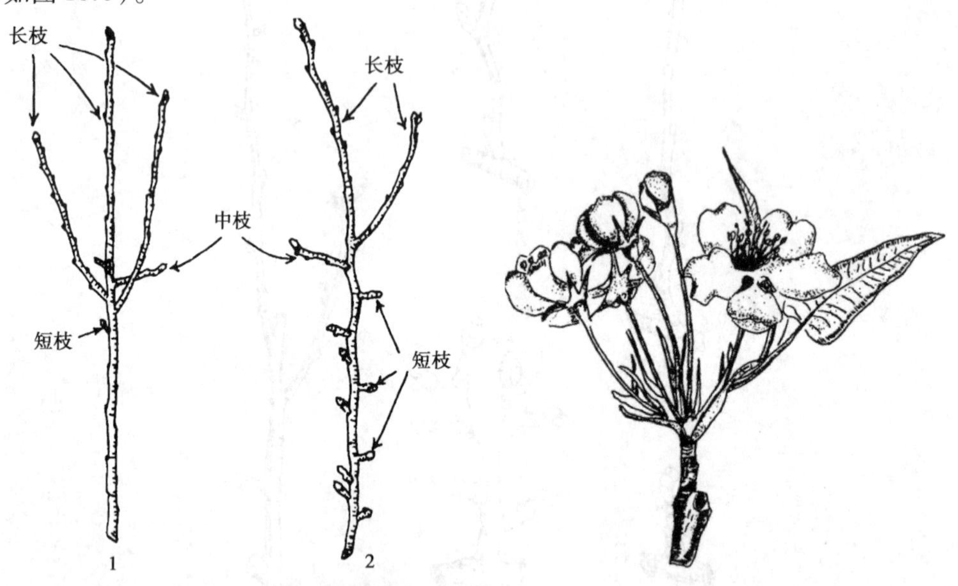

图10.4　枝条的成枝力与萌芽力

图10.5　梨的花序

正常年份，梨树开花在每年春季，但有些年份会出现秋季9—10月开花，气候因素是导致梨秋季开花的主要原因（尤其是树势弱的植株）。如，夏季干旱或者病虫害造成大量落叶，树体处于被迫休眠，遇秋季雨水充足，温度较适宜时便发芽开花。二次开花严重影响第二年的产量，生产上应避免。

梨属于异花授粉果树，自花授粉坐果率极低，不少品种甚至不结果。浙江大学对27个品种做自交试验，结果率为零的占53.2%，结果率1%~10%的占39.8%，结实率超过10%的仅占8%。建园时应配置授粉树，授粉品种应该有足够的花粉量和较高萌发率，还须考虑不同品种之间的亲和性和花期的一致性，南方地区主栽品种与授粉品种比例以4∶1为宜。

（5）果实

凡是树势较强，并能正常授粉的梨树，只要气候适宜，管理得当，坐果率都能达到丰产要求。如20世纪、菊水、太平、鸭梨、二白宫等，也有少数品种如苍溪，坐果率很低。生产实践表明，坐果率高的品种往往结果太多，果形变小，且易造成大小年结果；

坐果率低的品种,往往达不到丰产要求。因此须根据具体情况进行保花保果或疏花疏果。

梨果实在生长发育中存在2次生理落果。第一次在花谢后1周左右,主要原因是授粉不足,子房发育不良;第二次落果在花谢后1个月左右,主要原因是营养不良或失调,光照不足,连续阴雨等因素。正常的落果对产量影响不大,若落果严重,则会减产。

梨果实为仁果,由授粉受精的花发育而成。整个发育过程经历“快—慢—快”3个阶段,呈双“S”形,至7—8月份,果实成熟。

2)对环境条件的要求

(1)温度

梨因种类、品种、原产地不同对温度的要求差异较大。不同种类对低温适应性不同,秋子梨可耐 -30 ℃的低温,华北梨可耐 -25 ℃低温,砂梨可耐 -23 ℃的低温,与各地冬季极限低温相对照,处于休眠期的梨冬季一般不会受冻。梨不同器官耐寒力也不同,其中以花、幼果最不耐寒,以西洋梨为例,受冻的极限低温:花蕾期 -2.2 ℃,开花期为 -1.9 ℃,幼果期为 -1.7 ℃。因此在云贵山地栽培梨树,常因晚霜危害,引起冻花冻果;江浙一带也因早春气温骤然下降,发生冻花芽现象。

梨依靠昆虫授粉,蜜蜂在8 ℃,其他昆虫在15 ℃以上开始活动。开花期在15 ~ 25 ℃时授粉能正常进行,也能保证受精过程顺利完成,可望当年高产。若花期连续阴雨低温,则会导致授粉受精不良,需采取人工授粉措施补救,否则必然造成减产。

温度还会对梨品质造成一定影响。如喜冷凉、干燥气候的鸭梨引入到高温多湿地区栽培果形变小,风味变淡,因此生产上须做到适地适栽。

(2)水分

梨对水分需求量较大,如果缺水,枝条生长和果实发育会受抑制,但水分过多,土壤含氧量低于5%,会造成根系生长不良,土壤长期积水会导致植株死亡。不同种类对雨量要求和耐湿能力不尽相同,南方栽培梨,应主要选择耐湿性强的砂梨系统,建园时规划好排灌设施,管理上做好排灌工作。

(3)光照

梨是喜光果树,若光照不足,则枝叶徒长,花芽难于形成;若光照严重不足,植株生长逐渐衰弱,甚至死亡。

(4)土壤

梨对土壤适应性很强,各种黏土、壤土、砂土均能栽培。以土层深厚,但土质疏松肥沃,透气、保水性好的砂质土为适宜,pH5.0 ~ 8.5均可栽培,但以pH5.8 ~ 7.0为好。土壤含盐量小于0.2%时,梨也能正常生长。

10.1.3 栽植

1)栽培品种选择原则

(1)适应性和抗逆性

秋子梨和白梨系统的品种喜冷凉干燥气候,抗寒和耐旱力较强,砂梨喜温暖湿润气候,抗旱力弱,对水分要求高。

(2)果实品质

应考虑果实大小、形状、色泽及果心大小、肉质、石细胞多少、汁液、糖酸含量、香气等。

(3)丰产性

应具有高产、稳产和丰产特性。

(4)商品性、成熟期

考虑品种的商品性、成熟期等。

2)授粉品种选择

①与主栽品种花期相近,花粉量多,亲和力强。

②经济价值高,丰产,与主栽品种互为授粉(如表10.1)。

表10.1 梨的授粉品种

主栽品种	授粉品种
7月酥	早酥、丰水
中梨1号	早酥、金水2号、早美酥、新世纪
翠冠	黄花、西子绿、清香
早酥梨	鸭梨、金花梨
丰水	新高、金水2号、幸水、薪水
金水2号	苍溪、丰水、早酥、杭青
西子绿	幸水、翠冠、菊水
黄花	金水2号、新水、新世纪、丰水
黄金梨	丰水、新高、二十世纪
金花梨	苍溪、金川雪梨、金水2号
苍溪雪梨	金花梨、鸭梨
鸭梨	苍溪、金花

10.1.4　施肥灌水

1)施肥

(1)施肥特点

①梨树的根系分布较深较广,密植园几乎全园分布,故宜深施,全园施。

②梨性喜肥,梨产量高,果实带走养分多,故施肥应比一般果树多。

③梨不同生长发育期需肥种类不同,枝叶生长发育期需氮肥多,果实膨大成熟期和花芽分化期需磷、钾肥多,故在不同时期施肥种类有所偏重。

④梨树如管理不当,易发生大小年结果,通过大年多施肥,小年少施肥可以控制大小年结果(如图10.6)。

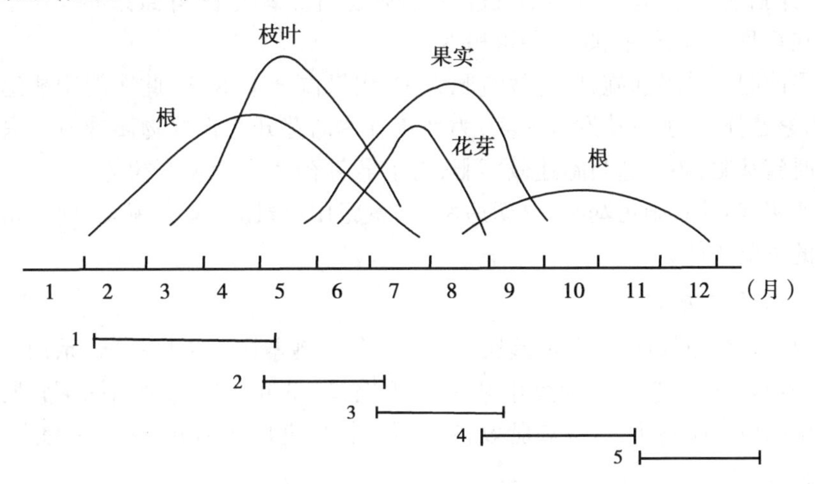

(1)按冬储营养器官展开　(2)按同化营养建造期
(3)枝、芽、果充实期　(4)储藏养分积累期　(5)休眠期

图10.6　梨各器官年生长动态高峰

(2)施肥量

据测定:壮年树每生产100 kg果实,需吸收氮0.45 kg,以此作为施肥量的标准,一般都能获得丰产。另外,晚熟大果品种由于挂果期长应适当增施20%~30%。

施肥应有机肥与无机肥相结合,一般有机肥占施肥总量的1/3~1/2,以改善土壤的理化性状;无机肥以复合肥较好,养分齐全,含量高,可减少施用次数。

(3)施肥时期

梨树年生长周期中,自9月至翌年4月,这期间营养果实膨大成熟,花芽分化等主要依靠当年同化养分,生产上应根据梨的生长发育特点,来科学确定施肥时期。

①基肥。一般在采果后至落叶前进行。这时土温较高,根系活动旺盛,有利于养分吸收积累,对恢复树势和促进花芽分化极为有利。基肥种类常以有机肥为主,适当加入磷肥,我国南方梨产区,秋季温度较高,施基肥后应及时灌水。

②追肥。因为施基肥不能充分及时满足各个时期对不同养分的需要,根据梨树需肥特点合理追肥。全年施肥 2 ~ 3 次。天旱时还需结合灌水进行。

③花前肥。在萌芽后开花前进行,施速效氮肥。若用人粪尿、腐熟饼肥,则应萌芽前 10 ~ 15 天施。此次施肥对提高坐果率,促进枝叶生长,有一定作用,特别是弱树、幼树更为有利,用量占全年的 20% ,旺树初果树可不施。

④壮果肥。在新梢旺盛生长期后,果实第二次迅速膨大时进行。以速效氮肥为主,配合钾肥、磷肥。施肥时期不宜过早,否则易引发 2 次梢,导致果实品质下降。早熟品种在 6 月上旬施,中、晚熟种可稍迟。

⑤采前肥。采果前施,以速效氮肥为主,用量占全年 20% ,此次施肥能迅速恢复树势,积累养分,促进花芽发育充实,为翌年春季萌芽开花作好物质准备。采果后若不能及时施基肥,还可适当施速效氮肥,防止早期落叶,及时回复树势。

生产实践表明,施足基肥,分期追肥,大量施用有机肥,配合施无机肥,是争取果树丰产的重要条件。

(4)施肥方法

梨树根系分布较深较广,故施肥应深施。幼树施基肥应采用环状,条沟等分层深施。沟深约 60 cm,宽 1 m,轮换开沟,一年 1 次,2 ~ 3 年内完成全园深翻施肥。成年树或密植园应全园施肥,以提高肥效,4 ~ 5 年后,分批切断部分老根,深翻入土,促进新根生长。

追肥常采用放射沟,环沟或穴施,深 10 ~ 15 cm,施后覆土,及时浇水。穴施追肥,应挖深 40 ~ 50 cm 的穴施入肥料。

根外追肥是目前已普遍采用的补充养分的方法,效果极显著。常用浓度,尿素为 0.3% ~ 0.5% ,过磷酸钙为 2% ~ 3% ,硼砂为 0.2% ~ 0.5% ,硫酸亚铁为 0.5% ,锌为 0.3% ~ 0.5% 。

2)水分管理

梨树需水较多,日本对砂梨系统的菊水测定,每制造 1 g 干物质,需水分 400 g,折算成年降水量为 960 mm,在长江以南梨产区全年降水可满足其需要,但降水通过蒸发流失,仅有 1/3 被利用,而且降水分布不匀,远不能满足梨生长结果需要,根据南方气候特点,春季、夏秋季常出现旱情,梨又是耐旱性较弱的果树,需及时灌溉。

梨树较耐湿，但土壤长期过湿，通气不良，对梨树生长极为不利。根据南方春夏季连续阴雨，果园常发生积水现象的气候特点，故建园时应搞好排水设施的建设。

10.1.5　果实采收和采后处理

梨果采收时期依气候条件、种类、品种特性而定，同时考虑市场供应和劳动力分配等因素。须后熟才可食用的秋子梨和西洋梨，在成熟前几天，果实大小已固定，果面已转色，果梗易脱离时采收。采收后放置阴凉、通风、湿度适宜的场所后熟，待其变软且具有芳香时即可食用。采后即可食用的白梨和砂梨，在果皮呈现固有色泽，果肉由硬变脆，果梗易脱离时即可采收，采下即可食用。

如鲜果供应市场，则应接近充分成熟时采收为宜；若储藏或远距离销售的，则在7—8月成熟时采收；若加工成果酱、果酒的，则应待果实充分成熟后再采收。

为了提早成熟，可在自然成熟前20～30天，喷洒250～500 mg/L乙烯剂催熟，可使梨果提早1～2周成熟，但风味略差于自然成熟的果实。

采摘果实应在晴天，露水干后的早上或傍晚，依从下向上，从内向外的顺序采摘，采摘下的果实进行初选，剔除病虫果，畸形果，机械损伤果，然后送往包装地点。分级包装，外运销售或储藏。

10.2　实训内容

10.2.1　梨生长结果习性的观察

1）目的要求

通过实习，了解梨的生长结果习性，学会观察生长结果习性的方法。

2）材料用具

（1）材料

梨的幼树和结果树。

（2）用具

钢卷尺、卡尺、刀片、镊子、记载用具。

3）实习内容

主要观察如下内容：

（1）树姿、干性

树姿直立或开张，干性强弱。

(2)枝条类型

识别长、中、短梢。梨春梢、夏梢及其分界部位。长梢停止生长后能否形成顶芽。春梢、秋梢分界处芽的充实程度。

(3)成枝力、枝类变化

幼树延长枝剪口下发长枝数。幼树随树龄的增加,总枝数逐年增加,主要是中、短枝比例增加,但长枝比例下降。

(4)花芽和果枝类型

花芽为混合芽。剥除芽鳞片,观察花瓣、花丝等花器。花芽在果枝上的位置,有无腋花芽。长、中、短果枝的划分。幼树开始结果的年龄和果枝类型。

(5)花数、开花

每花序花数,同一花序各花的开花顺序和坐果率高低。

(6)果台副梢、枝组

花序下有果台副梢。果台副梢的长短、多少,副梢成花能力。单一果枝连年结果或隔年结果。结果枝组的类型、组成和分布。

4)实习提示和方法

①实习可在生长期或休眠期进行。有些内容可与物候期观察实习结合进行。

②实习时按前述内容,逐项观察记载。某些不能观察到的内容,留待以后观察。

5)作业

总结梨生长结果习性。

10.2.2 整形与修剪

1)整形

梨树较易造形,树形也较多,南方梨产区主要的树形是疏散分层形。此树形符合大多数梨品种的生长发育特征,成形较快,骨干牢固,负载量大,丰产稳产。现将整形过程简单介绍如下:

①第一年。定植的苗木在离地70~90 cm处短截,抹去离地50 cm之内的芽。在剪口下20~40 cm作为整形带,选留6~8个饱满芽。芽萌发后,最上端新梢继续保证其直立生长,另选2~3个枝作为第一层主枝培养,夏季可以调整其开张角度和伸展方向。其余枝梢可以拉平,摘心,作为辅养枝培养。冬季对剪口芽萌发的直立中心干留30~50 cm短截,剪口芽方向与以前相反,主枝短截1/4左右,剪口芽向外。

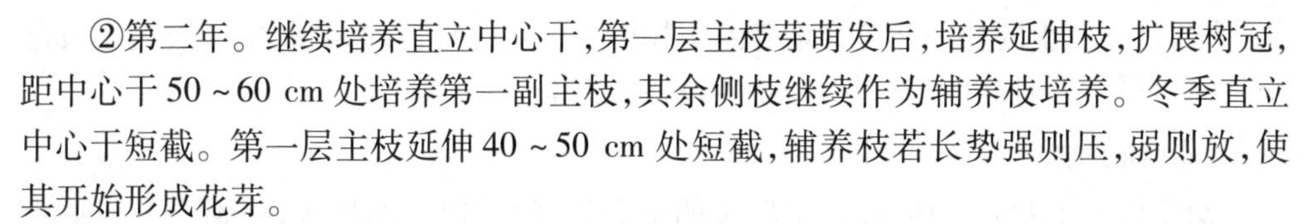

②第二年。继续培养直立中心干,第一层主枝芽萌发后,培养延伸枝,扩展树冠,距中心干 50 ~60 cm 处培养第一副主枝,其余侧枝继续作为辅养枝培养。冬季直立中心干短截。第一层主枝延伸 40 ~50 cm 处短截,辅养枝若长势强则压,弱则放,使其开始形成花芽。

③第三年。中心干继续向上延伸,培养第二层主枝,数量为 1 ~2 个,注意层间距保证 80 cm 以上。第一层主枝培养第二侧枝,两侧枝间距 30 ~40 cm,冬季对直立中心干留 50 cm 后短截。对主枝、副主枝各短截 1/2 左右。

④第四、五年。继续选留第三层主枝,数量为 1 ~2 个,培养第一、二层主枝上的侧枝,注意枝组培养,树干骨架逐渐形成。形成树高 4 m 左右,具有 6 ~8 个主枝,分 3 ~4 层着生,上下层间距适合,主枝位置交叉分开的树形。再经过 2 ~3 年的整形修剪,最后封顶落头。此外,还有延迟开心形、多主枝自然圆头形、开心疏层形等树形(如图 10.7)。

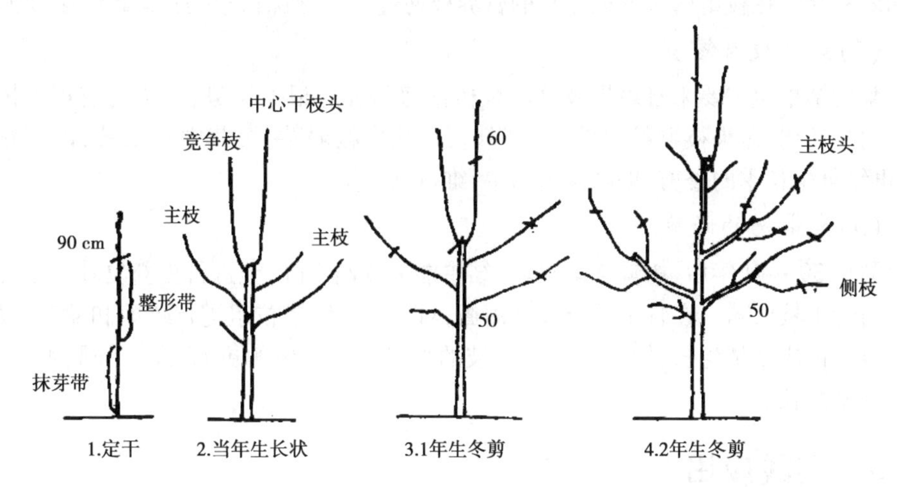

图 10.7　主干疏层形整形过程

2)修剪

梨在结果初期,继续培养树形,扩大树冠,为以后丰产打下基础。同时,又可以保留一部分花芽,让其开花结果,形成一定产量。进入盛果期,修剪重点是缓和树势,调节生长与结果平衡,培养大量健壮的结果枝组,促其高产稳产。

(1)主枝和副主枝的修剪

梨大多数品种,结果初期枝梢直立生长,难形成花芽,应采用拉、撑、轻剪等方法缓和生长势,促进花芽形成。主枝延伸枝一般留 30 ~40 cm,若生长势强,短截宜轻;生长势弱,短截宜重。主枝延伸枝短截时还应考虑副主枝发生的部位及剪口芽的方位,使剪口下发生的枝条能符合培养副主枝要求。对已封行的梨园,主枝与副主枝已交叉的树冠,延伸枝可回缩到第三年生枝的隐芽部位。

(2)辅养枝

幼年树为了营养树体,保留了较多的辅养枝,随着树冠的扩大,对辅养枝应逐步加以控制。一般去直留斜,去强留弱,削弱其长势,控制结果范围。当辅养枝影响树势时,应及时回缩成不同类型的结果枝组。

(3)结果枝组的修剪

结果枝组有大、中、小3种,具有2~5个分枝的为小型枝组,具有6~15个分枝为中型枝组,具有15个以上的为大型枝组。枝组大小在一定条件下,可互相转化。小枝组可任其结果,如长势转弱,可短截,使之转旺。大中型枝组保持其中庸生长势,若长势强而又有空间发展,可适当延伸,无生长空间则适当控制其生长范围,长势弱则回缩复壮。在枝组内未形成花芽的营养枝通过甩放、扭梢等方法,促其花芽形成。

(4)短果枝群修剪

梨的结果量主要来自短果枝群。全树修剪程度应根据树势、产量确定短果枝留量。树势转弱,短果枝群结果能力下降时,疏除弱枝弱芽,短截中长果枝,以更新复壮,再结合生长季的修剪,提高修剪结果,维持结果量。

(5)衰老树的修剪

梨树30~40年后,树势逐渐衰弱,结果能力逐渐下降,须进行更新复壮。主要方法是对骨干枝回缩。在骨干枝分枝处短截,对余下的结果枝组进行疏剪和缩剪,以便集中养分供应新梢生长,加速新的骨干枝的形成。衰老树的更新,须加强肥水管理,以利新梢生长。

10.3 实践应用

10.3.1 花果调控技术

1)幼旺树促花

轻剪多留枝,以夏季修剪为主,采用撑、拉、吊、环割环剥。

在新梢长15 cm左右,喷500~1 000 PP_{333},每20天1次,连喷2次,或矮壮素2 000 mg/L。

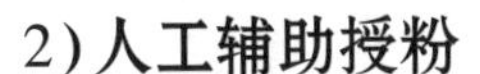

2)人工辅助授粉

先采授粉梨树的铃铛花蕾,去花瓣及杂物,将花药放在白纸中,再置于20～25 ℃处或将花药用白纸包好放入贴身内衣口袋内孵化,待花药开裂后(约需20小时),盛于小广口瓶中振荡至内壁出现黄色粉末(即授粉花粉)时,用毛笔或橡皮头或羽毛蘸取少量花粉涂点到所授花朵雌蕊上即可。

3)人工疏果

第一次未受精幼果脱落后,第二次在前一次疏果后的7～10天(如图10.8)。

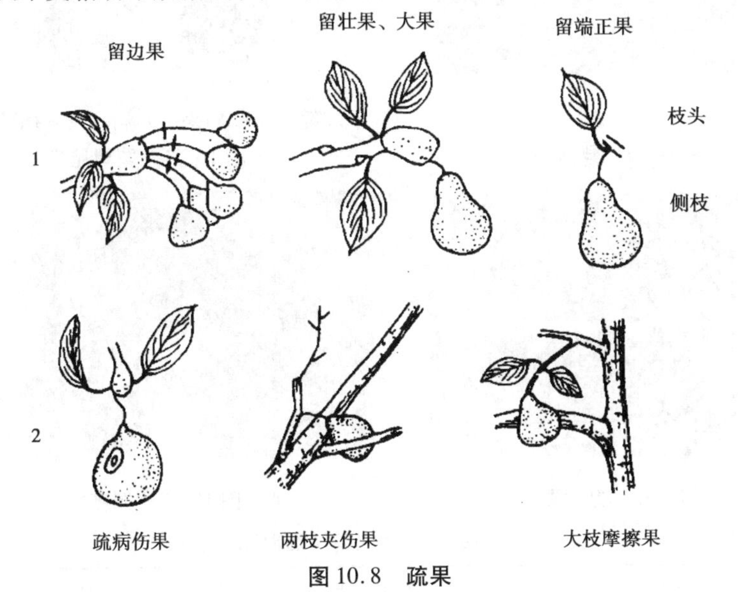

图10.8　疏果

4)套袋

套袋前认真疏果,并喷杀虫杀菌剂(如图10.9)。

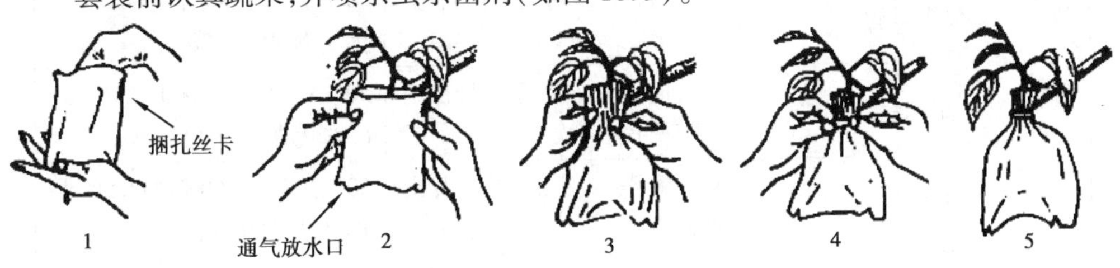

1. 托袋底,使袋体膨起　2. 套住幼果　3. 折叠袋口　4. 用铁丝卡捆扎
5. 沿口袋2.5 cm处旋转一周扎紧

图10.9　梨果套袋方法

10.3.2 主要病虫害防治

梨生产中常发生的病虫害有梨木虱、锈病、黑星病和梨茎蜂等（如图 10.10～10.13）。

图 10.10 梨锈病

1. 健果 2. 病果 3. 病叶及其病部放大

图 10.11 梨黑星病

图 10.12 梨木虱

图 10.13 梨茎蜂

表 10.2 梨的主要病虫害防治时期及药剂

病虫种类	防治时期	施用药剂
冬季清园	落叶后—萌芽前。	波美 5 度石硫合剂。
梨黑星病	谢花后 3 月下旬至 4 月上旬，1～2 次。	40% 福星 8 000 倍液或 80% 大生 M-45 1 000 倍液。
梨锈病	花蕾期—谢花末期，3 月初至 3 月下旬各一次。	20% 粉锈宁 1 000 倍液，或 60% 代森锌 500 倍液。
梨茎蜂	3 月中至 4 月上旬成虫出现期。	80% 敌敌畏 800 倍加 2.5% 保得乳油 3 000 倍液。
梨木虱	新梢抽生时 4—5 月。	10% 扑虱蚜或速克星 1 000 倍液。

10.4 扩展知识链接(选学)

10.4.1 育苗

1)砧木苗的培育

(1)砧木种类及取种子

用作沙梨嫁接的砧木主要是棠梨(杜梨)、豆梨、沙梨等,广西也用三叶海棠。小规模育苗可挖取上述种类的根蘖苗、实生苗,培育后嫁接;大规模育苗则待果实充分成熟后采收,拌以果实重量1%的石灰并淋湿堆放,待腐烂后挤出种子装入布袋,在流动水中搓洗,取出晾干即播,或干燥收藏次年春才播。

(2)播种及砧苗管理

播种砧苗的苗床宜选疏松、肥沃、湿润、排水良好的砂质壤土。因种子细小,发芽能力较差,苗床整地要力求精细。撒播或条播,条播行距约21 cm。播后盖薄土或用木棍稍加振压,以不见种子为度。盖草后淋水保湿,15~20天后发芽出土,分次揭去盖草。至立夏前后苗高约17 cm时,按株行距15 cm×21 cm分床移植。梨砧苗一般生势较旺,不宜过密。移植后需加强肥水管理、中耕除草及防旱、防渍、防病虫害,促进砧苗加粗生长。

2)嫁接及接后管理

(1)嫁接

梨砧苗生长较快,管理得法移植当年秋嫁接,次年春出圃,或当年冬嫁接,次年秋冬出圃。秋季嫁接因气温高,阳光猛烈,以单芽腹接为好;冬季或早春嫁接以单芽切接、劈接均可。

(2)接后管理

嫁接后约1个月检查成活情况并及时补接。嫁接成活后注意除砧芽、施肥及病虫害防治。新梢老熟后解除绑缚的塑料薄膜,以免影响生长。苗高50~60 cm时,在离地面约45 cm处摘心或剪顶,促进其下萌发新梢,选留3~5条分布均匀的健壮枝梢作为主枝。

此外,也可用扦插法培育优良品种扦插苗直接供种植,或培育棠梨、豆梨的枝插、根插砧木苗供嫁接用,以保证砧木的一致性(实生苗有变异,难以保证育成的嫁接苗性状一致)。方法是于落叶后,选粗0.5 cm以上的枝条或根段,每条长约10 cm,插入土质较疏松的苗床中约2/3,注意保湿、防渍、遮阴等管理,待其生根、萌发的新梢老熟后成为独立苗株。

10.5 考证提示

表 10.3 梨疏花疏果技能考核项目及等级标准

考核项目	考核要点	考核方法	评分标准	备注
疏花疏果	掌握疏花与疏果方法	实际操作	优:判断正确,操作熟练,程度合理。 良:判断基本正确,操作较熟练,程度较合理。 及格:判断无明显失误,熟练程度一般,程度略有轻重。 不及格:判断错误,操作有较大失误,程度明显偏重或偏轻。	①每人1~2株。 ②常绿果树与落叶果树兼顾。

任务后

1)考证练习

梨疏花疏果操作的具体技术

(1)掌握好疏花疏果时期

开花坐果及幼果细胞数的多少主要靠储藏营养来决定,尽量把多余的花果疏掉,减少大量消耗,把养分全都集中到应留的花果上,才能长成大果。所以,从这个道理讲,早疏比晚疏好,疏蕾比疏花好,疏花比疏果好。但要视当年的花量、花期天气、树势、坐果力等情况,再决定是疏蕾、疏花、疏果或是三者相配合。花量大(大年)、天气好、工作量大的梨园,可提早动手疏蕾、疏花,最后定果。反之,只作一次性定果即可。要求在落花后4周内完成疏果工作。

(2)因树因枝确定疏除程度

如果全园平均单株负载量定下来了,具体疏每棵树(枝)时,还要因树(枝)而异,壮者多留,弱者少留。满树花果的大年树(50%~60%以上花量),应多疏重疏并早动手。弱枝弱序,可全枝全序疏掉,留出空台(当年成花下年结果),只留壮枝单果,不留

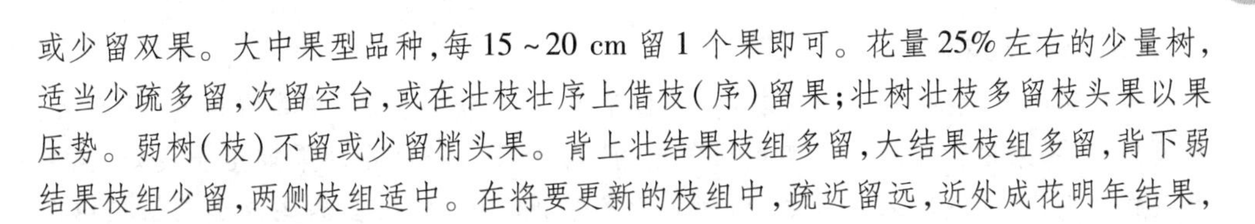

或少留双果。大中果型品种,每15~20 cm留1个果即可。花量25%左右的少量树,适当少疏多留,次留空台,或在壮枝壮序上借枝(序)留果;壮树壮枝多留枝头果以果压势。弱树(枝)不留或少留梢头果。背上壮结果枝组多留,大结果枝组多留,背下弱结果枝组少留,两侧枝组适中。在将要更新的枝组中,疏近留远,近处成花明年结果,为枝组回缩作准备。

(3)看副梢定疏留

副梢多而壮的,表明能长成大果,在全树花量不足时,可留双果;中庸副梢和壮台留单果;无副梢弱台,可以不留。

(4)依花果序位定疏留

在一个花序中,梨是边花先开,依次向内,先开者一般幼果大,易长成大果,果形正。所以应留边花边果,疏去其余的果。

(5)依幼果长势确定疏留

果柄长而粗,幼果长形,底端紧闭而突出的,易发育成大果,应留;疏去那些果形圆、萼张开不突出的果。

(6)疏果的原则是留优去劣

先疏去那些病虫果、歪果、小果、叶磨果、锈果,如果还超量时,进一步留优去劣,调节在全树的分布。疏花疏果时,最好用疏果剪子,并注意保花丛的片果台梢。经验不足的,疏果可分两次进行,先间果,后定果。对无经验的疏果者,要随时抽查留果量,及时纠正。亦可树上每留10个果,往兜里装1个果,全树疏完后,数下果子,计算树上实际留的果数,做到心中有数。

2)案例分析

花果管理关键技术

(1)花前疏花序

为了节约养分,增大果个,在南水梨的花序分离期(山东的胶东地区一般在4月上旬),要按一定的距离进行疏除整个花序。在实际生产中为了提高工效,一般按25 cm左右的距离留一个花序,其余的花序一律疏去。

(2)人工授粉

用混合花粉进行人工授粉,可以明显增大南水梨的果个。在梨花开放25%时开始授粉。以天气晴朗、微风或无风,上午9:00以后效果较好。选择花序基部的第1~2朵边花进行授粉。

(3)科学疏果

人工疏果时,首先将病虫为害的、受精不良的、形状不正的、花萼宿存的、叶磨果、朝天果、下垂果进行疏除。果实直立向上的“朝天果”,虽然在幼果期生长良好,但在果实膨大期,容易造成果径弯曲,而使果形不端正。因此,应留那些位于结果枝组两侧横向生长的幼果。幼期果实向下生长的“下垂果”,也尽量不留。据我们观察,果实的果萼向下的,果实个头明显偏小。

(4)正确套袋

谢花后45天套大袋,以外灰内黑的双层袋为佳,规格一般为165 cm × 198 cm。套袋前要做湿口处理,并扎严袋口,防止梨木虱、康氏粉蚧、黄粉虫等害虫进袋为害。

任务 11　桃

任务目标:了解桃的主要种类与品种,掌握生物学特性和栽培管理技术。

重　　点:栽培管理技术。

难　　点:主要种类与品种。

教学方法:直观、实践教学。

建议学时:6 学时。

11.1 基础知识要点

11.1.1 主要种类和品种

1)主要种类

桃属蔷薇科李属(*Prunus*),按形态、生态和生物特性分为五个品种群。

(1)北方品种群

主要分布于黄河流域的华北、西北地区。属南温带亚湿润和亚干旱气候,年降水少,400～1 800 mm,冬冷夏凉,日照充足,年平均温度 8～14 ℃,该品种群具有较强的抗寒和抗旱特性。不耐暖湿气候,移至南方栽培,表现为徒长,病虫害重,落果重。

(2)南方品种群

主要分布于长江流域,年降雨量 1 000～1 400 mm,温暖多湿,年平均气温 12～17 ℃,耐寒、耐旱性较差。

(3)黄肉桃品种群

主要分布于西北、西南等地。对外界环境要求大体与北方品种群相似,果皮及果肉均呈橙黄色,肉质致密强韧,适于加工制罐。

(4)蟠桃品种群

主要分布于长江流域及江苏、浙江一带。该品种群耐高温多湿,冬季休眠期短。果实扁平、顶端凹入,果实柔软多汁,果肉多白色,致密味甜。

(5)油桃品种群

主要分布于新疆、甘肃等地,是目前桃发展中的热点。特点:果皮光滑无毛;果肉紧密淡黄;离核或半离核;成熟早(5 月中下旬)。主要品种:曙光、艳光、华光、瑞光等。

2)优良品种

作为经济栽培的主要为普通桃[*Pruns persica*(*L.*)*Batsch*]一个种。有 4 个变种:蟠桃、油桃、寿星桃、碧桃。

(1)水蜜桃品种

①特早熟桃(果实生育期 65 天)。

春蕾、雨花露、早花露、冈山早生、砂子早生、安农水蜜。

②早熟桃(果实生育期 65～90 天)。

早香玉(北京27)、京春、早凤王、源东白桃、庆丰(北京26)、北京28号。

③中熟桃(果实生育期90~125天)。

白凤、大久保、皮球桃。

④晚熟桃(果实生育期125~150天)。

京艳(北京24)、新川中岛、简阳晚白桃、莱山蜜、扬州晚白桃。

⑤特晚熟桃(果实生育期150天以上)。

冬桃、中华寿桃(如图11.1)。

图11.1 中华寿桃

图11.2 曙光油桃

(2)黄桃品种

金童5号、金童7号、连黄、丰黄。

(3)油桃品种

早红宝石、早红2号、曙光、艳光、瑞光5号、18号(如图11.2)。

11.1.2 生物学特性

1)生长结果习性

桃为落叶小乔木,树高3~4 m。结果早,一般定植2~3年后开始结果,5~6年后达盛果期,经济寿命10~15年。管理水平高的可达25年。桃树易丰产。

(1)根

南方桃树栽培常以毛桃为砧木,根系集中在40 cm深的土层之内,水平分布范围与树冠大致相等。

桃根系耐旱忌湿,喜疏松排水良好的砂壤土,黏重土不利于根系生长,温度在15~20 ℃适宜根系生长,过低、过高均不利,桃根系在生长年周期中有两次生长高峰:一次在春季,一次在秋季。

(2)枝

桃芽分叶芽和花芽两种:叶芽萌发成枝,着生枝顶和枝侧;花芽为纯花芽,能开花结果,仅着生于枝侧,可以分为单花芽和复花芽,有多种排列方式(如图11.3)。

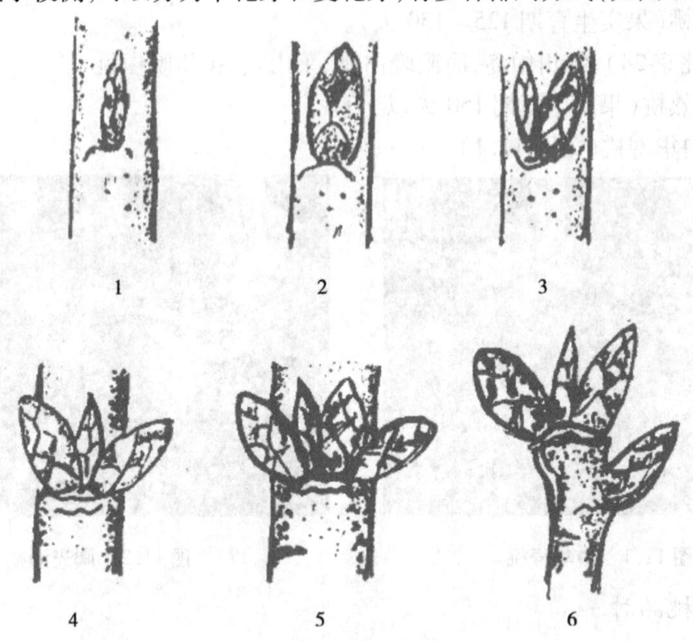

1.单叶芽 2.单花芽 3.双芽 4.三芽
5.四芽 6.短果枝上单芽

图11.3 桃树花芽和叶芽及其排列

枝依其特性可以分为营养枝和结果枝两大类。

①营养枝依其生长势可以分为以下3种:

发育枝。枝上均为叶芽,一般粗1.5~2.5 cm,生长旺盛,可以作为结果枝组培养。

叶丛枝。枝条长仅1 cm,芽萌发形成叶丛。

徒长枝。枝条粗壮,直径超过2 cm,长度超过1 m,节间长,不充实,有2次枝、3次枝,生产上多疏除,部分可适当改造成结果枝组。

②结果枝按其长度和芽的排列方式,可分为长果枝、中果枝、短果枝、花束状果枝和徒长果枝5类。

长果枝。长30~60 cm,一般不发2次枝,生长充实,养分积累多、复芽多、坐果率高,是南方桃大多数品种最主要结果枝,还能再抽生健壮新梢,形成新的中长果枝。

中果枝。长15~30 cm,单芽、复芽混生,也是南方桃树的主要结果枝。

短果枝。长 5 ~ 15 cm，单花芽多，生长势弱，常为衰老树的主要结果枝。

花束状果枝。长 5 cm 以下，顶芽是叶芽，其余侧芽均为花芽。结果后长势差，易衰老死亡。

徒长性结果枝。长 60 cm 以上，粗度超过 1.5 cm。其上有 2 次结果枝，长势过旺，坐果率极低，可培养成结果枝组。

(3)花

桃大部分品种的花为完全花，自花结果能力强，栽植单一品种也能丰产；少数品种花粉败育，需异花授粉才能结实，如白花、砂子早生等。

图 11.4　桃树开花状

在长江流域，花期一般在 3 月份，南部较早，北部较迟。花期一般持续 2 周，开花期间，天气晴朗有利于授粉，连绵阴雨低温则不利授粉，影响产果量(如图 11.4)。

(4)果实

桃果实为核果，果实的发育分为幼果快速增长期、硬核期和果实成熟期 3 个阶段。桃在开花结果过程中，存在 2 ~ 3 次集中落果现象，不良的环境条件和管理不善也常引起异常落果，生产上需要注意，正常的落果对产量影响不大，而大量落果则会减产。

2)对环境条件要求

(1)温度

桃是喜温的落叶果树。南方品种群在年平均温度 12 ~ 17 ℃，冬季低于 7.2 ℃的时数不足，则开花不整齐且畸形花多，影响结果。

桃耐寒性较强，休眠期能耐 -18 ℃低温，但在萌动期，桃耐低温能力较弱，如花期 -2 ~ -1 ℃就受冻，幼果在 0 ℃时受冻。故南方地区栽培桃主要是早春花、幼果受冻问题，在选园时应注意。

(2)光照

桃喜光性极强，不耐阴。若光照不足，内膛枝易枯死，花芽分化不良，果实着色不好，品质降低，且容易落果。所以光照不足的地方不宜栽植。另外，7—8 月强光照射枝干易发生日灼，也须预防。

(3)水分

桃喜干燥,但在生长期需充足的水分,如新梢迅速生长期、开花期、果实生长发育成熟期等,如果缺水,则会抑制新梢生长、开花和果实膨大成熟。

(4)土壤

桃对土壤要求不严,但以疏松透气、有机质丰富的砂壤土为宜,pH 在 5 ~6 时,生长最佳。桃耐旱忌湿,在潮湿低洼地不宜辟为桃园。

11.1.3 育苗栽植

1)育苗

(1)砧木

桃主要是用毛桃作砧木。①种子要经过沙藏层积完成后熟,才能萌发;②毛桃种壳厚要用温水浸种 2 ~3 天催芽;③春季 2 月份切接,5 月份 T 字形芽接,9—10 月腹接;④桃的半成苗(带芽苗)指秋季嫁接成活后,尚未萌发抽枝前,即定植。可缩短育苗周期,运输简便(如图 11.5)。

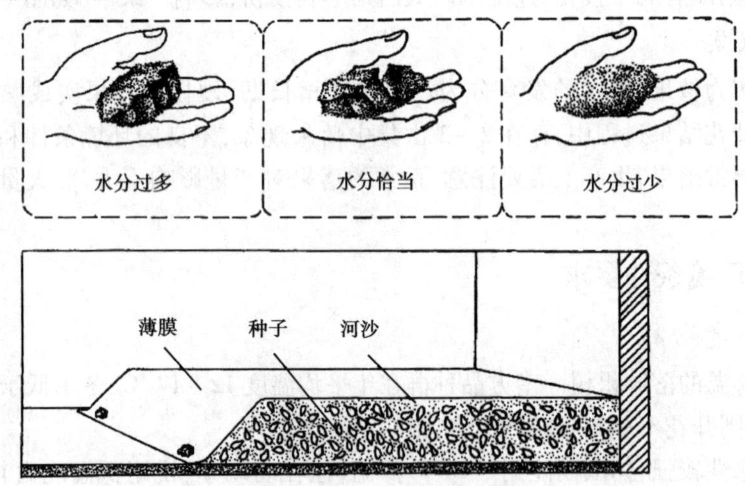

图 11.5　室内河沙储藏种子

(2)桃树育苗栽植生产中常见的问题

①桃根癌病(如图 11.6)。

②桃树忌地严重。

③地下水位高处不宜建园。

2)栽植

(1)时间

落叶后至新根发生前,大多在 11—1 月。

(2)密度

根据果园立地条件和土壤类型不同分为:

①平地土壤肥沃:株行距为 4 m×5 m,每亩 33 株。

②坡地:株行距为 2 m×4 m,每亩 70~80 株。

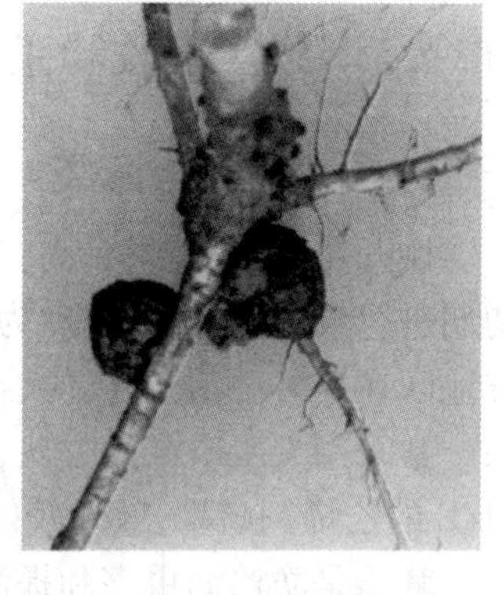

图 11.6　桃根癌病

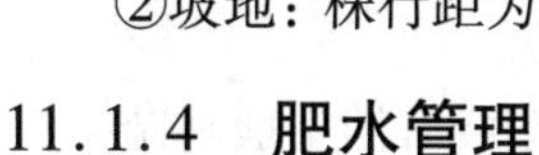

11.1.4　肥水管理

栽后第一年是长树成形的关键,淡肥勤施,3—6 月,每半月施肥 1 次。栽后第二年及结果以后,每年施肥 3 次。

1)施肥时期

(1)萌芽肥

2 月上旬萌芽前施入。

(2)硬核肥

幼果停止脱落即核硬化前进行,约 5 月中旬。

(3)采果肥

采果后施,占全年施肥量的 70%~80%,有机肥为主。

2)根外追肥

开花期、果实发育期、花芽分化期(表 11.1)。

表 11.1　用于页面追肥的肥料及含量

肥料名称	含量	肥料名称	含量
尿素	0.3%~0.5%	氢化锰	0.25%~0.3%
磷酸二氢钾	0.3%~0.5%	硫酸亚铁铵	0.2%~1%
磷酸铵	0.5%~1%	硫酸亚铁	0.2%~1%
草木灰浸出液	10%~20%	钼酸铵	0.02%~0.05%
硼酸	0.1%~0.25%	高美施液	400~500 倍
硫酸锌	0.1%~0.6%	垦易	300~400 倍

11.1.5 果实采收和采后处理

1)疏花疏果与套袋

桃开花量大,坐果率高,为了保证稳产、优质,宜适当疏花疏果。疏花一般在盛花初期进行较好,方法以复剪为主,利用药剂疏花风险太大,应慎重采用。疏果宜早,南方地区在5月中旬为宜。大致标准:短果枝、花束状果枝留1个果,长果枝留2~3个果。常采用人工疏果的方法,日本运用$(40\sim60)\times10^{-6}$ mg/kg的NAA或60×10^{-6} μl/L的乙烯剂疏果,效果较好,但有疏果过头、降低产量的风险。

套袋是防治病虫害和提高果实商品性的一项重要措施。套袋时期一般在疏果后立即进行,过晚,桃蛀螟和梨小食心虫在果实上大量产卵,孵化后蛀食果实。方法是用纸袋套住果实,再用铁丝、塑料袋等把纸袋固定于枝条。

2)采收

桃果实风味在充分成熟后才表现出来。故不宜过早采收。但充分成熟后,皮薄多汁,极不耐储运。因此,桃采收应根据具体情况而定。加工桃在八九成熟时采收,远距离运输的应在七八成熟时采收。就近销售的鲜食桃在完全成熟后再采收,表现最佳的色、香、味。

采收桃果应事先预估产量,做好各项准备工作,采摘过程中应轻摘轻放,采下的果实及时分级,包装,运送到工厂或市场。

11.2 实训内容

11.2.1 桃的整形与修剪

1)目的要求

通过桃的冬季修剪和夏季修剪,掌握桃的整形技术与修剪技术。

2)材料与工具

当地主栽品种的幼树、结果树、枝剪、手锯、凳子、梯子。

3)方法步骤

(1)桃幼树整形

①定干。苗木定植后在离地50~60 cm处短截,剪口下留5~7个饱满芽,离地30~40 cm以内的芽抹除。

②主枝的选留。在整形带内选留3个生长健壮、分布均匀、角度方向适宜的新梢作主枝培养，冬剪时留50 cm左右，在饱满芽处短截，剪口芽留外侧芽。

③主枝延伸和侧枝的培养。主枝顶部选留外侧芽，培养主枝延伸枝，冬季留60～70 cm处短截；主枝上选留位置合适的背斜新梢短截，培养成侧枝。

④扩大树冠，培养树体骨架。继续培养主枝延伸枝和侧枝，一般每个主枝培养2～3个侧枝，各侧枝距离不小于60 cm，呈60°～80°开张角度向外延伸。

经过4年左右的培养，形成主干高50 cm，3个主枝均匀分布延伸，各主枝配置2～3个侧枝的自然开心形。各类结果枝组分布均匀，主次关系明显。

(2)结果树的冬季修剪

①结果枝的冬剪。南方品种群以长、中果枝结果为主，应充分利用。一般长果枝留8～12节花芽、中果枝留4～8节花芽，部分枝条轻剪长放。修剪时又要注意留1/3左右预备枝，常用的方法有单枝更新和双枝更新修剪。对于短果枝，若过密，则疏除一部分，其余不剪。对于徒长性结果枝，可短截培养成结果枝组，过密则疏除。

②结果枝组更新。大、中、小结果枝组合理布置，注意更新。在结果枝组中、下部应留预备枝，当结果枝组位置过高时，及时回缩。当枝组过弱时，应回缩到后部健壮分枝处。当大、中枝组过强时，疏除上部旺枝，保留中庸枝。枝组过密时，疏弱留强，疏小留大。

③其他枝的修剪。病虫枝、枯枝、瘦弱枝、过密枝均疏除；对于徒长枝，可疏除或者短截，留5～7节培养成结果枝组。

(3)桃树的夏季修剪。

①新梢迅速生长前的3—4月，进行抹芽、除萌、疏去过密枝和竞争枝。

②新梢迅速生长期的5月，对直立枝留20 cm摘心，促发二次枝，以利于形成花芽。对一般可形成长果枝的新梢进行摘心，促其成熟，降低花芽部位。

③新梢生长后期即6—7月，疏除过密枝、徒长枝、以节约养分，改善内膛光照，对于生长较强的副梢进行摘心，促进枝条成熟(如图11.7和图11.8)。

4)注意事项

①本实习分2～3次进行。桃树的整形和冬季修剪可以利用不同树龄的植株同时进行；夏季修剪安排在5—6月。利用实习课、劳动课等完成教学实习和学生的技能训练。

②建议分组实习，每组2～3人，定树挂牌，连续跟踪1～2年，然后综合考核。

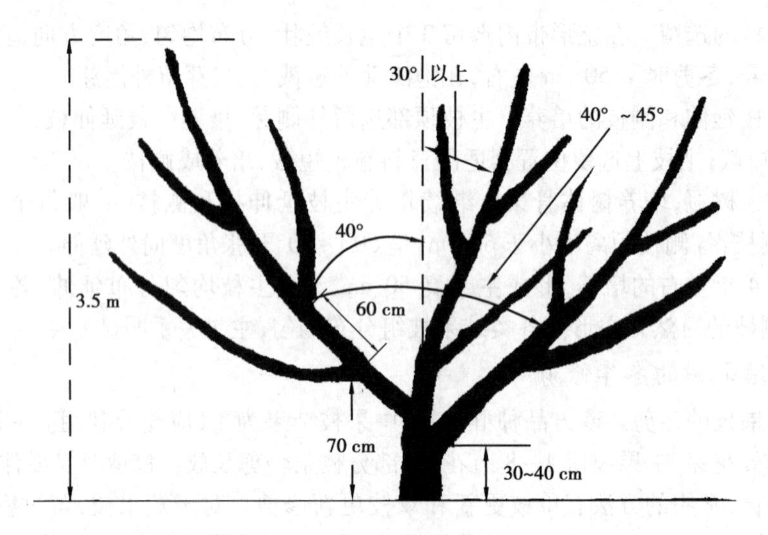

图 11.7　桃树自然开心形主枝基角角度和树体结构

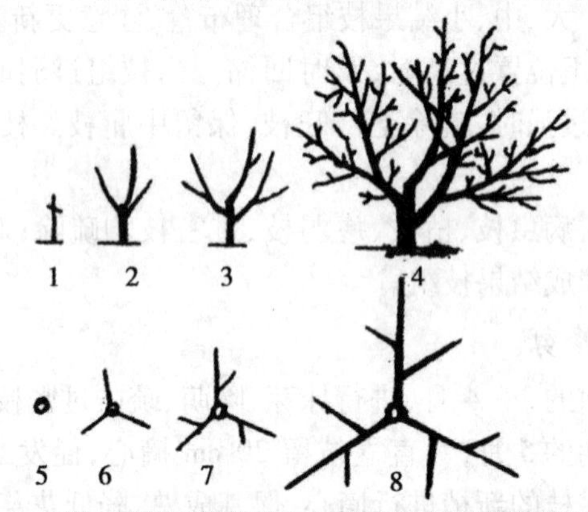

1~3.第一至第三年整形　4.完成基本整形侧面图
5~8.平面图

图 11.8　自然开心形及其整形过程

11.2.2　桃树人工授粉

1)目的要求

通过实训操作,学习桃树人工授粉的方法,并掌握其技术要点。

2)材料用具

桃树、毛笔或带橡皮头的铅笔、干燥小瓶、小镊子。

3)方法步骤

①在授粉前2～3天收集大蕾期花蕾,用小镊子取出花药,铺在干净的纸上,在20～25 ℃的室内阴干。

②1～2天后花药开裂散出花粉,将其装入干燥小瓶避光备用(1周内仍可保持良好的发芽能力。设施内花期较长,一般为7～10天)。

③在第一批花开放时进行授粉,授粉时间为每天的9:00—17:00。方法是用毛笔蘸花粉粒点到柱头上,点授的花朵之间离开一定距离,按留果的意图进行点授。

④隔1天再授1次。

4)作业

根据实际情况对一桃品种的3～5株作人工授粉实习,报告实训体会。

11.3　实践应用

11.3.1　疏花、疏果、套袋

1)疏花

在开花70%～80%时,用石硫合剂波美0.5～1度喷布。

2)疏果

谢花后20天左右疏掉畸形果、并生果、小果及病虫果。一般长果枝留果3～4个,中果枝留果2～3个,短果枝留果1个。果实之间距离10～15 cm。

3)套袋

最后一次疏果后2～3天,先喷1次药再套袋。时间在5月上旬完成。

11.3.2　主要病虫害防治

缩叶病、细菌穿孔病、桃小食心虫、桃蛀螟、桃桑白蚧、蚜虫(如图11.9～图11.11)。

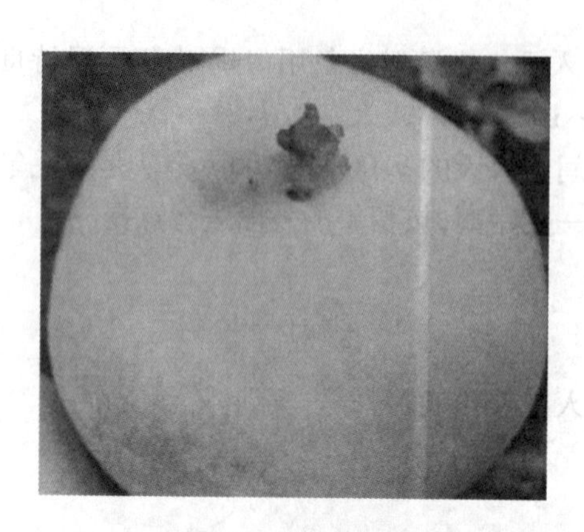

图 11.9　桃小食心虫

图 11.10　炭疽病、缩叶病、流胶病

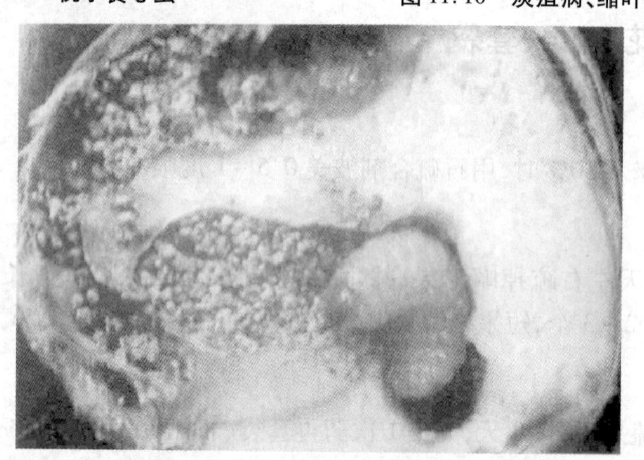

图 11.11　桃蛀螟

表 11.2　桃树主要病虫害防治时期及药剂

病虫种类	防治时期	施用药剂
冬季清园	休眠期。	波美 5 度石硫合剂。
缩叶病	芽萌动,花芽显红,叶芽露绿。	50% 退菌退 1 000 倍液或 65% 代森锌 500 倍液。

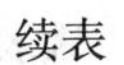

续表

病虫种类	防治时期	施用药剂
细菌性穿孔病	展叶后喷 1 ~2 次。	65% 代森锌 500 倍或硫酸锌石灰液(硫酸锌 0.5 kg,消石灰 2 kg,水 120 kg)。
桃炭疽病	发芽前,生长期 4—6 月,半月 1 次,共 3 次。	80% 炭疽福美粉剂 800 倍或 40% 杀疽灵 2 000 倍或 80% 甲基托布津 1 200 倍,交替使用。
流胶病	休眠期刮除流胶,涂“402”100 倍,生长期 5—6 月,8—9 月喷药。	波美 0.3 度石硫合剂,或 50% 多菌灵 1 000 倍,20 天 1 次,共 3 ~4 次。
桃小食心虫	4 月中旬至 6 月上旬,喷药 3 次,5 月初套袋。	杀螟松 1 000 倍,或 2.5% 敌杀死 2 500 倍或 5% 来福灵乳油 2 000 倍。
桃蛀螟	5 月下旬至 6 月上旬,7 月下旬至 8 月上旬。	黑光灯或糖醋液诱杀成虫;喷 50% 杀螟松乳油 1 000 倍或 30% 桃小灵乳油 2 000 倍。

11.4　扩展知识链接(选学)

桃栽培管理工作年历

表 11.3　桃栽培管理工作年历

月　份	主要农事及要求
1 月	①清理园内枯枝及修剪枝条,集中深埋或烧毁。 ②喷布波美 4 ~5 度石硫合剂。要求喷药全面、细致、周到。
2 月	①结合灌水追施一次速效性氮肥。要求灌水灌深、灌透。
3 月	①花前复剪。剪除无叶花枝和细弱枝。抹除过多花蕾,保持合理均匀的留花距离。 ②主要防治蚜虫和缩叶病。

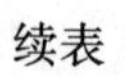

续表

月　份	主要农事及要求
4月	①抹芽除萌。抹去异生芽,背上无用芽,剪锯口芽等。 ②疏果。先疏除坐果率高品种,后疏除幼树及中晚熟品种。 ③定果在疏果后半月进行。定果后可进行果实套袋。 ④极早熟品种及早熟品施追种一次以硫酸钾为主的壮果肥。 ⑤谢花后及施肥后,视情况灌水,树盘覆盖。 ⑥重点防治蚜虫。
5月	①5月上旬结束定果和套袋工作。 ②做好疏枝、扭梢、近期梢等夏剪工作。 ③果实成熟前30~40天追施以硫酸钾为主的壮果肥。 ④5月上中旬,土壤干旱时进行浇灌水,树盘覆草。 ⑤加强对蜻蠓、梨小、蚜虫、天牛等病虫害防治。 ⑥开始采收极早熟和部分早熟桃。
6月	①早熟桃和部分中熟桃的采收。 ②继续夏季修剪工作。 ③挂果多的树枝撑枝,防止果压断或风吹断树枝。 ④疏通沟渠、做好排水工作。 ⑤着重防治桃穿孔病、红黄蜘蛛、天牛、梨小等病虫害。
7月	①继续采果。晚熟品种查袋、补套袋。 ②晚熟品种追施壮果肥。 ③疏除无用的立生性徒长枝和过密枝。 ④果园排水,防止积水。 ⑤浅耕除草。 ⑥着重防治红黄蜘蛛、梨小、叶蝉、天牛等害虫。
8月	①继续采果。 ②浅耕除草 ③防治病虫,保持叶片。
9月	①做好施基肥准备,下旬可进行施肥工作。 ②种植绿肥和草。

续表

月　份	主要农事及要求
10月	①土壤深翻耕。树冠内土壤浅耕。 ②施基肥,以农家肥和有机肥为主。
11月	①清理枯枝落叶,集中深埋或烧毁。 ②11月上旬结束施基肥工作。
12月	①按整形修剪要求开始冬季修剪。 ②成年树刮翘皮,树干刷白,堵杀天牛虫道。

11.5　考证提示

表11.4　桃果套袋考核项目及评分标准

序号	测定项目	评分标准	满分	检测点					得分
1	用纸	明确套袋用纸及大小规格。	10						
2	套袋工艺要求	操作熟练、不伤果,少落叶,不断枝,口袋扎紧。	50						
3	文明操作与安全	工完场清,正确执行安全规范。	10						
4	工效	100只在0.5 h内完成,超时扣分。	30						

注:如果在半小时内未能完成50只,整个项目不能及格。

任务后

1)考证练习

桃果套袋

桃在盛花后20天内定果套袋。套袋时间以晴天9:00—11:00和14:00—18:00为宜。

套袋前将整捆桃果专用袋放于潮湿处,使之返潮、柔韧。选定幼果后,小心地除去附着在幼果上的花瓣及其他杂物,撑开袋口,令袋体膨起,使袋底两角的通气孔张开,手执袋口下2~3 cm处,袋口向上或向下套入果实。套上果实后使果柄置于袋的开口中部,勿使叶片和枝条装入袋子内。然后从袋口两侧依次按“折扇”方式折叠袋口,用捆扎丝扎紧袋口,再于袋口上方从连接点处撕开将捆丝返转90°,沿袋口旋转1周扎紧袋口,使幼果处于袋体中央、在袋内悬空,以防袋体摩擦果面,不要将捆扎丝缠在果柄上。如果是自制纸袋,则用订书机(或大头针等)订住袋口即可。另外,树冠上部及骨干枝背上裸露果实应少套,以免日灼病的发生。套袋顺序为先上后下、先里后外。每亩的平均用袋量为6 500个左右。

由于套袋栽培果实中含钙量下降,易患苦痘病等,在套袋后每月喷1次300~500倍的氨基酸钙或氨基酸复合微肥。在6月下旬(采收前40天和20天)各喷布1次稀土,或采收前1个月喷布光合微肥、农家旺等微肥,以提高套袋果可溶性固形物含量。水分管理方面,果实膨大期、摘袋前应分别浇1次透水,以满足套袋果实对水分的需求,同时防止日灼。

果实袋内生长期间应照常喷洒保护叶片和果实的杀菌剂,以防病菌随雨水进入袋内危害。除袋后喷1次喷克600倍或70%甲基托布津800倍液等内吸杀菌剂,防治果实内潜伏病菌引发的轮纹烂果病;有条件的话,喷1~2次300倍的磷酸二氢钾,或800倍的施康露、农家旺等以利桃果增色防病。采收后,注意将用过的废纸袋及时集中烧毁,消灭潜伏在袋上的病虫源,以减少翌年的危害。

2)案例分析

桃优质丰产稳产栽培的关键技术

1)花期管理

(1)温湿度管理

盛花期最高温度控制在23~25 ℃,最低温度控制在2~5 ℃,空气相对湿度控制在60%~70%,落花期到硬核期最高温度控制在25~27 ℃,最低温度为12~15 ℃,空气相对湿度为60%,果实膨大期到采收期最高温度为25~27 ℃,空气相对湿度为60%。

(2)授粉

温室栽培的桃树均要求进行人工授粉。对于完全花、自花结实品种,无需采取花粉,只用一个简单的授粉器对准花心蘸一下就可。授粉器用香烟上的过滤嘴,一端插上1个长10 cm左右的小木棍,并用线进行缠绕固定;另一端把过滤嘴外的纸,撕下宽2 mm的纸边,使过滤嘴的丝线外露。授粉时间宜以10:00—15:00为宜。对于没有花粉的品种,要在开花前采集花朵,并提取出花粉备用。

2)花后至果实采收期间的管理

(1)土肥水管理

落花后应追肥1次。2年生树每株施磷酸二铵0.1~0.15 kg,3~4年树每株0.15~0.25 kg,追肥后及时灌水。硬核期应进行1次追肥和灌水,肥料以钾、氮肥为主,可用氮、磷、钾三元复合肥,2年生树每株0.1~0.15 kg,3~4年生树每株0.2~0.3 kg。果实发育期间应根据土壤水分变化情况酌情灌水,采收前20~30天停止灌水,以免降低果实品质。

(2)疏果

疏果时间在花后25~30天(生理落果后)进行。小果型品种(10~12个/kg)每个未停长新梢留1个果,中大型果(6~8个/kg)每3~4个未停长新梢留2个果。

3)升温到果实采收期间的病虫防治

桃树发芽前喷1次3~5度石硫合剂铲除各种病菌和害虫,花期喷1次1 500~2 000倍一遍净防治蚜虫,落花后再喷1次。对于有红、白叶螨的温室,在发生初期喷20%螨死净水悬浮剂1 500~2 000倍液或20%扫螨净可湿性粉剂2 000倍液。发生白粉病的温室,可喷三唑酮,有效浓度为25~50 mg/kg(5 000~8 000倍)。

任务12　葡　萄

任务目标：了解葡萄的主要种类与品种，掌握葡萄的生物学特性和栽培管理技术。

重　　点：栽培管理技术。

难　　点：主要种类与品种。

教学方法：直观、实践教学。

建议学时：6学时。

12.1　基础知识要点

12.1.1　主要种类和品种

葡萄在植物分类上属葡萄科(*Vitaceae*)葡萄属(*Vitis*)。葡萄属用于栽培的有20多个种。

1)按照原产地的不同分

(1)欧亚种群

欧亚种群根据起源又分为东方、西欧、黑海3个生态地理品种群:东方品种群长势旺,生长期长,抗旱、抗热、抗盐碱,但抗寒、抗病力差,绝大部分为鲜食品种;西欧品种群多为酿造品种,长势弱,生育期短;黑海品种群则以酿造鲜食兼用种为主。目前生产上栽培葡萄的90%以上为欧亚种或欧美杂交种。

(2)东亚种群

东亚种群包括39种以上,生长在中国、朝鲜、日本等地的森林、山地、河谷及海岸旁。在中国生长约30种,变种及类型丰富,主要用作砧木、供观赏及作为育种原始材料。

(3)北美种群

北美种群包括28个种,仅有几种在生产上和育种上加以利用,多为强健藤木,生长在北美东部的森林,河谷中。在栽培和育种中常用的种有:美洲葡萄、河岸葡萄、沙地葡萄和伯兰氏葡萄。

2)按用途分

(1)鲜食品种

鲜食品种包括巨峰、黑奥林、龙眼、六月紫、红富、京亚、藤稔、蜜汁、希姆劳特、超藤(如图12.1)。

(2)酿酒品种

酿酒品种包括品丽珠、雷司令、白羽(如图12.2)。

(3)制汁品种

制汁品种包括康可、玫瑰露、黑后。

(4)制干品种

制干品种包括无核白、红宝石无核(如图12.3)。

图 12.1　黑奥林

图 12.2　白羽

图 12.3　红宝石无核

3)按成熟期分

生产上根据成熟期的不同,将鲜食品种分为 3 种

(1)早熟品种

从萌芽到果实采收,需要 120 天。

(2)中熟品种

从萌芽到果实采收,140 ~ 155 天。

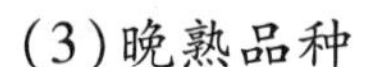

(3)晚熟品种

从萌芽到果实采收,155 天以上。

在华东、华南地区,早熟品种在6月下旬至7月中旬成熟,中熟品种在8月成熟,晚熟品种在9月上旬至10月成熟。

12.1.2 生物学特性

葡萄系多年生木本藤蔓植物。由根、茎(包括枝、芽)、叶等营养器官和花(包括花序)、果(包括果穗、浆果、种子)等生殖器官组成。

1)根

根干和其上分生出的各级侧根组成骨干根,而着生在各级侧根上的小细根是葡萄幼根,由根冠及生长区(生长点2~5 mm长)和吸收区(1~2 cm长,其上密被根毛)和输导部分组成。根吸收养分、水分,合成有机物质,产生花芽,分化发育激素,储藏营养。气温5~7 ℃根系开始活动,12~13 ℃地上部分萌芽,开花至结果期根生长最旺,果实增大盛期新根发生最多,炎夏根几乎停止生长,秋季又明显生长,到11月13 ℃以下,根生长终止。葡萄根系是营养库,无休眠期,根系深度可达12 m。

2)茎

葡萄茎通称枝蔓,包括主蔓、侧蔓、结果母枝、一年生新梢(结果枝、营养枝)、副梢和萌蘖。新梢具有节和节间,节上着生叶片,叶片对面着生花序或卷须,节间的中心部位是髓,节处有横膈膜把髓隔开。以储藏养分,加固新梢,节间萌芽抽生新梢,平均2~3天长出一节,节间急速生长。新梢叶腋内萌生夏芽和冬芽。

3)叶

葡萄叶掌状,互生,多5裂,也有3裂及全缘。

4)花

由花萼、花冠、雄蕊和花梗组成,花序有锥形、翼形和圆筒形之分,故导致果穗多种类型。花序着生在结果新梢的3~7节,叶对面花序以上的节位按规律着生卷须。

5)果

葡萄开花授粉受精后雌蕊中的子房发育成浆果,整个花序变成果穗。

①芽。复芽、冬芽、夏芽、混合芽、隐芽(如图12.4和图12.5)。

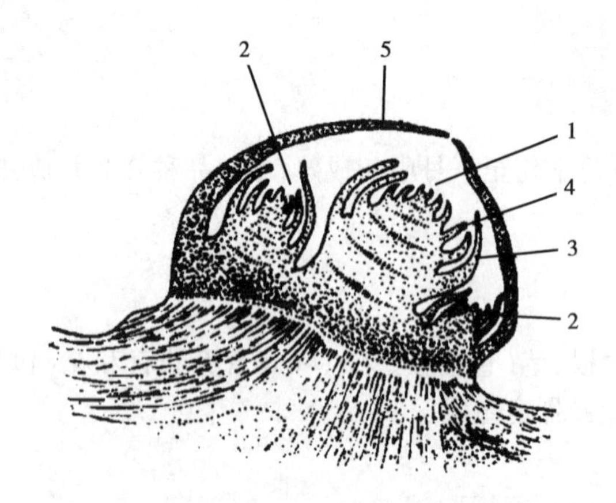

1. 主芽　2. 副芽　3. 叶原基　4. 花序原基　5. 鳞片

图 12.4　葡萄冬芽的构造

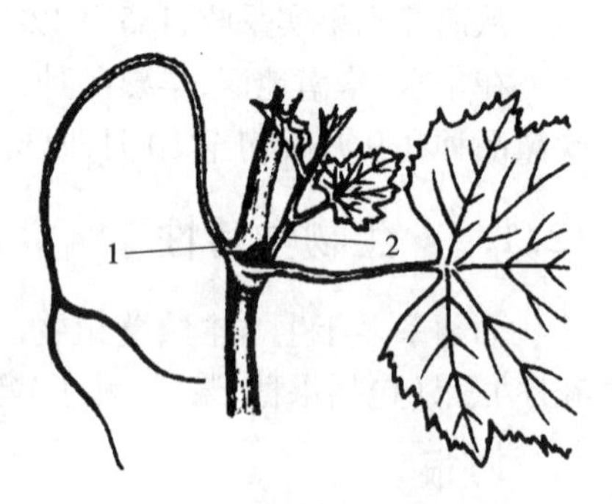

1. 冬芽　2. 夏芽萌生的副梢

图 12.5　葡萄的冬芽和夏芽

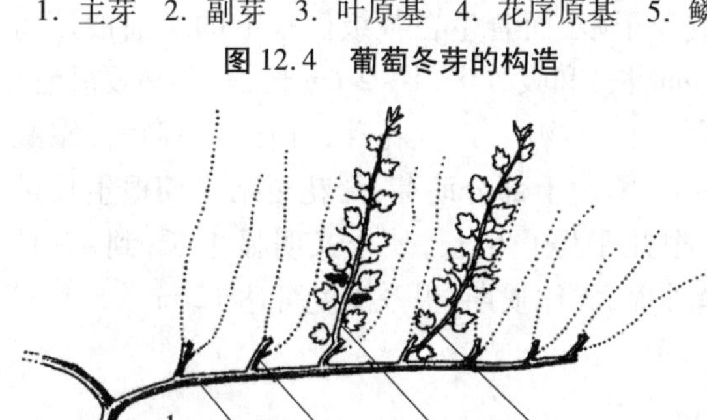

1. 主干　2. 主蔓　3. 结果母枝
4. 结果新梢　5. 营养新梢

图 12.6　葡萄的枝蔓结构

②枝(蔓)。

12.1.3　肥、水管理

1)葡萄园常规施肥技术

(1)基肥

基肥在葡萄采收后及早施入,通常用腐熟的有机肥如厩肥、堆肥等作为基肥,并加入少量速效性化肥,如硝酸铵、尿素和过磷酸钙、硫酸钾等。一般丰产葡萄园每666.7 m^2施土杂肥5 000 kg(含氮12.5 ~15 kg、磷10 ~15 kg、钾10 ~15 kg),该用量约占全年用量的50% ~60%。

基肥的施肥方法常采用沟施,其方法是在距植株50 cm处开一宽40 cm、深50 cm的环状沟或与栽植行平行的条状沟。按每株25 ~50 kg有机肥、250 g过磷酸钙、150 g尿素的用量施入肥料。基肥也可采用放射沟或全园撒施耕翻入土的方法。其中沟施和全园撒施宜隔年轮换施,以互补不足。

(2)追肥

在生长期内应根据葡萄生长发育的需要追施2 ~3次速效性肥料,其用量占全年施肥量的40% ~50%。第一次在萌芽后施用氮肥,如腐熟的人粪尿或尿素,以满足花芽分化和新梢旺长。第二次在谢花后幼果膨大期进行,是葡萄的水肥临界期,应以氮肥为主,配合磷、钾肥,如尿素、磷酸二氢铵或复合肥。施肥量应占全年的20% ~ 30%。第三次在果实着色期施用磷、钾肥。

追肥可结合灌水撒施或采用穴施的方法。穴施的方法是在根径外50 cm处挖20 cm深的穴10 ~20个,将肥料施入后与穴土混匀,再填平施肥穴。

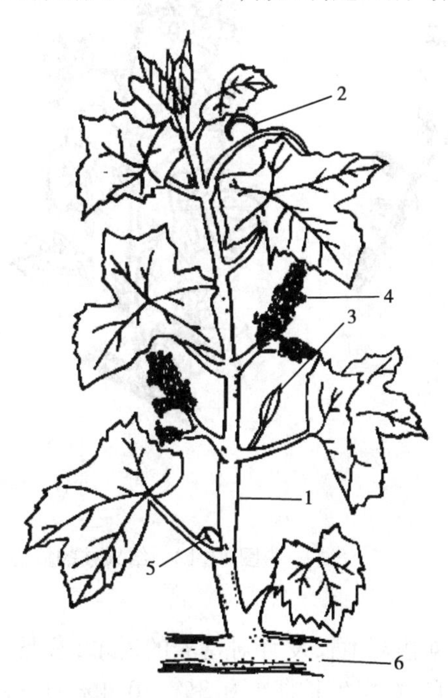

1.结果蔓 2卷须 3.夏芽副梢
4.花序 5.混合芽 6.结果母蔓

图12.7 葡萄的结果蔓

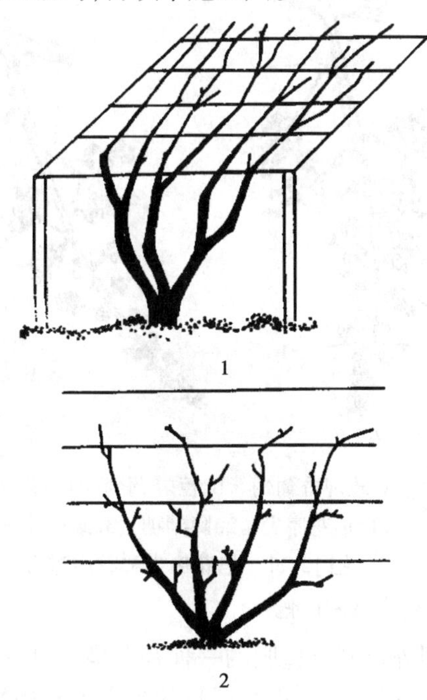

1. 棚架 2. 篱架

图12.8 扇形式

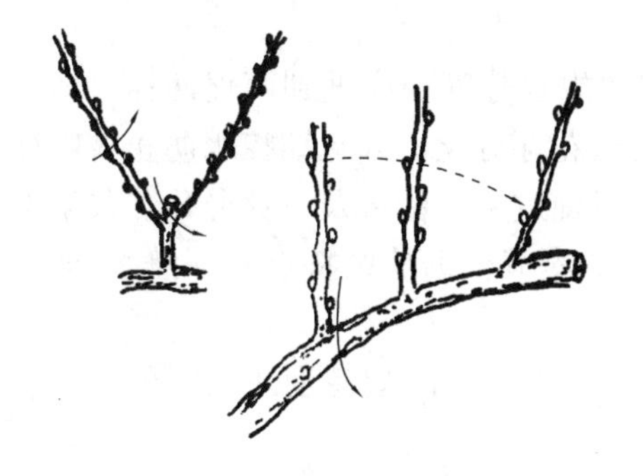

图12.9 结果母枝单枝更新

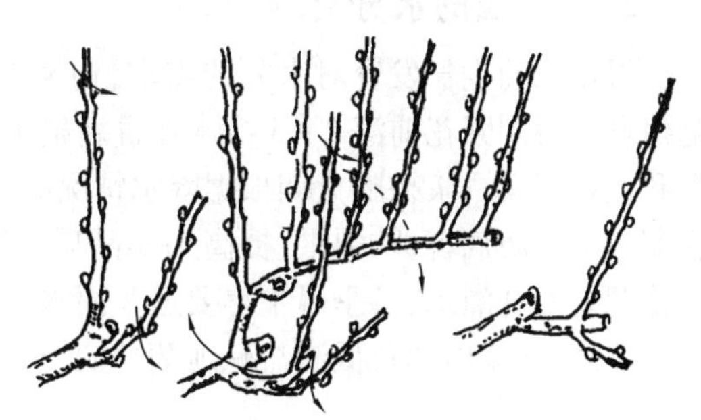

图12.10 结果母枝双枝更新

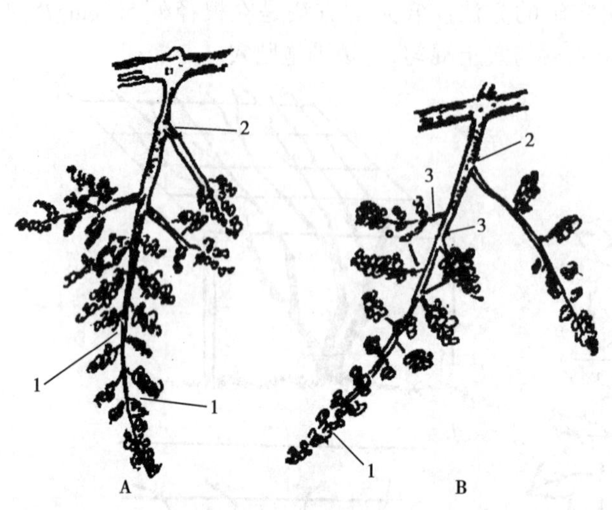

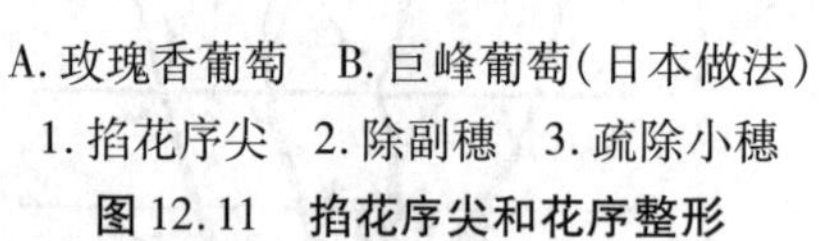
A. 玫瑰香葡萄　B. 巨峰葡萄(日本做法)

1. 掐花序尖　2. 除副穗　3. 疏除小穗

图 12.11　掐花序尖和花序整形

图 12.12　结果枝的摘心

(3)根外追肥

根外追肥是追肥的一种补充措施,应根据葡萄生长发育对营养的需求,参照追肥的时期、肥料种类进行。目前生产上常用的有:新梢生长期喷 0.3% ~0.4% 的尿素或硝酸铵溶液;花前及盛果期喷 0.1% ~0.3% 硼砂溶液提高产量和品质。采收前 1 个月连续喷 2 次 1% 的硝酸钙、醋酸钙或氨基酸钙,可提高葡萄的耐储运性能。

2)葡萄园的水分管理

根据葡萄生长发育对水分的需求,葡萄园常规水分管理应做到两促两控。即在葡萄发芽后到开花前灌 2 ~3 次水促进新梢生长,花芽分化。开花期控水防止枝叶徒长和授粉不良。浆果膨大期根据降水情况灌水以促进果实膨大及花芽分化。浆果着色期控水以防病害,防裂果,提高果实品质。秋冬季节根据地区特点保证灌水,即采后施肥要配合灌水,冬季遇干旱要适量灌水。

此外,丘陵山地及低洼盐碱地葡萄园,在 7—8 月的雨季,要特别注意排水。

12.2　实训内容

12.2.1　育苗与栽植

1)育苗

(1)葡萄枝条的采集与储藏

选1年生、优良健壮植株枝条，其冬芽饱满、髓心小,充分成熟。将枝剪成50～60 cm长，去掉卷须、副梢或果柄，按50或100条1捆，分别在两头绑捆起来(从果园采集的枝条最好用5度石硫合剂浸泡1～3 min以杀死病虫害)，将其存放储藏。最佳温度为0～2 ℃，不能低于－4 ℃或超过8 ℃，湿度为80%。储藏方法有沟藏、窖藏和冷库储藏3种,储藏至第二年春，即可使用。

(2)育苗技术

①苗圃地扦插。于扦插前一天将垄或畦覆膜。按株距10～15 cm，畦内8行距25～30 cm将地膜扎孔，然后将浸蘸过生根剂的插条顺孔插入土内，使顶芽紧贴地面露在膜外，上覆1～2 cm厚的细土，浇透水。

②营养袋(箱)快速育苗。容器育苗可用塑料箱、塑料袋、纸袋或泥钵。将农膜缝制成宽10～15 cm，长(视插条长度而定)15～20 cm的袋，剪掉两个底角以便渗水透气。营养土的配制:沙土、肥沃土、细有机肥各1/3混匀，装至袋的1/4处，把插条放入后再填满，露出顶芽，然后排入苗床或阳畦内，浇水沉实。调控棚内温度在25～30 ℃,湿度70%～80%。当幼苗长到4片叶时，即可开始移栽。外移前1周要渐撤保护设施，通风炼苗。移栽时要选阴天或傍晚，栽后立即浇水。

③绿枝扦插育苗。即在生长季节结合夏季修剪，采集0.5 cm以上半木质化新梢育苗，以副梢尚未抽出或刚萌发的新梢为好。将新梢剪成2～3节长，第一片叶剪留1/3，其余去掉。将插条基部速蘸生根剂5～7 s钟，用清水稍冲后立即扦插。苗床深20～30 cm，底部不得存水，内铺5 cm厚粗沙，将绿枝按10 cm ×15 cm的株行距插入沙内，留顶芽于表面。插后浇透水，用塑料膜搭棚遮阳。每天喷水4～5次，温度控制在25～28 ℃,2周后即可生根(如图12.13)。

④硬枝室内嫁接育苗。

利用冬春农闲季节在室内把砧木和1年生品种枝条嫁接在一起，是目前最为常用的嫁接方法。枝条采集与前述相同。嫁接前将砧木和品种枝条用清水泡12～24 h(视枝条含水率而定)。按穗枝条只留芽1个,长度为22～30 cm，芽上端留1 cm平剪,芽下端留4～5 cm平剪。嫁接方法有劈接和舌接。劈接法较简单,易操作,这里

图 12.13　扦插育苗

不详细介绍。舌接法是取粗度相同的砧木和接穗接条,用快刀分别削出两个相同的斜面,斜面长度为枝条粗度的 1.5 倍,在斜面 1/3 处再向下斜削一刀,形成舌片,二者互相插在一起即很牢固,一般蘸蜡即可,不需绑缚。经处理后的嫁接枝小心竖直放入箱内。箱底及空隙处填满湿锯末、苔藓,并覆严,放到背阴避风处储藏。

于扦插前 2 ~ 3 周,将嫁接枝条移至室内,温度加至 25 ~ 28 ℃,空气湿度保持在 90%、氧气含量 6% 以上,以促进接口愈合,但要控制其发芽生根。待愈伤组织开始形成,则去掉箱子上部覆盖的锯末等,见光绿化,并降低室温渐至 15 ℃,锻炼数天即可移至室外进行苗圃地扦插。

扦插时最好再浸 1 次蜡,防止水分蒸发。因嫁接枝条成活率一般不如品种枝条直接扦插高,扦插株距一般较小,为 4 ~ 5 cm,行距 30 cm。

⑤压条繁殖。

A. 普通压条法。萌芽前选近地面的 1 年生枝，在其附近挖一深宽各 20 cm 的沟，把枝条压入沟内，顶端用木杆撑起，可对枝条基部进行环割。覆土后灌 1 次水，待生根后，在枝条后部剪断，即成单独植株。

B. 连续压条法。选 1 年生萌蘖枝或多年生蔓，顺枝的方向挖 5 ~ 20 cm 深沟，把枝蔓水平压入沟底，并固定，覆一层薄土，保证枝条处于湿润土壤之中。当压条上的芽萌生长到 15 cm 高时，再覆少量土。当新梢长到 40 cm 以上、基部半木质化时将沟填平。秋季落叶后在适当部位截断，可获得较多的单株。

2)栽植

(1)栽植时间

10 月上旬至 3 月中旬,都可栽植,具体分为秋冬栽和春栽,秋冬栽 10 月上旬到封冻前,春栽解冻后到 3 月中旬,以秋冬栽最好。

(2)栽植密度

根据管理水平,具体地块,采用架型等确定,一般管理水平高,土壤瘠薄及“V”型架可适当密植,管理水平较差,土壤肥沃及T型架可适当稀植,一般株行距为(1.3～2)m×(2.5～3.5)m,规模栽植,行距可适当放宽,便于机械化管理。

(3)栽植方法

①挖定植穴,挖宽、深各60～80 cm定植穴或沟,开挖时,表层熟土与地下生土分开堆放,回填时先填熟土,再回填生土。

②施基肥。株施农家肥10～20 kg,氮磷钾复合肥0.3～0.5 kg,与表土充分混合施入,农家肥未腐熟或有地下害虫地块可适量加入防土下害虫的农药。

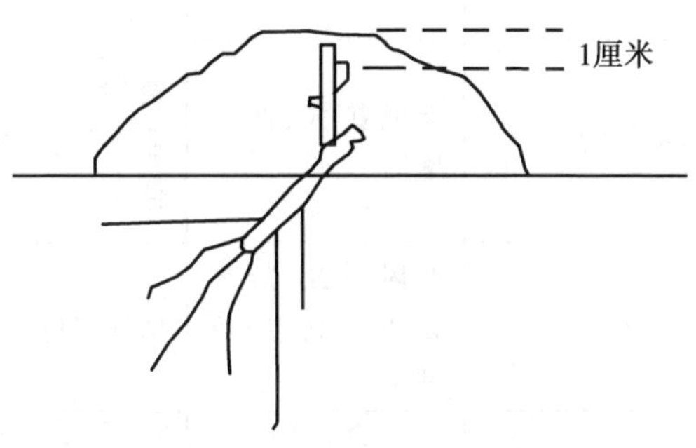

图12.14　葡萄的栽植

③栽植。栽植前要将苗木根系用清水浸泡8～10 h,也可加适量药剂进行消毒,此后剪去3～5 cm进行修整,栽植时根系要保持舒展,不要与肥料直接接触,要深浅适宜,以灌水后苗木根茎与地面相平为好,栽后及时灌水,秋冬栽最好苗木埋土栽培;春栽可用细沙土或地膜覆盖树盘,减少水分蒸发及防止地面龟裂(如图12.14)。

12.2.2　整形与修剪

1)常用树形及其整形过程

葡萄的整形方式极为丰富,每一种树形适应一定的自然条件、栽培管理和品种生长结果习性,也适应一定的架式(表12.1)。通常将葡萄的树形分为扇形式、水平式和龙干式3类。扇形式包括多主蔓自然扇形、多主蔓规则扇形、半扇形;水平式有单臂单层水平、单臂双层水平、双臂双层水平等形式。现将生产上常用树形的整形过程介绍如下:

(1)扇形整枝

扇形整枝既可用于篱架,也可用于棚架。其基本结构是:植株由若干较长的主蔓组成,在架面上呈扇形分布。主蔓上着生枝组和结果母枝,较大扇形的主蔓上还可分生侧蔓。篱架通常采用无干多主蔓扇形,其主蔓数由栽植株距决定,主蔓长度和结果枝组数量由架面高度确定。在架高2 m,行距1.5 m的情况下,每株留3～4个主蔓。每个主蔓上留3～4个枝组,主蔓高度严格控制,在第三道铁丝以下(如图12.15)。

表 12.1　葡萄主要架式性能表

架式名称	特点	存在问题	采用树形	适用条件
单壁篱架	通风透光、早果丰产、管理方便。	生长旺盛、结果部位上移。	扇形、水平形、龙干形、“U”形整枝。	密植栽培、品种长势弱、温暖地区。
双壁篱架	架面扩大、产量增加。	费架材、不便作业、病害重、着色差。	扇形、水平形、龙干形、“U”形整枝。	小型葡萄园。
T 型架	通风透光、病害较少、利于机械化。	增加架材。	龙干式、“X”树形。	冬季不埋土地区、南方避雨栽培。
小棚架	早期丰产、树势稳定、便于更新。	不便机耕。	扇形、龙干形。	长势中等、冬季埋土地区。
倾斜式大棚架	建园投资少、地下管理省工。	结果晚、更新慢、树势不稳。	无干多主蔓扇形、龙干形。	寒冷地区、丘陵山地、庭院栽培、长势强品种。
水平式大棚架	建园投资少、地下管理省工。	结果晚、更新慢、树势不稳。	无干多主蔓扇形、龙干形。	南方地区、庭院栽培、渠路两侧。

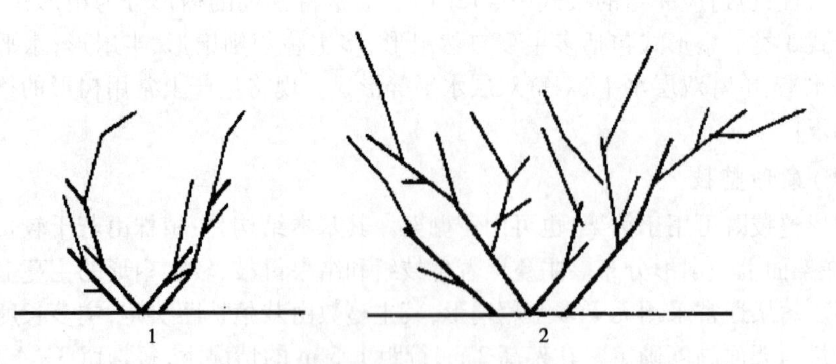

1. 小规则扇形　2. 大规则扇形

图 12.15　无主干多主蔓规则扇形

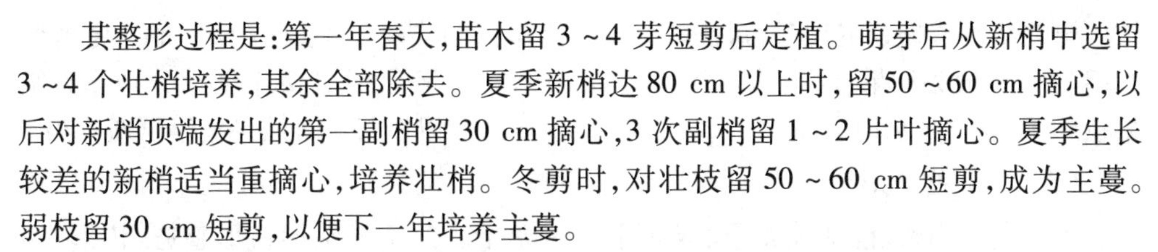

其整形过程是:第一年春天,苗木留3~4芽短剪后定植。萌芽后从新梢中选留3~4个壮梢培养,其余全部除去。夏季新梢达80 cm以上时,留50~60 cm摘心,以后对新梢顶端发出的第一副梢留30 cm摘心,3次副梢留1~2片叶摘心。夏季生长较差的新梢适当重摘心,培养壮梢。冬剪时,对壮枝留50~60 cm短剪,成为主蔓。弱枝留30 cm短剪,以便下一年培养主蔓。

第二年夏季主蔓上发出的延长梢达70 cm时,留50 cm左右摘心,其余新梢留40 cm摘心,以后可参照第一年的方法摘心。冬剪时主蔓延长头留50 cm短剪。其余枝条留2~3芽短剪,培养结果枝组。去年留30 cm短剪的主蔓,当年可发出1~2根新梢,夏天,选其中1根壮梢在40 cm时留30 cm摘心,其上发出的健壮的副梢作主蔓延长梢处理,冬剪留50 cm,其余副梢按培养枝组的方法进行摘心和冬剪。

第三年,继续按上述原则培养主蔓和枝组,直到主蔓高度达第三道铁丝,并具备3~4个枝组为止。同时,对选留的枝组每年采取更新修剪。

(2)水平整枝

水平整枝主要用在篱架上。冬季寒冷地区采用有干水平形整枝,其树形根据架式可分别采用单臂、双臂、单层、双层、低干、高干等多种形式。

单臂单层水平整形是水平整枝的基本形式。该树形由一个主干和一个水平蔓及若干结果枝组构成。株距1~2 m。定植当年留1个新梢作主蔓培养,冬剪留1.5~2 m,将其水平绑缚于第一道铁丝(如图12.16)。

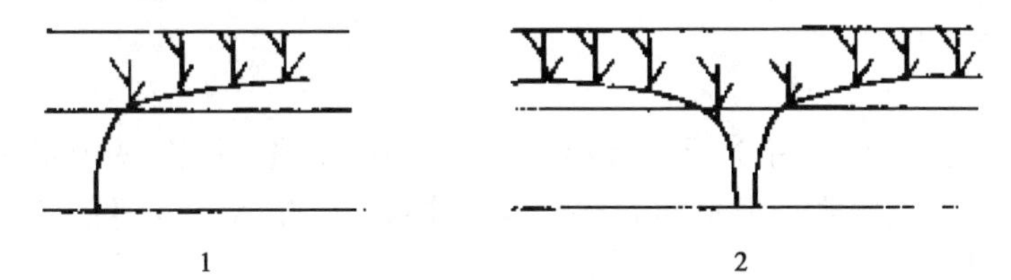

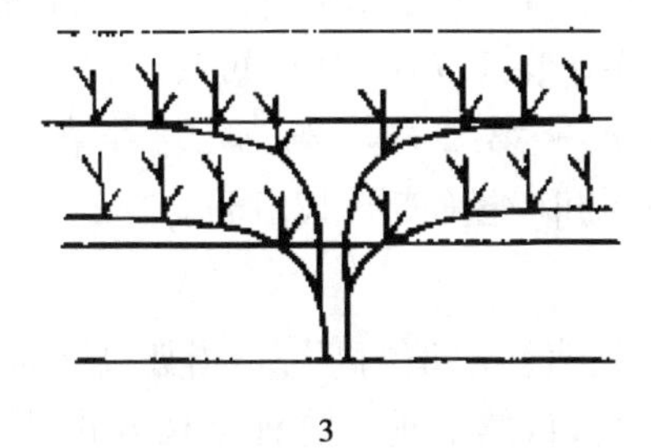

1.单臂单层 2.双臂单层 3.无主干水平形整枝

图12.16 无主干水平形整枝

第二年夏季抹芽定枝时,新枝蔓上每米留 6 ~ 7 个结果新梢,间距 15 cm。冬剪留 2 ~ 3 芽短剪成为结果枝组。第三年夏季结果母枝发芽后,选留 2 个新梢分别作为结果枝和预备枝,冬剪时分别剪留 2 ~ 3 芽和 4 ~ 6 芽。以后每年对结果枝组更新修剪。

(3)龙干式整形

主要用于棚架,包括独龙干、双龙干和多龙干。龙干式整形树形整齐,树形、树势、产量和果穗质量稳定,果实品质好(如图 12.17)。

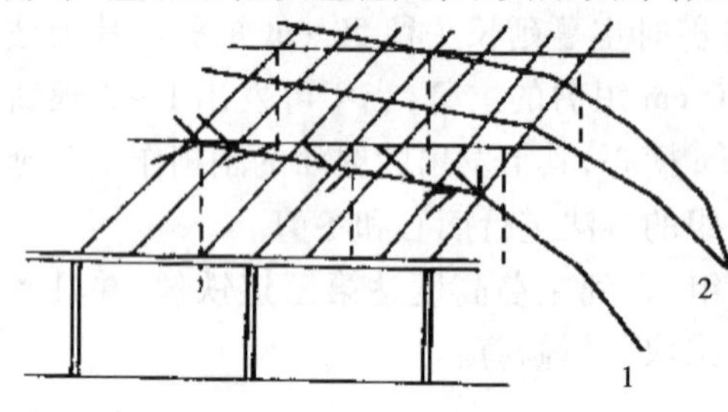

1. 一条龙　2. 两条龙

图 12.17　龙干形整枝

独龙干是龙干形的基本单元。其结构是 1 株葡萄只留 1 个主蔓,在主蔓(龙干)的背上或两侧每隔 20 ~ 30 cm 着生 1 个枝组,每个枝组着生 1 ~ 3 个短结果母枝,呈龙爪状。其整形方法是:定植后选留一强壮新梢作主蔓,其余新梢疏除。副梢留 1 ~ 2 叶摘心。冬剪时在充分成熟节位处短剪。第二年夏天,抹去主蔓基部 50 cm 以内新梢。主蔓 50 cm 以上部位,按每 20 cm 选留 1 个新梢,新梢长到 60 cm 以上时,留40 cm摘心。以后对副梢继续摘心,冬剪时留 2 ~ 3 芽短剪。在主蔓顶端留强梢作延长枝,冬剪时在成熟节处短剪。第三年继续培养主蔓和结果母枝,并对上一年结果母枝发出的新梢选 2 个分别作为预备枝和结果枝,轮换结果。

(4)X 形

日本棚架栽培常采用 X 形。该树形适宜树势强、生长快的品种。棚高 1.8 ~ 2.0 m在架面上培养 4 个不同方向延伸的主蔓,形如"X"。主蔓上均匀配置副主蔓和结果枝组。

整形步骤如下:定植苗木保留 1 ~ 3 个饱满芽。萌发后选留 1 个最健壮的新梢,引缚向上生长,培养成主干。冬季留 1.7 ~ 1.9 m 短截。第二年萌发后选留 2 个健壮新梢向相反方向引缚,培养成第一、第二主蔓,第三年培养第三、第四主蔓。"X"形有利于通风透光,能提高果实品质和产量(如图 12.18)。

(5)"高、宽、垂"整枝法

此树形在"T"形架式上较适宜。所谓"高",是指架高 2 m;"宽"指行距宽,达到 3.5 ~ 4 m;"垂"指新梢不加引缚,自然下垂。这种整枝方式具有通风透光好,有效架面相对增大,病虫害少,省工等优点,果实品质有较大提高(如图 12.19)。

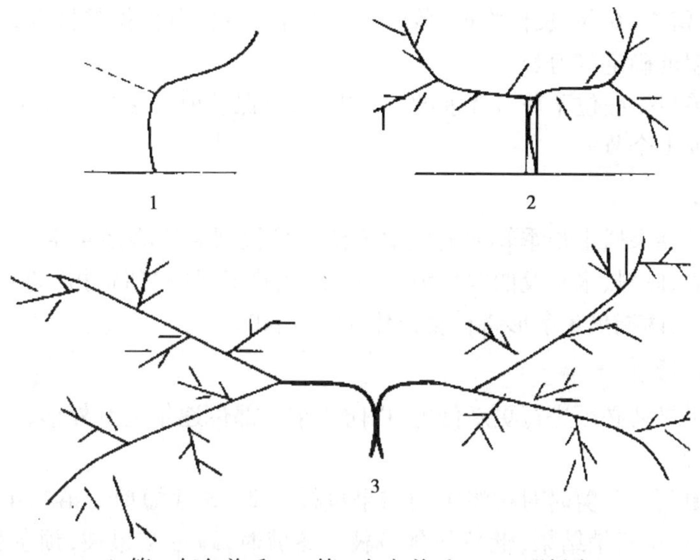

1.第一年冬剪后 2.第二年冬剪后 3.X形树姿

图12.18 X型整形方法

图12.19 "T"形架式

2)基本修剪方法

葡萄修剪既遵循一般果树修剪的原则、规律和方法,又具有体现其特点的修剪方法。

(1)短剪

短剪包括摘心,是葡萄修剪使用频率最高的剪法。尤以冬剪更甚,往往是"枝枝短剪"。葡萄上按结果母枝剪留芽的多少将短剪分为3种:短梢修剪,剪留2~3芽;

中梢修剪,剪留 4 ~6 芽;长梢修剪,剪留 7 ~12 芽。具体可根据整枝方式、品种特点、枝条空间和粗度确定修剪长度。

短剪的剪口一般位于剪口芽前的节间中部,以保护剪口芽。对节间短的品种,剪口在剪口芽前 1 个节上。

(2)绑蔓

绑蔓是蔓性果树生长季修剪的主要方法。可根据需要将多年生蔓、结果母枝或新梢进行直立、倾斜、水平及曲线引绑。引绑时先将绑绳以“猪蹄扣”的方法绑在铁丝上,然后用绳的两端呈 8 字形将枝蔓拢住、结上活扣。

(3)更新修剪

葡萄结果母枝必须进行更新修剪,以防止结果部位逐年上升外移,下部光秃。常用方法有两种:

①单枝更新。冬剪时对枝组中的结果母枝留 2 ~3 芽短剪。第二年春天定枝后留 2 个新梢,高位新梢结果,低位作预备枝。冬剪时,疏去结果枝,预备枝剪留 2 ~3 芽成为新的结果母枝(如图 12.20)。

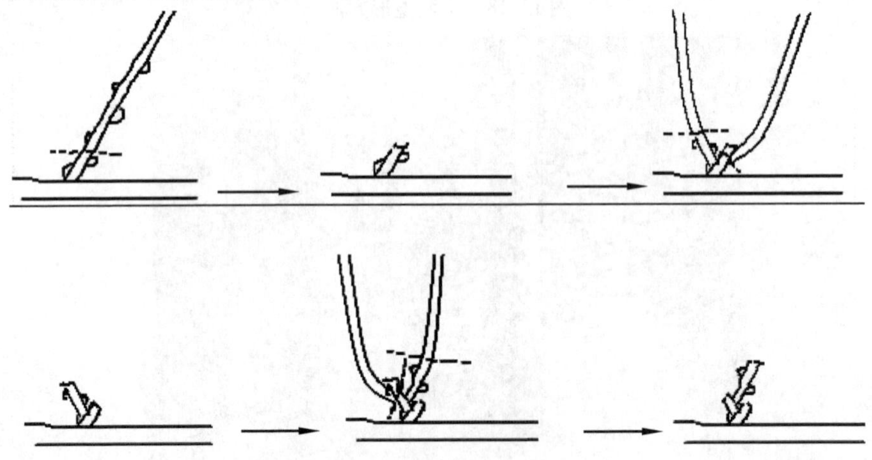

图 12.20　单枝更新方法示意图

②双枝更新。冬剪时对结果枝组进行“1 长 1 短”修剪。即上部枝条剪留 4 ~10 芽作为第二年的结果母枝,下部枝条剪留 2 芽作第二年更新预备枝。第二年冬剪时疏除结果后的结果母枝,对预备枝长出的枝条又采用“1 长 1 短”修剪,周而复始进行更新(如图 12.21)。

此外,对衰老树可通过回缩主、侧蔓进行局部更新,也可对植株基部萌发的新梢采用曲枝压条,成活后淘汰老树,进行全树更新。

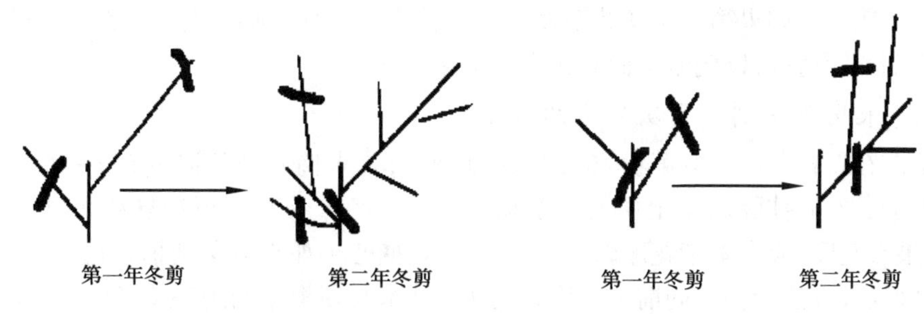

1. 双枝更新　2. 单枝更新

图 12.21　结果母枝的更新

(4)留芽修剪

指冬剪时单位面积葡萄保留的芽眼数量。通常采用干周法和计划产量法。

干周法是先测出主干距地面 10 cm 处周长,并按圆面积公式计算出该处的横断面积。按每平方厘米横断面积承担 1.5 ~2.0 kg 计算出该株可承担的总产量,再用下列公式求出单株留芽量:

$$单株留芽数 = \frac{单株负载量(kg)}{结果枝百分率 \times 每果枝平均果穗数 \times 平均单穗果重(kg)}$$

计划产量法可按计划单位面积产量/单位面积株数求出单株计划产量,再按干周法中的留芽量公式求出单株留芽数。

两种方法计算出的留芽量均应再增加 10% 的保险量,以考虑越冬及生长季节中的损失量。

12.3　实践应用

葡萄优质丰产稳产的关键技术

1)利用花芽分化的早熟性和芽外分化两个特点,葡萄栽培可实现一年多次结果。

在华中、华南生长季长而且光照、积温高的地区,采用 2 次结果技术可实现延后成熟,增产增效。当春季不良气候环境严重影响产量时,利用 2 次结果技术可弥补当年损失。目前生产上主要利用冬芽 2 次枝和夏芽副梢实现 2 次结果。

(1)促使冬芽 2 次枝结果的方法

花前至开花期,在花序上方 4 ~6 片叶处摘心,同时对顶部 1 ~2 个副梢留 2 ~3 个叶片摘心,其余副梢全部抹除。10 ~15 天后,将原先保留的副梢除去,促使新梢冬芽萌发2次枝。如果第一个冬芽萌发的2次枝中无花序,则可将这个冬芽副梢连同主梢先端一同剪去,以刺激下面有花序的冬芽萌发。

(2)采用夏芽副梢2次结果的方法

花前在新梢花序上方第4~6个叶片处摘心,要求摘心部位以下有1~2个夏芽尚未萌动。然后抹除新梢上所有已萌动的夏芽。经5天左右顶端夏芽即可萌发副梢,如果有花序,应在副梢花序以上2~3片叶处摘心。如果夏芽副梢无花序,则可继续对其摘心,方法和要求同前。应用2次结果技术必须根据当地环境条件,选择多次结果能力强的品种,并强化肥水管理,注意适时采收。为保证结果连年稳产优质,可在第一次摘心后喷1 000~2 000 mg/kg的矮壮素以促进花芽分化,同时在坐果后喷25 mg/kg赤霉素(GA_3)增大2次果的果粒。2次果成熟时用450~500 mg/L的乙烯剂喷布果穗。

2)套袋栽培

葡萄套袋可以明显改善果实品质,保护果实不受病虫害,减少农药残留,改善果实外观,提高果品档次,增加经济收入,增强市场竞争力,是当前生产高品质、无公害葡萄的有效措施(如图12.22)。

图12.22　葡萄套袋

3)避雨栽培

避雨栽培,就是在葡萄架上搭建一个塑料"避雨棚",将雨引流到葡萄地里,避免葡萄遭受雨淋,截断引起葡萄病害发生的环境因子,减少病害的发生(如图12.23)。

图 12.23　南方葡萄避雨设施栽培

4)病虫防治

葡萄生产中常发生的病虫害有霜霉病、白粉病、黑痘病、白腐病和灰霉病等(如图12.24～图12.28)。

图 12.24　葡萄灰霉病

图 12.25　葡萄霜霉病

图 12.26　葡萄白粉病

图 12.27　葡萄白腐病

图 12.28　葡萄黑痘病

防治方法见表 12.2。

表 12.2　葡萄主要病虫害防治

病虫种类	防治时期	施用药剂
冬季清园	落叶休眠后。	波美5度石硫合剂。
黑痘病	花前、坐果后20天,2～3次。	等量式波尔多液240倍,75%白菌清750～800倍,70%代森锰锌800倍液。
灰霉病	花前、果实成熟期间间隔10天,连喷3次。	50%农利灵1 900倍加75%白菌清800倍,70%代森锰锌800～1 000倍。
霜霉病	发病初期,间隔7～10天,连喷2～3次。	40%乙磷铝200～300倍或58%瑞毒霉复合剂。
炭疽病	7—8月,发病初期间隔7～10天连喷2～3次。	50%退菌特500～800倍或80%炭疽福美700～800倍或20%粉锈宁2 000倍液。
透翅蛾	5月下旬,间隔7天,连喷2次。	50%杀螟松1 000倍液。

12.4　扩展知识链接(选学)

果实采收和采后处理

1)采收

葡萄果实出现该品种特有的色泽、风味和芳香时表明达到完全成熟期,即可采收。一般选择晴天8:00—10:00和16:00—19:00进行,避开露水和炎热阶段。采收时使用长刀刃的采果剪,要轻拿轻放,随手去除破碎或病虫果粒。鲜食品种的果穗梗剪留3～4 cm。采后放入小型木箱内,每箱放4～5 kg。

2)简易保鲜储藏

根据市场要求、当地条件及葡萄数量,可选用窖藏、缸藏、化学药剂低温储藏及微型冷库等方式。

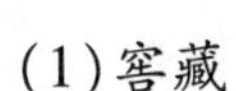

(1)窖藏

丘陵山区可在土窑洞内设置木质架格 4 ~6 层,每层摆一层果穗。葡萄采后先在 10 ℃以下预冷 2 天,入窖后采用通风措施,维持 10 ℃以下。入冬后保持窖内温度 0 ~1℃,相对湿度 80% ~90%。

(2)药剂低温保藏

利用冷库、储藏室及其他设备提供 0 ~1 ℃的低温环境,再使用药剂降低葡萄呼吸强度和杀菌保鲜。常用药剂有三种:一种是将亚硫酸氢钠和硅胶分别按果穗重量的 0.3% 和 0.6% 混合后分成 5 包,按对角线法放入箱内,上盖 1 ~2 层纸,每 20 ~30 天换 1 次药包;二是采用化学保鲜剂 S-M 和 S-P-M。在内装 4 ~5 kg 的 0.04 mm 厚聚乙烯塑料保鲜袋内,放入 8 ~10 片保鲜药片后扎紧袋口,也可使用过氧化钙保鲜剂保鲜;三是在薄膜大帐和 2.5 ~3 ℃的条件下,每 500 kg 葡萄用仲丁胺 25 ml 熏蒸。

12.5 考证提示

葡萄套袋栽培技术。

任务后

1)考证练习

葡萄套袋栽培技术

(1)果袋种类

葡萄套袋应根据品种及各地区的气候条件不同,选择适宜的各种果袋种类。

(2)套袋时期

葡萄套袋时期一般在果实坐果稳定,整穗及疏粒结束后立即开始,在雨季来临前结束,以防早期侵染病害和防止日灼,要避开雨后高温天气或阴雨连绵后突然放晴的天气进行套袋,一般要经过 2 ~3 天,待果实稍微适应高温环境后再套袋。

(3)套袋方法

在套袋之前,果园应全面喷布一遍杀菌剂,重点喷布果穗,待药液稍干后再行套袋,先将袋口端 6 ~7 cm 浸入水中,使其湿润柔软,便于收缩袋口,套袋时,先用手将纸袋撑开,使纸袋鼓起,然后由下往上将整个果穗全部套入袋中,再将袋口收缩到穗柄上,用一侧的封口丝扎紧,在铁丝以上要留有 1 ~1.5 cm 的纸袋,套袋时严禁用手揉搓果穗。

(4)套袋后的管理

套袋后可以不再喷施针对果实病虫害的药剂,重点是防治葡萄叶片的病虫害,如叶蝉、霜霉病等,对玉米象、康氏粉蚧、茶黄蓟马等容易入袋为害的害虫应密切观察,为害严重时可解袋喷药,药剂可用2 000~3 000倍30%的毒辛乳油、1 200~1 500倍48%的乐斯本等。

(5)去袋时期与方法

葡萄套袋后可以带袋采收,也可以在采收前10天左右去袋,红色品质可在采收前10天左右去袋,以增加果实受光,促进果实着色良好。葡萄去袋时,不要将袋一次性摘除,应先把袋底打开,让果袋套在果穗上部,以防鸟害及日灼,去袋时间宜在晴天的10:00以前或16:00以后进行,阴天可全天进行。

(6)摘袋后的管理

葡萄去袋后一般不必再喷药,但须密切观察果实着色进展情况,去袋后可剪除果穗附近的部分已老化的叶片和架面上的过密枝蔓,以改善架面的通风透光条件,减少病虫危害,促进果实着色,但需注意摘叶不可过多、过早,值得指出的是,摘叶不要与去袋同时进行,而应分期分批进行,以防止发生日灼。

2)案例分析

巨峰葡萄优质高产稳产栽培新技术

针对南方巨峰葡萄产区果实品质差、树势早衰等严重生产问题,在引进、消化吸收日本早川葡萄栽培技术的基础上,确立了在我国南方多雨地区巨峰葡萄水平大棚架栽培技术模式,成龄园亩产优质果1 200 kg,果实全面着色,糖度达17度。主要技术包括:

①改篱架式栽培为水平大棚架栽培。水平大棚架栽培,采用X型整形修剪,使树体自然生长、不断扩大,树势逐年平稳,建立了树体平衡生长关系,延长优质果生产盛期。

②计划密植,早期间伐。定植密度为110~148株/亩,第二年挂果,第三年亩产优质果800~1 000 kg。随着树体逐年生长,根据棚架面枝条密度及通风透光情况,逐年间伐,为树体健康生长创造良好的空间条件。通过8~10年间伐,达到最终密度。

③整花整穗、果实套袋等品质管理技术。整花整穗可使果穗整齐,提高果实的商品性。花前5天至初花期修整花穗,盛花后15~25天整穗疏果,控制产量,及时套袋,大幅度提高葡萄品质。

④病害防治技术。南方葡萄生长期高温、高湿，病害重，直接影响果实品质和树体健康生长。病害以防为主、芽鳞片开绽期喷施波美3度石硫合剂加0.3%五氯酚钠，铲除越冬病原。防病重点在4—6月，根据气候及葡萄生长情况，交替使用代森锰锌、百菌清、退菌特等药剂，能有效地防治葡萄黑痘病；梅雨期及秋季喷布波尔多液、甲霜灵、杀毒矾等药剂，能基本控制葡萄霜霉病的发生。

任务13　苹　果

任务目标:了解苹果的主要种类与品种,掌握苹果的生物学特性和栽培管理技术。

重　　点:栽培管理技术。

难　　点:主要种类与品种。

教学方法:直观、实践教学。

建议学时:6 学时。

13.1　基础知识要点

13.1.1　主要种类和品种

苹果为蔷薇科(*Rosaceae*)苹果亚科(*Maloideae*)苹果属(*Malus Mill*)植物,分布于北温带。全世界的苹果栽培品种有9 000多个,不过每个时期用于生产栽培的只有10~20个。优良品种有:

1)早熟品种

①辽伏。

②伏帅。

③南部魁(如图13.1)。

2)中熟品种

①津轻和红津轻。

②元帅系品种(新红星、超红、首红魅红)。

③嘎拉和新嘎拉。

④金矮生。

图13.1　南部魁

图13.2　红富士

3)晚熟品种

①富士及富士系品种。以国光×元帅进行杂交,以后从596个结果株系当中选出的一个优系。富士以其优质、丰产、耐储的突出优点受到广泛的重视,其发展已是全球性的(如图13.2)。

②王林。

③乔纳金和新乔纳金。

④其他品种。生产上还有早捷、华冠、艾斯、澳洲青苹、新国光、燕山红等其他优良品种。

13.1.2 生物学特性

1)生长特性

(1)新梢生长

新梢生长期从4月上旬开始,直至9月上中旬,在此期间,有2~3次生长高峰。即4月下旬至6月上旬,7月上旬至7月下旬,8月上旬至9月上旬。

(2)萌芽率和成枝力

在一般短截修剪的情况下,红富士苹果1年生枝萌芽率可达50%~70%;在缓放时,长枝的萌芽率降低,仅为27.7%。

2)结果习性

(1)结果枝类型

结果枝种类多的品种比较容易形成花芽,开始结果年龄也较早,而短果枝结果为主的品种,开始结果年龄较晚。如,红富士幼树以长果枝结果为主,成年树以短果枝结果为主。

图13.3 苹果开花期

(2)花芽着生部位

红富士幼树花芽主要在2~3年生枝部位,在1和4年生部位相对较少。元帅系短枝型的花芽着生在1~2年生枝段比例较大(如图13.3)。

3)开花、坐果与落果

(1)开花规律

开花期一般在4月下旬至5月上旬,一般品种间的开花顺序是不会变的,人工授粉应抓紧在花初开放时进行。

(2)坐果

红富士苹果坐果率比较高。短枝型品种中,以金矮生坐果率最高,富士及短枝型金冠、红星均需进行疏花疏果。

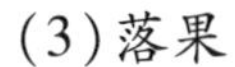

(3)落果

红富士苹果生理落果比较集中在前期,有两次落果高峰,第一次在花后3~4周,第二次在花后一个月,采前落果在9月份出现。根据落花落果规律,富士及其他坐果率高而且后期落果少的品种,应以疏花为主。

4)对环境条件的要求

(1)温度

苹果休眠期,需要有3~5 ℃的低温才能通过自然休眠。苹果休眠期可忍受-25 ℃低温,-30 ℃时会产生枝干冻害,这是苹果分布北界的限制因子。

(2)降雨

苹果适宜栽植在有500~800 mm降雨量的地区。

(3)光照

苹果树是喜光的树种,充分的光照是实现优质、丰产的重要条件。

13.1.3 肥水管理

1)施肥

(1)施肥时期

①基肥。给幼树施基肥以秋季为好,一般在八月下旬至九月中旬施入。秋季未施肥的,一定要在早春施入,不宜太晚。

②追肥。在其萌芽前追肥,可以促进枝条生长。1~2年生树,这次追肥效果较好;而对开始结果的树,这时追肥会因生长过旺而影响花芽形成。秋季一般避免施追肥,但晚秋追肥,有利于当年吸收。

③根外追肥。一般在5—9月,可根据幼树营养酌情进行,通常3~5次,前期以氮为主,后期喷磷、钾肥。

(2)施肥量的确定

①基肥施用量的确定。一般丰产优质果园的土壤有机质含量均在1%以上,有的达到1.5%~2.0%。根据辽宁、山东苹果产区的经验,结果大树亩产1 500~2 000 kg时,应该"斤果斤肥",即每生产1 kg果实,要施1 kg有机肥。

②追肥施用量的确定。根据经济施肥的原则,一般说来,在综合管理水平较好的情况下,每50 kg果的用氮量以0.2~0.3 kg为宜。

2)灌水与控水

在果实发育初期不能受旱或过湿,中期要保持一定的土壤湿度,成熟期要控水。

13.2 实训内容

13.2.1 优质苗木的培育和选择

1)砧木

砧木选择应首先考虑适应当地条件的砧木种类,再考虑砧木对接穗生长势的影响。

2)优质苗木的标准和培育方法

(1)应用大龄苗木

从播种到嫁接苗出圃,海棠砧可用2年生苗,山定子可用2~3年生苗,不用当年播种,当年嫁接的快速苗和半成品苗、芽苗建园。

(2)圃内整形

在6—7月嫁接苗生长高度超过定干高度后,进行摘心,以促进副梢生长。

图13.4 苹果苗

(3)推荐优质苹果树苗

选择优质苹果树苗砧木很重要,鉴别方法:甜茶砧木嫁接的苹果根系为沙黄色,根系旺盛,其他苹果砧木根系为红黑色,带有遗传性质,抗病性差,寿命短,苹果树苗品种分为早熟、中熟、晚熟品种;早熟嘎拉,藤木一号,阴历5月中旬成熟,中熟品种美国8号,阴历8月初成熟,晚熟品种短枝富士,阴历9月初至中旬成熟,以上品种分矮化和长枝两种,密植高产,果形果色优良,甜度高,季节性强,正规管理当年培养花芽,可2年结果,3年大幅增产(如图13.4)。

13.2.2 苹果主要树形及其整形技术

1)疏散分层形

又叫基部三主枝自然圆形和主干疏层形,适用于中、大冠树形,其树体结构,强调培养基部三个主枝,其产量占全树的60%~70%,骨干枝级次多,主从枝分明。

基本结构:干高50~70 cm,全树有主枝5~6个,分2~3层。第一层3个主枝,相距20～40 cm,主枝开张度为60°～70 °。第二层1～2个主枝,插在第一层主枝的空档。第三层1个主枝。

整形方法:苗木栽后,在80～90 cm处选留4～6个饱满芽定干,当年萌发枝不必疏除,以增加枝量,促进生长。1～3年选留第一层主枝和侧枝,选择分布均匀,生长健壮枝条,留30～45 cm中截。主枝可分1～2年留成。

2)小冠疏层形

基本结构与主干疏层形相同,但骨干枝少而小,级次低。

基本结构:干高30～40 cm,有中央领导干,全树5～6个主枝,第一层3个,每个主枝有1～2个侧枝。第二层2个主枝,层间距70～80 cm,层内距10～20 cm,主枝不留侧枝,直接着生枝组。

3)自由纺锤形

干高40～50 cm,树高2.5～3 m,冠径2.5～3 m。中心干直立,其上均匀配置10～15个侧生枝,向四周伸展,无明显层次。最下部的3～5个侧生枝较长较强,相互保持8～10 cm的间距,起骨干枝的作用。愈近中心干上部的侧生枝则愈短愈弱,只起结果基枝的作用。上下同方向侧生之间保持50～60 cm的间隔。整个树冠只有一级分枝,并全部诱引呈70°～90°的开张角,上面培养中、小型枝组,或直接利用短果枝和短果枝群结果。达预定树高后,中心干落头开心,树冠呈宽圆锥形或纱锭形。矮化砧苹果树或苹果的短枝型品种均可选用这种树形。

13.2.3　苹果修剪技术

1)幼苗整形修剪

主要提倡纺锤形。纺锤形结果比较早,是目前提倡的一种树形,纺锤形:树高2.5～3 m,冠幅1.8 m,干高70 cm,在中心干上均匀着生10～15个主枝,不分层次,主枝间距15～20 cm,均匀向四周分布,主枝的开张角度达60°～90°。这种树形树冠小、易管理,当年开花,2年结果,3～4年生产量即可大幅度增加。幼苗修剪以整形为主,一般在早春进行,树干70 cm以下的裙枝一概不留,90 cm以上每20 cm留一枝,要选好方向,生长长度在80 cm一律不剪,全部拉平并刻芽,30～50 cm截头,促发新枝,来年再做处理,中央干不作短截,但每隔20 cm环割一刀,促进枝条均匀生长。5—6月要及时扭梢,摘心控制,健壮的树进行主干环割,促进花芽分化。树枝太旺盛可浇多效唑药物处理,控制树枝增长,并促进花芽的增多、饱满。

2)成年果树修剪

(1)春剪

萌芽后至花期前后进行,利用抹芽、疏枝、回缩、刻芽、环剥等措施完成修剪任务,幼龄果园还包括拉枝等整形修剪任务。

(2)夏剪

采用开张角度、摘心、扭梢、环剥、疏截、环割等技术,缓和树势,改善光照,扩大树冠。

(3)秋剪

通过拉枝、疏剪直立枝、徒长枝、密生枝和过密的外围新梢等措施,改善光照条件,促进花芽分化,提高树体的抗寒性。

(4)休眠期的修剪

休眠期的修剪是从入冬落叶后到春季萌芽前进行的修剪。主要任务是疏除病虫枝、密生枝、徒长枝等一些无用枝,方法有短截骨干枝头,回缩过长过大结果枝组、辅养枝和衰弱的骨干枝头,其作用是调整骨干枝、辅养枝及结果枝组的角度和伸展方向,控制花叶芽比例,平衡树势,以达到丰产高产的目的。

13.3 实践应用

13.3.1 优质丰产稳产的关键技术

1)果树栽植

(1)土地准备

进行土壤改良时,结合深翻施入有机肥,缺乏有机质的沙土地可先种植绿肥,或铺上作物秸秆、杂草等,翻入土中,以增加耕作层的有机质含量,最后平整土地。

(2)定植穴和定植沟的挖掘

为了使土壤有一定的熟化时间,挖沟(穴)的时间应提前3~5月。但干旱地区宜边挖边栽,以减少土壤水分的损失,株距3 m或3 m以上的果园,土壤条件好,宜挖定植穴,一般1 m见方,株距2 m或小于2 m的果园,宜挖定植沟,沟宽80~100 cm,深80 cm左右。

(3)苗木的准备

苗木应选用一级苗,特别要注意根系质量。

(4)栽植时期

苗木休眠期都可栽植,一般以秋季栽植成活率最高,而且翌春发芽早,在冬季严寒地区,多用春栽。

(5)栽植方法

填好土和肥料的定植穴、沟,先灌足水,使土壤下沉。再挖一个比根系稍大的小坑,放入苗木,扶正填土。边填土边将苗木轻轻向上提,使根系先端向下,避免根系向上翻,并轻轻抖动苗木,使根系伸展,与土壤密接,填平后作畦,浇水。

(6)定植后的管理

栽植时,根系受损,又移植到新的环境中,需要有恢复的时间和适应过程。

①浇水与保墒。栽树前先浇大水,使定植穴浇透,栽后只需浇小水,立即在树下覆1 m^2 左右的地膜,有提高地温,减少土壤水分蒸发作用。

②定干。春季萌芽前,定干的一般高度为70~90 cm,剪口芽以下20~30 cm内要有8~10个充实的饱满芽。

2)夏季修剪

栽植当年,在夏季要进行疏枝和开张枝条的角度,不论稀、密果园,萌芽后对距地面50 cm以下萌发的枝条都要全部抹去。

夏季修剪包括开张角度和控制竞争枝,控制竞争枝在树势旺、抽生枝条多的情况下,6—7月份对竞争枝进行重摘心、若枝条较少,夏季亦可不控制,待冬剪时处理。

3)病虫防治

栽植后刚刚展叶的幼苗以控制金龟子为主。在山区常有象鼻虫啃食嫩叶,其种类多,除喷药外,在树干上用塑料膜作一小"裙",可防止它上爬,其他卷叶虫、蚜虫也应及时防治。

4)越冬防寒

冬季严寒的地区,秋栽苗应于冬前压弯苗干,埋土防寒。在冬季可以不埋土越冬的地区,秋植苗立即定干。

13.3.2　主要病虫害防治

在病害方面,主要是斑点落叶病,受害品种有新红星、首红、烟青、绿光、短枝富士等。防治方法有:

1)用扑海因或多氧霉素1 000~1 500倍液,或多抗霉素200倍液,在6—7月发病盛期前连喷2~3次,效果好。

2)用50%的速克灵可湿性粉剂2 000倍液,在5—7月喷布,当新梢停长新叶时,再喷波尔多液等杀菌剂。

13.3.3 提高果实品质

提高果实品质的方法主要有:

①适时采收。一般短枝型果实成熟期要比普通型品种推迟10天左右。

②喷布普洛马林以提高果形指数。

③按适宜负载量留果,留中心果、侧向果、壮枝果、均匀留果。

④8月中下旬采取摘叶、转果法,使红色品种果实全面着色。

13.4 扩展知识链接(选学)

短枝型苹果密植栽培

短枝型品种(如:新红星、锦丽、玫瑰红、烟青、新国光等)的栽培已经成为当前密植栽培的重要途径之一。

1)园地选择与改良

在宜果地,选地势稍高、排水良好、背风向阳或小气候良好的地方建园。以土层深厚、肥沃、土壤酸碱度在pH 6~7的沙壤和壤土为好。

2)精选壮苗

短枝型品种的苗木,因品种繁多,易于混杂,又因某些短枝型品种有复原现象,故应精选苗木。

3)授粉品种的配置

一般要求配置树体大小相近、花期相遇、花粉量大、有亲和能力的短枝型品种作授粉树,新红星用金矮生、绿光和烟青等品种作授粉树,授粉树与主栽树的比例为1:(5~8)。

4)栽植密度和行株距

5)精心栽植

栽前,整平园地,深翻改土。自育自栽苗要随挖随栽,全根带土。外购苗最好将根浸泡一夜。栽前剪除苗干和根系的受伤部分,将苗干破损处用薄膜封扎,以保成活。

表 13.1 新红星栽植密度

砧木	生态与栽培条件	亩栽株数	栽植距离(m)	
			行距	株距
乔砧	平地、肥地、可灌溉	55 ~ 85	4.0	2.0 ~ 3.0
	山地、薄地、可灌溉	95 ~ 127	3.5	1.5 ~ 2.0
M9、M26	平地、肥地、可灌溉	148 ~ 222	2.5 ~ 3.0	1.2 ~ 1.5
M7、M106	平地、肥力中等、可灌溉	95 ~ 127	3.5	1.5 ~ 2.0

6)加强土壤管理

(1)留足树盘或树带

1 ~ 2 年生幼树的树盘直径和树带宽度不少于 1.5 m,最好在 2 m 以上;3 ~ 4 年生树 2 ~ 2.5 m,甚至 3 m。

(2)合理间作与土壤管理

行间可种花生、豆类和绿肥等,以增加有机质和养分含量。树盘或树带内要保持疏松无杂草状态。

7)改善肥水供应

(1)适量灌水

萌芽至开花前后,要保证水分供应,墒情不足时要适当灌水,夏季伏旱时必须酌情灌水,以保证成花和果实发育。浸灌标准是根际土壤含水量要达到田间最大持水量的 60% ~ 80% 。

(2)增施肥料

萌芽前施氮肥,花芽分化前施磷、钾肥和复合肥,株施 0.2 ~ 1.0 kg。生长期间,结合喷药或单喷氮、磷、钾肥或微量元素肥料,秋后多喷磷肥、钾肥,以利枝条成熟、芽体充实和安全越冬。

8)整形修剪

株距 2 m 以内用细长纺锤形;2 ~ 3 m 的,用自由纺锤形;3 m 以上的用小冠疏层形。幼树期修剪,以轻剪长放为主。盛果期树,用细致短截更新法,及时复壮弱枝组和果枝。

9)促花技术

旺树采用拉枝(达到 80° ~ 90°)、主干环割、扭梢均有效果。落花后 10 天喷 2 000

mg/L 乙烯利或盛花后 3 周喷 1 次 2 000 mg/L 乙烯利,盛花后 6 周再喷 1 次 1 000 mg/L 多效唑,成花效果好。

10)控制花、果留量

新红星等短枝型品种易成花、坐果多,往往超产,故应强调合理负载的问题。留果量可按 $y=0.2c^2$ 公式留果,式中 y 为单株留果数,c 为树干中部干周的长度(单位:cm)。

13.5 考证提示

苹果疏花疏果和套袋

1)目的要求

学习疏花、疏果和套袋的方法,掌握其技术要点。

2)材料用具

材料:当地栽培的果树若干株、套果袋、绑缚物(细铁丝、塑料条等)

用具:疏果剪或枝剪、喷雾器等。

3)实训内容

(1)疏花疏果

对开花坐果过多的、负担过重的果树进行疏花疏果,有利于提高品质和克服大小年。

①确定留花(果)的原则。

根据"因树定产,分枝负担,看树(枝)疏花疏果"的原则,也可根据各种果树的"叶果比""枝果比"进行疏花疏果。一般强树强枝多留,弱树弱枝少留;直立枝多留,水平枝少留;树冠内膛和中下层多留,树冠外围和上层少留;先疏去过密花果与弱小花果、病虫果等。

②疏花疏果的时期。

疏花时期,从露花蕾到开花期均可进行。疏果时期,在落花后 1 周开始,1 个月内进行完毕。也可根据树势、花量确定疏花疏果时期。从节省树体营养上来说,疏花疏果的时间越早越好。

③疏花疏果方法。

A. 人工疏花疏果:目前,果树生产上仍常用此法管理花果。疏花疏果时应由上而

下、由内而外，按主枝、副主枝、枝组的顺序依次进行，以免漏枝。

B. 化学药剂疏花疏果：应用药剂疏花果虽可节省人力，但因副作用较大，药剂浓度也不易掌握，现运用仍不普遍。

(2) 套袋

可减少病虫害，减少果面残毒，目前在果树上应用较普遍。

①套袋材料。塑料、废旧报纸等。把这些材料制成长方形的袋，以便套袋时使用。

②套袋时间和方法。在疏完最后一次果后，可开始套袋。套袋前先杀一次病虫，然后把袋口吹开，套好果实。

4) 实训提示和方法

①选择当地栽培的果树进行实习。用化学药剂疏花疏果时，先要进行试验。

②进行套袋实训时，可选用一种果树，以便疏果、套袋一次完成。

③可将此实训安排在教学实习里完成。

5) 作业

①说明实训所用树种的疏花疏果技术。

②怎样判断果树树体上花果的多与少？

任务后

1) 考证练习

表 13.2　苹果套袋考核项目及评分标准

序号	测定项目	评分标准	满分	检测点					得分
				A	B	C	D	E	
1	用纸	明确套袋用纸及大小规格。	10						
2	套袋工艺要求	操作熟练、不伤果，少落叶，不断枝，口袋扎紧。	50						

续表

序号	测定项目	评分标准	满分	检测点					得分
				A	B	C	D	E	
3	文明操作与安全	工完场清,正确执行安全规范。	10						
4	工效	100 只在 0.5 h 内完成,超时扣分。	30						

注:如果在半小时内未能完成50只,整个项目不能及格。

2)案例分析

红富士苹果优质丰产稳产栽培的关键技术

(1)园地和砧木的选择

红富士苹果应栽培在排水好的地方,丘陵山区应栽培在背风向阳坡面,选择中性—微酸性土壤,同时选择抗性强的砧木,如圆叶海棠,矮化密植栽培可选用M26、MMI06、M7作中间砧,为了增加抗寒性,可高接在2~5年生的国光树上。

(2)栽植密度

乔砧普通型红富士以每公顷栽植405~660株(每666.7 m^2 栽27~44株),株行距选用(3~4)m×(5~6)m。矮化中间砧(M26、MM106、M7)品种每公顷栽660~990株(每亩栽40~66株),株行距选用(2.5~3)m×(4~5)m。

(3)整形修剪

红富士幼树要注意开张角度,对中心干和延长枝适当短截,其他不影响树形的枝条要轻剪长放。注意培养比较松散,层次清楚的树体结构,及时疏除过密的发育枝、竞争枝、保持内膛光照充分,对结果枝要注意短截回缩。

(4)合理配置授粉树

红富士自花授粉结实率极低,建园时必须合理配置授粉树,栽植普通型红富士时,金冠、王林、红星、津轻、世界一均可作为其授粉树,短枝型红富士则应以短枝型品种金矮生、新红星、艳红、超红、首红为其授粉品种。

授粉树的配置形式在密植情况下以株间配置较好,一般每4~5株配置1株授粉树。如果是行间配置则应每4~5行配一行授粉树,授粉树比例一般以15%~20%为好。

(5)人工授粉与疏果

红富士自花坐果率很低,必须不失时机地进行人工授粉,即使有授粉树也要进行,坐果后严格按枝果比(4~5):1的要求疏果,只留中心单果,以防负载量过高,影响树势和果实品质。

(6)注意防寒

北方红富士栽培区,常常出现不同程度的冻害和抽条,轻者影响产量,重者死树。因此除在建园时选择小气候条件好,有利于防寒抗冻的地方外,在栽培上要对幼树采取保护措施,如绑草、封土堆等。

参考文献

[1] 汪晶,李锋. 林果生产技术[M]. 北京:高等教育出版社,2002.
[2] 潘文明,等. 林果生产技术(南方本)[M]. 北京:中国农业出版社,2001.
[3] 蔡冬元,等. 果树栽培[M]. 北京:中国农业出版社,2001.
[4] 华南农业大学. 果树栽培学各论(南方本)[M]. 2 版. 北京:中国农业出版社,2000.
[5] 农村经济技术社会知识丛书编委会. 果树栽培先进实用技术[M]. 北京:中国农业出版社,2000.
[6] 胡征令,等. 梨树优质丰产栽培技术[M]. 上海:上海科学普及出版社,2000.
[7] 贾敬贤. 优质梨新品种高效栽培[M]. 北京:金盾出版社,2000.
[8] 冯明祥,等. 桃树优质高产栽培[M]. 北京:金盾出版社,2000.
[9] 王国平,等. 优质桃品种丰产栽培[M]. 北京:金盾出版社,2000.
[10] 张开春. 果树育苗手册[M]. 北京:中国农业出版社,2000.
[11] 朱佳满. 名特优果树适地适栽与高产栽培图解表[M]. 北京:中国农业出版社,1999.
[12] 沈兆敏,等. 中国果树实用新技术大全(常绿果树卷)[M]. 北京:中国农业科技出版社,1999.

[13] 林伯年,等.果树、花木、蔬菜的扦插和嫁接技术[M].上海:上海科学技术出版社,1999.
[14] 黄麦平.南方落叶果树栽培基础知识[J].中国南方果树,1999(5).
[15] 傅润民.果树无病毒苗与无病毒栽培技术[M].北京:中国农业出版社,1998.
[16] 董启凤,等.中国果树实用新技术大全(落叶果树卷)[M].北京:中国农业科技出版社,1998.
[17] 马宝焜,等.果树嫁接16法[M].北京:中国农业出版社,1997.
[18] 梁立峰.果树栽培学实验实习指导(南方本)[M].北京:中国农业出版社,1997.
[19] 李顺望.果树栽培学(上、下)[M].湖南:湖南科学技术出版社,1997.
[20] 郗荣庭,等.果树栽培学[M].3版.北京:中国农业出版社,1995.
[21] 王元裕,等.实用果树整形修剪手册[M].上海:上海科学技术出版社,1992.
[22] 福建省漳州市农业学校.果树栽培学各论[M].福州:福建科学技术出版社,1990.